신종태 교수의 테마기행

세계의 전쟁 유적지를 찾아서 ①

서유럽 · 북유럽

KB140468

신종태 교수의 테마기행

세계의 전쟁 유적지를 찾아서 ①

서유럽 · 북유럽

신 종 태 저

청미디어
CHEONG MEDIA

이 책을 펴내면서

어린 시절 필자는 6·25전쟁의 격전지였던 낙동강 근처 시골에서 성장했다. 당시 전쟁이 끝난지 10여년이 지났지만 고향 산야에는 전쟁 상흔이 곳곳에 남아 있었다. 미군 철모, 포탄 탄피, 경비행기 바퀴 등은 유용한 생활도구로 사용되었다. 수업 시작과 끝을 알리는 초등학교의 종도 길쭉한 포탄껍데기였다. 마을 주변 야산 교통호 흔적은 동네 아이들의 좋은 놀이터가 되었고, 한여름 밤 정자에 모인 어른들은 수시로 전쟁참상과 피난길 고생담을 이야기 하곤 하였다. 집안 어른들의 대부분이 참전 경험을 가지고 있었다. 아버지, 삼촌, 외삼촌 그리고 백마고지 전투에서 전상을 입은 고모부 등으로 인해 필자는 어린 시절부터 전쟁에 대한 호기심을 가질 수밖에 없었다. 결국 전쟁에 대한 관심과 위국헌신(爲國獻身)이라는 순수한 가치에 매료되어 필자는 군인의 길을 걷게 되었다.

인간은 왜 전쟁을 하는 것인가? 인류기록 역사 3400여 년 중 전쟁이 없었던 해는 불과 270여 년, 총성이 단 한 번도 울리지 않았던 날은 3주에 불과하다. 지금도 중동, 아프리카, 아시아지역 일부에서 끝없는 전쟁의 소용돌이 속에서 많은 사람들이 죽어가고 있다. 군생활 동안 더더욱 전쟁사에 관심이 많아졌고 해외유학, 휴가기간 중에는 틈틈이 외국의 전사적지를 답사하였다. 전역 후 다소 시간적 여유를 가진 시기부터는 본격적으로 유럽, 중동, 아시아, 태평양 지역의 전적지를 다시 돌아보았다. 해외 단체여행 중에는 가끔 필사적으로 탈출(?)하여 그 나라의 군사박물관을 혼자 관람하느라 안내자의 눈총을 받기도 하였다. 아울러 평소 주말에는 낙동강, 금강, 섬진강 주변 전사적지와 백령도 등 현지를 방문하여 많은 사람들의 전쟁체험기를 듣기도 하였다.

이런 답사를 통해 항상 느껴왔던 것은 전쟁으로 인해 우리 민족은 수많은 수난을 당했음에도 불구하고 이상하리만큼 전쟁에 대해 거의 관심을 가지 않는다는 것이었다. 필자는 세계 약 70여 개 국가의 전쟁유적지를 방문하면서 단 한 번도 현장에서 한국인을 만나보지 못했다. 외국 전쟁기념관이나 전사적지 현장에서 일본인, 중국인들은 수시로 만날 수 있었다. 자연스럽게 대화를 나누다 보면 그들의 해박한 전쟁사 지식에 깜짝 놀란 경우가 한 두 번이 아니었다. 특히 한국전쟁에 대해 우리들보다 훨씬 깊은 지식을 가지고 있는 경우도 많았다.

한국 초·중학생 약 절반이 70여 년 전의 6·25전쟁을 조선시대에 일어났던 사건으로 안다는 어느 일간지의 보도를 본 적이 있다. 그러나 영국의 경우 청소년들에게 제1·2차 세계대전에 관해 물어보면 대부분 정확한 역사지식을 이야기하곤 한다. 어떤 학생들은 자신의 할아버지, 삼촌의 참전 경험과 심지어 할머니의 전시 생활상에 대한 상세한 이야기를 쏟아 내기도 하였다. 영국은 자기 조상들이 당당하게 침공군에 맞서 일치단결하여 전쟁에 임한 자랑스러운 승전의 역사를 끊임없이 가정, 학교, 사회에서 가르쳐 왔던 것이다.

그러나 아쉽게도 우리나라는 뿌리깊은 문존무비(文尊武卑)사상이 현재까지 수 백년 동안 계속되고 있다. 특히 전쟁을 대비하고 국가보위를 위해 헌신하는 무인을 존중하고 제대로 대우해 준 경우가 고려시대 이후에는 거의 없었다. 또한 '전쟁과 상무정신'을 논하는 것은 오히려 평화를 깨뜨리고 국민들에게 고통을 안겨주는 주장으로 매도하여 경계의 대상으로 삼는 분위기가 아직도 있다. 결국 이런 전쟁에 대한 잘못된 인식으로 인하여 17세기 조선은 임진왜란과 병자호란으로 백성들은 말할 수 없는 참혹한 전란의 고통을 당해야만 했다.

근·현대사에서도 우리 한민족은 다시 한 번 가시밭길을 걸었다. 일제 식민지 36년, 중일전쟁, 태평양전쟁 등 문약에만 흘렀던 우리 국민들은 그저 남의 전쟁에 위안부·징용노무자·강제지원병 형태로 성노예나 총알받이로 끌려 나가야만 했다. 이와 같은 형극의 역사를 경험했음에도 불구하고 오늘날의 우리 사회는 안타깝게도 점점 더 전쟁에 대해 무관심한 분위기에 젖어들고 있다. 남태평양의 괌·사이판·티니언 일대를 답사하면서 조선인관련 전쟁유적에 대한 현지인들의 이야기를 많이 들을 수 있었다. 특히 사이판 자살바위 근처에 외롭게 서 있는 망향의 탑(강제징용자 추모비)에는 태평양전쟁 시 일본군에게 강제로 끌려 온 선조들이 200여만 명에 달한다고 기록되어 있었다.

또한 70년 전 이 땅을 잿더미로 만들었던 6·25전쟁유적지도 전국에 곳곳에 산재해 있다. 그러나 아쉽게도 점점 더 이런 전사적지에 깊은 관심을 가지고 찾는 발길은 줄어가고 있다. 특히 최근 역사교과서 파동이나 이념논쟁에서 볼 수 있듯이 6 · 25전쟁을 통일전쟁 혹은 내전으로 규명하여 자유수호를 위해 목숨 바친 선열들의 희생을 애써 깎아 내리려는 듯한 분위기까지 있다. 결국 이런 왜곡된 역사인식의 확산은 급기야 신세대들에게 전쟁에 대한 부정적 생각을 갖게 만드는 계기가 되었다. 상대적으로 평화만을 부르짖는 자만이 이 시대의 선구자인양 인정받아 우리의 생존문제는 저만큼 뒤로 물러나고 오로지 '무상복지'가 전 국민의 관심사가 되고 말았다. '천하수안 망전필위(天下雖安 忘戰必危)'라는 격언이 말해주듯 전쟁을 잊은 국민은 언젠가는 반드시 수난을 당해 왔던 것은 역사의 진리였다.

빠듯한 일정으로 많은 국내 · 외 전사적지를 답사하면서 나름대로 정리한 글이라 다소의 오류가 있을 수 있음을 독자들에게 미리 양해를 구한다. 아무쪼록 본 책자가 가벼운 마음으로 읽으면서도, 한반도의 안보현실과 전쟁역사에 대해 많은 사람들이 관심을 갖는 계기가 되기를 바라는 마음이다.

한반도에서 전쟁의 영원한 추방을 염원하면서

저자 신 종 태

북유럽 Northern Europe

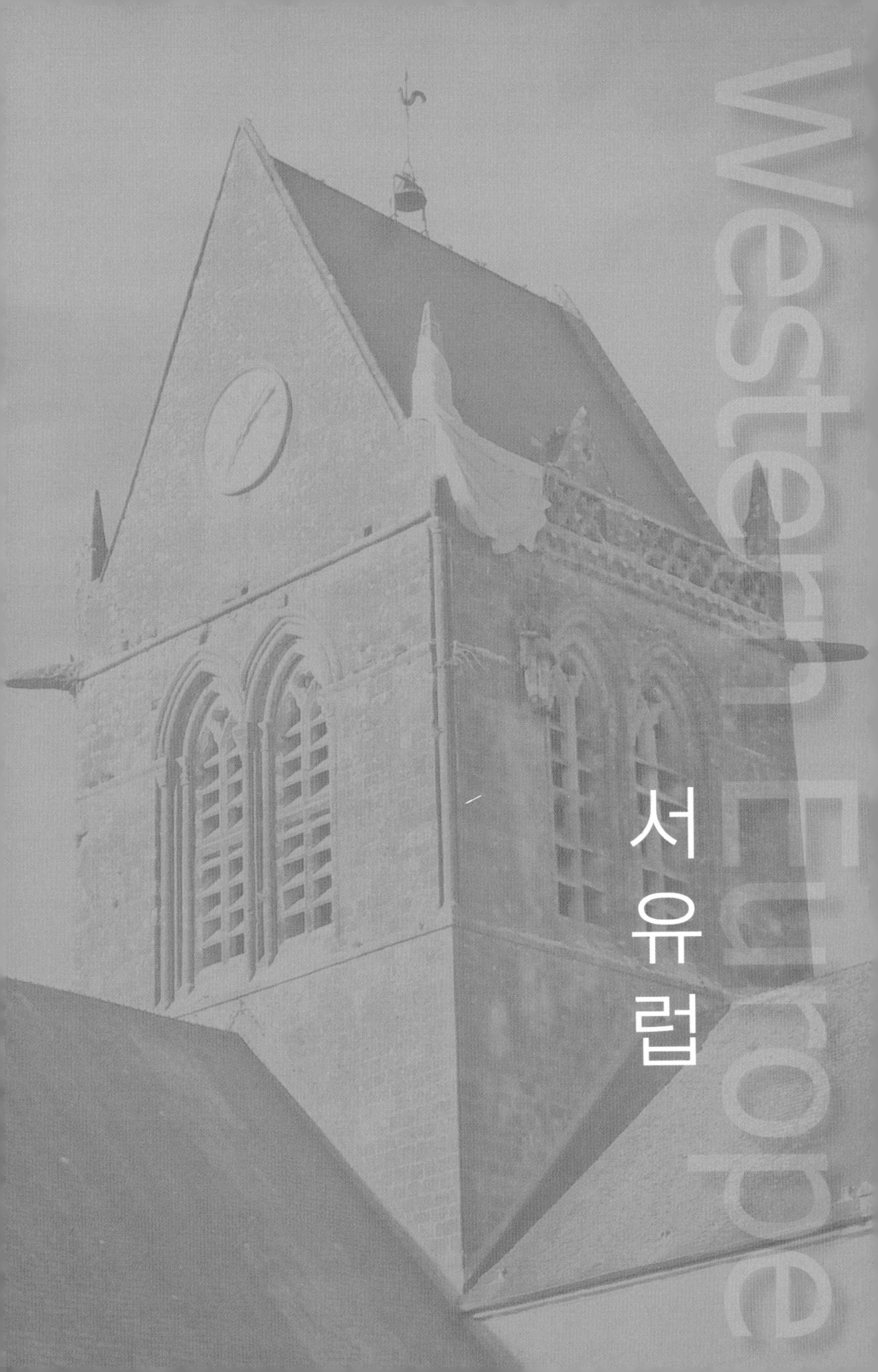
Western Europe
서유럽

영 국

United Kingdom

런던 중심부 트라팔가 광장의 승전기념비. 거대한 기념비 꼭대기에 넬슨 제독 동상이 보인다

대영제국의 밸파스트함!
템즈강 박물관으로 닻을 내리다

지난 수 세기 동안 본토보다 100배 크기의 식민지를 가졌던 노제국 영국! 인구 6,700만 명, 면적 243,000Km², 국민 개인연소득 41,000달러의 이 나라는 아직도 세계 강대국의 위치를 굳건하게 지키고 있다. 영국은 1215년 국왕이 국민기본권리 보장을 약속하는 마그나카르타 (대헌장)에 서명한 이후, 의회 민주주의제도를 정착시킨 모범국가이기도 하다. 아울러 해외 진출의 바탕이 된 강인한 상무정신이 오롯이 담긴 수 백 개의 군사박물관을 가진 나라이다. 최근 영국은 유럽연합 탈퇴, 경제 여건 악화로 국내 갈등이 점증되고 있다. 하지만 세계인구의 30%를 차지하는 영연방(Commonwealth of Nations) 53개국과 함께 국제 무대에서 지금도 막강한 영향력을 행사하는 국가이다.

'해가 지지 않은 나라' 왕궁의 근위병 교대식

런던 버킹검 궁전 앞 매일 11:00 정각에 열리는 근위병 교대식!

발 디딜 틈 없이 몰려드는 관광객들, 우렁찬 군악대 연주 속에 등장하는 근위병 대열 선두는 엉뚱하게도 송아지만한 개 한 마리다. 관람객들의 우레 같은 박수와 탄성! 이 개는 금번 근위연대로 교대한 부대의 마스코트란다. 뙤약볕 아래 매일 행사에 시달리는 그 멍멍이는 '왜 내가 염천 더위에 이렇게 고생해야 하나?'라는 표정이 역력하다. 때로는 수백 년 전통을 자랑하는 기마부대까지 교대식에 가세하여 행사 분위기를 일시에 바꾸어 놓는다.

Trip Tips

수 십 필의 군마행렬이 지나가면서 배설물이 도로에 쏟아진다. 특유의 동물냄새가 진동하지만 주최측이나 관람객들이 전혀 개의치 않는다.

화려한 근위병 교대식만 보고 이들을 전문화된 의장대로 오해할 수도 있다. 그러나 왕궁 근처의 근위연대 역사관에 들르면 생각이 달라진다. 교대로 왕궁 경호를 위해 파견 오는 부대들의 참전사는 다양하

영국 버킹검 궁전의 근위병 교대식 전경. 대열 선두의 지휘자가 부대 마스코트를 대동하고 행사장으로 들어오고 있다

다. 대부분 1600년대 창설되어 미·영전쟁, 나폴레옹전쟁, 크림전쟁, 제1·2차 세계대전, 한국전쟁, 아프간·이라크전쟁 참전경험이 있다. 왕궁 인접에 병영막사를 가진 근위부대 장병들이 공터에서 박격포 조포훈련을 하는 모습도 가끔씩 보인다. '로마는 하루아침에 만들어지지 않았다!'는 격언은 바로 영국에도 적용되고 있었다.

영국의 성지로 변한
국회의사당 무명 용사 무덤

국회의사당 건물 내의 무명용사 묘역. 런던 웨스트민스트·세인트폴 성당에도 전몰용사 추모시설이 있다

Trip Tips

템스 강변의 영국 국회의사당은 독특한 건축양식으로 유명하지만, 최근 빈발하는 테러에 대비 주변에 겹겹이 차단벽을 세우고 경찰 검문도 엄격하다.

국회 근처에는 수상관저, 국방부, 외교부 등 정부 핵심 기관들이 모여 있다.

일명 다우닝가로 불리는 이 지역에는 트라팔가 광장의 웅장한 승전비와 넬슨 동상, 여성전사자 추모비, 전쟁영웅 동상, 한국전쟁 참전비에 이르기까지 온통 전쟁기념물들로 꽉 차 있다. 특히 의사당내의 '무명용사 묘'는 1920년 제1차 세계대전 후 고향으로 돌아오지 못한 전몰용사들을 위해 처음 만들어졌다. 이 전쟁에서 약 160만 명의 영국군이 목숨을 잃었지만, 대부분 시신을 찾지 못했다. 그 후 이 묘역은 영국의 모든 대외전쟁 전사자를 추모하는 성지로 변했다. 매년 현충일에는 영국여왕을 포함한 여야정치인, 참전용사, 유가족들이 이곳에서 대규모 추모행사를 갖는다. 조국을 위해 아낌없이 자신의 목숨을 바친 전몰 용사들을 영원히 잊지 않고, 국가 최고의 영웅으로 추앙하는 분위기는 선진 군사강국의 전통을 그대로 보여주었다.

전자전시관 속으로 들어간 한국전쟁 이야기

런던 워털루 역 부근의 대영제국 전쟁박물관은 규모나 전시물 수준에서 세계 최고를 자랑한다. 이 박물관 근처에 별도의 전쟁역사사료관도 있으나 일반인들에게는 잘 알려져 있지 않다.

이곳에는 한국전쟁 관련 사진·영상자료들도 많았으나 종이박스에 담겨져 있었다. 다른 전쟁자료들은 일목요연하게 정리되어 있으면서 왜 한국전쟁사료는 방치하느냐?는 문의에 "그 자료를 찾는 사람이 없기 때문이다."라는 대답이다.

이 박물관은 제1차 세계대전이 치열하게 진행되고 있던 1917년에 최초로 건립되었다. 전쟁 와중이었지만 전투원들의 경험, 전시 국민생활 등을 기록으로 남기자는 취지에서였다. 평시에도 전쟁기념관 건립을 두고 논란이 많은데 전시에 이런 결정을 했다는 사실이 놀랍기만 했다.

최근 대대적인 개·보수공사를 한 이 박물관은 근·현대의 영국전쟁역사 전시물을 대폭 보강했다. 수 년 전 까지만 해도 1951년 4월에 벌어진 임진강 '설마리 전투' 주제의 한국전쟁 전시실이 있었다. 당시 중공군·북한군보다 훨씬 초라하고 왜소했던 한국군 마네킹을 다음 기회에 교체하기로 담당자는 약속까지 했었다. 아무리 돌아보아도 한국전쟁실은 보이지 않는다. 안내데스크에 문의하니 한국전쟁은 '온라인(On-line) 전시실'로 이전했다고 한다. 전쟁 폐허를 극복하고 선진국으로 우뚝 선 대한민국을 홍보하는 좋은 전시실이 관람객들이 잘 찾지 않는 전자 전시관 속으로 들어간 것이 너무도 아쉬웠다.

템즈강 밸파스트호에서 만난 여자고교생들

한국전쟁 중 영국은 미국 다음으로 대규모의 군대를 파병했다. 참전 연인원은 56,000명에 달했고, 전사·부상·포로의 수는 4,900여명이다. 영국군 참전은 자연스럽게 호주·캐나다를 포함한 영연방국가들의 파병을 이끌었다. 영국 여행 중에 한국전쟁 참전자 후손들을 쉽게 만나기도 한다.

템즈강에 계류되어 있는 순양함 밸파스트호는 한국전쟁 초기부터

템즈강의 밸파스트호. 이 함상박물관에는 한국전쟁 사진전시실이 있다

밸파스트호 선상의 해군유니폼을 입은 영국 여고생들. 한국 JROTC처럼 고교생들 중 일부 희망자
는 별도 군사교육을 받는다.

1년간 서해안에서 유엔군을 지원했다. 의외로 선내의 한국전쟁 전시
실에는 전쟁 배경·경과·한국의 발전상을 소상하게 소개하고 있다.
1930년대 건조된 이 함정은 선상 5층, 선저 3층의 시설과 승조원 950
명에 자체 방송국까지 있었다. 하지만 별도의 수병숙소는 없어 식당
천정위의 해먹이 곧 침실이었다. 약 40여 년 오대양 육대주를 누빈 이
함정은 1971년 함상박물관으로 조용히 템즈 강에 닻을 내렸다.

　선상으로 나오니 유니폼을 입은 여고생들이 재잘거리며 단체 견학
을 하고 있다. 일종의 JROTC제도와 비슷한 영국해군 유년학교 학생들
이란다. 왜 해군에 관심이 많으냐고 물으니 "바다로 뻗어 나가는 것이
멋있기 때문"이란다. 영국인의 진취적 기상은 이렇게 신세대에게도
이어지고 있는 모양이다.

한국전쟁에서 보여준
불굴의 영국군 군사전통

　대영제국은 지난 수 백 년 동안 양적·질적 면에서 세계 최강의 군사력을 유지해 왔다. 그러나 제1·2차 세계대전은 영국에게 엄청난 국력 손실을 강요했다. 전후 수많은 식민지 독립, 핵 억제력 중심의 안보전략구사로 영국군은 대폭 병력을 감축했다. 군 구조는 모병제 시행과 더불어 전문 직업군 체제로 전환되었다. 현재 영국군은 정규군 152,350명(육군 86,700명, 해군 32,350명, 공군 33,300명), 예비군 116,700명을 보유하고 있다. 국가방위의 핵심은 핵무기이며, 재래식 병력은 테러예방·PKO임무에 주안을 둔다. 또한 15만여 명 민간 인력이 부대경계·보급·정비 등의 전투근무지원 업무를 담당하고 있다. 아울러 유사시 대폭적인 병력확장에 대비, 평시부터 고교·대학에서 일부 우수 학생들의 군사교육을 통해 정예 군 간부 예비 인력을 확보하고 있다.

제2차 세계대전 당시 트럭운전병으로 참전한 엘리자베스 2세 여왕 모습

불굴의 '처칠 지하전쟁 지휘소'

윈스턴 처칠은 덩캐르크 철수가 끝나던 1940년 6월 18일, 대국민 성명을 통해 이렇게 선언했다. "유럽대륙의 전쟁은 끝났습니다. 하지만 영국의 전쟁은 이제부터 시작입니다." 그리고 그는 수상관저 지하 전쟁지휘소로 들어가 총사령관으로서의 전쟁수행 의지를 단호하게 표명했다. "이제부터 내가 전쟁을 지휘하겠소. 만일 런던이 점령된다면, 독일군은 내 시체를 이 의자에서 끌어내려야 할 거요."

유럽은 히틀러 군대에 짓밟혔고 영국군 224,000명, 프랑스군 120,000여만 명이 물에 빠진 생쥐 모양으로 도버해협을 겨우 건너왔다. 중립국 스웨덴은 처칠에게 독일과의 강화체결을 중재해 왔고, 심지어 스페인 프랑코 총통은 노골적으로 "전쟁으로 유럽문명이 파괴되면, 독일이 아니라 영국책임이다."라는 모욕적인 권고를 했다. 그러나

런던 수상관저의 '처칠 지하전쟁 지휘소' 입구. 지하시설은 전쟁박물관으로 활용되고 있다.

처칠의 확고한 항전의지에 영국은 전 국민이 일치단결했다. 군 경험
자들은 엽총 · 농기구 심지어 골프채를 들고 나와 도버 해협을 경계했
고, 전 해안선에는 상륙군을 불태울 수 있는 강력한 화염장애물까지
축성되었다. 영국 청소년들은 자원입대 장소로 몰려들었고, 부녀자들
은 군수공장으로 달려갔다.

　런던의 '지하전쟁 지휘소'에는 치열했던 5년간의 제2차 세계대전역
사가 생생하게 펼쳐져 있다. 특히 현 엘리자베스 여왕이 당시 왕족의
신분으로 여성 트럭운전병으로 참전한 기록은 '노블레스 오블리주' 정
신의 압권을 보는 느낌이었다.

영국으로 압송되어 온 '나폴레옹의 말'

영국은 전국 곳곳에 대소규모의 다양한 박물관이 있다. 또한 지방　　•25

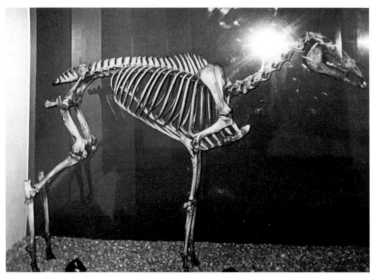
런던 육군박물관에 전시된 '나폴레옹의 군마'

도시 역사박물관의 일부 전시실에는 대부분 지역연대의 전통·무기 등을 소개한다. 특히 런던은 육군박물관을 포함하여 포병·공병·기병 등 각 병과별 기념관이 별도 있다. '박물관 천국의 나라'라 해도 과언이 아니다.

육군박물관에는 1815년 워털루 전투에서 영국군이 노획한 '나폴레옹의 말'이 전시되어 있다. 나폴레옹이 탔던 이 군마는 처음에는 영국의 어느 귀족이 관리하다가, 말이 죽자 뼈만으로 박제를 만들어 이 박물관에 기증했다. 이 전시물을 보는 순간, 영국군의 군사적 전통이 프랑스군보다는 한 수 위에 있다는 인식을 금방 갖게 된다.

Trip Tips

이곳에는 창검의 발전과정을 보여주는 별도의 전시관이 있다.

도버성 박물관이 증언하는 버켄헤드호 사건

'하얀 절벽(White Cliff)'으로 유명한 영국 남부 도버 항에는 로마제국이 축성한 성곽이 남아 있다. 이 성은 대륙세력의 침공을 막아내는 방파제였고 끊임없이 보강됐다. 특히 영국은 1940년대 독일군 상륙차단을 위해 이 성채에 대규모의 지하요새를 건설했다. 또한 도버성 군사박물관에는 이 지역 연대원들이 관련된 버켄헤드(Birkenhead)호 사건의 상세한 자료가 있다.

1852년 2월 26일 새벽 2시, 1800톤급 증기선이 영국군과 군인가족 630명을 태우고 남아프리카 시몬만을 항해했다. 잔잔한 날씨임에도 불구하고 이 배는 암초에 충돌하여 순식간에 침몰하게 되었다. 대혼란 속에서 부대장 세톤(Seton) 중령은 전 병력을 갑판에 집결시켜, 여성과 어린 아이들을 우선 구명정에 태우도록 명령했다. 안타깝게도 8척의 구명보트 중 3척만이 사용 가능했다. 상어 떼가 우글거리는 바다 속으

도버성 군사박물관의 '버켄헤드'호 침몰과정 전시물. 그림 중앙에 장병들을 통제하는 세톤 중령이 보이며 그 왼쪽에 고수가 북을 치고 있다

로 선체가 빠져 들어가는 순간까지, 파이프 음악과 북소리가 장엄하게 울려 퍼졌다. 이런 급박한 상황에서도 목숨을 구걸하거나, 움직이는 병사는 단 한 명도 없었다. 438명이 사망하고, 192명이 구조된 이 사건은 당시 영국군의 군기·사기가 어떠했는가를 짐작케 하였다.

한국전쟁에서 보여준 영국군의 부대정신

영국군 글로스터 연대는 1694년에 창설됐다. 나폴레옹전쟁 시 이 부대는 이집트에서 프랑스군에게 포위되자, 서로의 등을 맞대고 끝까지 진지를 사수했다. 이 전투를 계기로 연대는 군모 앞뒤에 마크를 달 수 있는 특권을 얻었다. 150년이 지난 후, 이 부대의 일부 병력이 44번째 전투를 한국에서 치렀다.

1951년 4월 22일, 영국군 제29여단 글로스터 제1대대는 임진강 설마리에서 수 십 배의 중공군에게 포위됐다. 771명의 대대원들은 악착같이 적을 물고 늘어졌고, 전 장병은 베레모 배지에 얽힌 부대정신을

1950년 8월 28일 부산항에 최초 도착한 영국군 제27여단 장병들의 모습

결코 잊지 않았다. 3일 간의 끈질긴 저항으로 중공군의 서울점령시도는 결국 좌절됐다. 마지막 순간 아군진지로 탈출한 대대원은 불과 49명. 잔여 662명의 장병들이 전사·실종·포로가 되어 사실상 글로스터 대대는 전멸했다.

참전용사 데이비드 씨는 전후 오랫동안 외상 후 스트레스에 시달렸다. 설마리 전투에서 사살한 중공군이 밤마다 침대 머리맡에 앉아 자신을 쳐다보는 환상에 괴로워했다. 담당의사는 한국여행을 권유했다. 수십 년 만에 찾아온 한국은 완전히 딴 세상으로 변했다. 특히 환영행사에서 어린 학생들이 "한국을 지켜주셔서 고맙습니다!"라며 꽃다발을 안겨주었을 때, 흐르는 눈물을 주체할 수 없었다. 그 순간 자신의 고질병은 깨끗이 사라졌다. 숱한 한국인들의 감사인사에 그는 이렇게 대답했다. "저한테 감사하지 마십시오. 내 인생을 가치 있게 만든 것은 여러분입니다. 내 자신을 돋보이게 해준 사람 또한 여러분입니다."라고

(출처: 마지막 한발, 앤드류 새먼).

영국 육사 샌드허스트의 엘리트
정예장교 선발 과정

수 백 년 군사전통을 자랑하는 영국군은 부대 역사와 고유의 전통보존을 위해 엄청난 노력을 한다. 장병 개개인의 소속부대 자긍심과 명예심이 실전에서 무서운 전투력을 발휘한다는 것은 숱한 전쟁역사가

버킹검궁 인접공원의 영국공군 전몰조종사 추모동상

증명하고 있다. 첨단무기로 무장한 육군은 지역 단위 연대전통을 끝까지 고수하며, 해외진출의 선봉장이었던 해군에게는 육 · 해 · 공군 동시보고 시 관행적으로 브리핑을 제일 먼저 하도록 한다. 공군은 제2차 세계대전 당시 본토수호의 주력 전투기 '스핏파이어(Spitfire)' 편대가 아직도 주요 행사 시 영공을 누비고 있다. 1930년대 제작된 이 항공기들이 백수(白壽)의 나이임에도 에어 쇼에서 현란한 춤을 추면 영국인들은 미친 듯이 열광한다. 이처럼 영국은 찬란했던 과거역사를 끊임없이 재현하면서 국가 자부심을 고양시키고 있다.

육군장교 양성의 산실 샌드허스트

모병제를 시행하는 유럽 대부분의 국가는 파격적인 인센티브(출퇴근 근무, 높은 급여, 전역 후 취업보장 등)에도 불구하고 신병확보가 어렵다. 청년실업률이 35%에 달하는 이탈리아는 직업군인 평균나이가 39세이다. 밀레니엄세대가 힘든 군생활을 기피하기 때문이다. 영국사회도 예외는 아니다. 최근 영국 신병모집 광고에 '스마트폰 좀비, 게임중독자도 환영한다'라는 문구가 들어갔다. 신세대 특성을 인정하고 받아들일 테니 군인이 되라고 권유하는 것이다.

그러나 영국은 군 간부만큼은 엄격한 검증을 거쳐 정예자원을 뽑는다. 특히 장교선발은 모집공고부터 최종 합격까지 통상 1~1.5년이 걸린다. 이 기간 중 다양한 분야의 심층면접이 이루어진다. 대학생들 중 지적능력 · 인성 · 체력 면에서 최우수 그룹에 속해야만 선발될 가능성이 높다. 이런 과정을 통과한 최종합격자들은 샌드허스트(Sandhurst)장교학교에서 1년 교육 후 비로소 임관된다. 1801년 이곳은 최초 왕립군사학교로 개교했지만, 제2차 세계대전이 발발하면서 문을 닫았다. 그 후 1947년 대폭적인 군 구조개편과 함께 현 교육체제로 바뀌었다. 고색

영국 장교학교 '샌드허스트' 본관 건물 전경

창연한 학교 건물은 200여 년의 전통을 말해주고 있으며 특히 영국수
상 처칠, 요르단국왕 압둘라 2세, 왕세자 윌리엄도 이곳 졸업생들이다.

해군·해병대 역사가 살아 숨 쉬는 포츠머스

영국 남부 햄프셔주 포츠머스(Portsmouth)에는 '히스토릭 독야드
(Historic Dockyard)'로 불리는 해군역사박물관이 있다. 이곳에는 1805
년 트라팔가 해전에서 대승을 거둔 넬슨제독의 빅토리호가 정박해 있
다. 이 함정 앞에 약 50여명의 관람객들이 승선을 기다리고 있었다.

Trip Tips

해군 예비역군인이 "프랑스, 독일, 이탈리아, 중국, 일본…" 을 호명하며 외국인
들에게 안내 팸플릿을 나눠준다. 나 혼자만 받지 못했다. 인솔자가 돌아서는 순
간, 농담 삼아 "여기 한국사람 있소!"라고 소리쳤다. 의외로 "Oh! Korean"하면서
환하게 웃으며 한글안내서를 가져왔다.

함정 내부에는 넬슨의 전사위치, 해전실상, 전투상황도 등이 자세
하게 전시되어 있다. 특히 1800년대 전투함의 '해먹'은 다양한 용도로
사용되었다. 평시 식당천정에 매달아 수병침실로 사용하다가 전투 시
에는 선체 난간의 방탄벽으로 활용했다. 전투가 끝나면 이것은 전사
자를 담는 관으로 변했다. 해먹을 실로 기울 때 마지막 순간 군의관이

1960년대 영국 해군함정 수병식당의 해먹 모습

포츠머스 해군역사박물관 전경. 사진 중앙에 넬슨의 빅토리호가 보인다.

큰 바늘로 시신의 코를 찔렀다. "아얏!" 소리를 지르거나 움칫거리는 여부를 확인 후 최종 사망판단을 했다고 한다.

또한 포츠머스 항만 건너편에는 잠수함박물관까지 있다. 이곳에는 1901년 영국 최초로 건조한 잠수함 홀란드호가 원형 그대로 있었다. 도시 외곽의 웅장한 해병대박물관은 창설과정 및 전투사례, 영국해병 중대의 장진호전투도 상세하게 소개한다. 아울러 노르망디 상륙작전 과정을 보여주는 D-day 기념관도 무척 인상적이었다.

왕족의 교육기관 다트마우스 해군사관학교

영국해군사관학교(Britannia Royal Naval College)는 아름다운 남부 해안도시 다트마우스(Dartmouth)에 있다. 1863년 창설된 이 학교 이 전에 이미 영국에는 수 개소에서 해군장교 양성학교들이 있었다. 예 들 들면 해군유년학교 · 기관장교학교 · 그리니치 해군사관학교에서 대제국의 해군을 이끌 인재육성에 혼신의 힘을 다했다.

현재의 해군사관학교는 고교졸업 이상의 학력자들 중 소수 우수인 재를 선발, 1년 교육 후 해군장교로 임관한다. 물론 선발인원 대부분 은 대학졸업자들이다. 과거 수십만 명의 해군병력에 비해 3만여 명으 로 축소된 해군구조 고려 시 사관생도 인원은 많지 않은 것 같았다. 영국왕실의 왕세자는 전통적으로 이곳 해군사관학교에서 교육 후, 국 왕 즉위 시 해군원수 직위를 상징적으로 가졌다. 소개 책자에는 이들 의 학교생활 기록사진들이 상세하게 수록되어 있다.

히틀러 본토침공 의지를 꺾어 버린 영국공군

1940년 9월 7일 저녁, 런던 시내에 최초의 독일공군 대공습이 있었 다. 그 후 겨울까지 계속된 폭탄세례에 영국인들은 지옥 같은 나날을 ·35

보내야만 했다. 공습 사이렌이 울리면 시민들은 침착하게 지하철 승강장으로 달려갔다. 컴컴한 지하실은 비좁고 악취가 났으며, 직격탄을 맞으면 집단 생매장을 당했다. 하지만 그들은 함께 노래하며 갓난아기를 달래기도 했다. 히틀러는 잔인하게도 낙하산형 시한폭탄도 함께 뿌렸다. 그럴수록 영국인들의 항전의지는 더욱 강해졌다. 최악의 도시폭격에 1000여 명의 영국공군 요격기 파일럿이 온몸으로 맞섰다. 20세 내외에 소위로 임관한 이들 중 1년 이상 생존하여 중위 진급을 한 장교들은 거의 없었다. 결국 어린 청소년들의 애국심이 런던을 구했다.

제2차 세계대전 당시 영국공군 활약상은 런던 교외의 왕립 공군박물관이 잘 보여주고 있다. 전시실에는 1918년 공군창설 이후의 공중전·항공기발전사·우주전쟁에 이르기까지의 광범위한 자료들이 있다.

 이 박물관에서 우연히 만난 한국 대학생은 공군조종장교 장학생이었다. 그는 방학기간 중 유럽 군사박물관을 답사하며 전쟁사를 연구한다고 했다. 하늘을 나는 푸른 꿈을 가진 열정적인 한국청년을 해외에서 만나니 필자도 힘이 솟았다.

영국 공군박물관 '스핏파이어' 전투기와 배낭여행 중인 한국대학생

스코틀랜드 전시 영국 후방병참기지

스코트랜드는 영국 본토 섬의 1/3을 차지하며 북쪽에 위치한다. 남쪽은 잉글랜드, 북서쪽은 대서양, 동쪽은 북해와 접해 있다. 이 지역은 오랫동안 영국의 직접 통치에 저항하다가 1707년에 두 왕국은 통합되었다. 1800년대 산업혁명 영향으로 조선·철강업이 크게 발전하면서 인구가 대폭 증가하였다. 특히 제1·2차 세계대전 당시 무기 및 군수품 생산을 감당하는 든든한 후방병참기지 역할을 감당하기도 했다. 스코틀랜드 북부에는 '하이 랜드(High Land)'라고 불리는 아름다운 산악지대와 해저괴물이 산다는 네스호도 있다. 대도시 에딘버러·글라스고와 주변 작은 도시에는 영토갈등, 왕위계승, 세계전쟁에 얽힌 성곽, 기념비, 군사유적 등이 도처에 널려있다.

천년고도 에딘버러성과 One o'clock Gun
스코틀랜드 옛 왕국의 수도인 에딘버러(Edinburgh)는 행정·문화의 중심지이며 도시 전체가 세계문화유산이다. 특히 깎아지른 듯한 절벽

깎아지른 절벽위의 에딘버러성 전경

위 에딘버러성은 한눈에도 천연요새임을 알 수 있다. 숱한 전쟁에도 꿋꿋하게 자리를 지켜 온 이 성은 약 1500여 년 전에 최초 축성되었다. 16 · 17세기 경, 이 성채는 적으로부터 숱한 포위공격을 당했으나 결코 함락되지 않았다. 그러나 이 와중에 대부분의 시설은 파괴되었고 현재의 성안 건축물들은 거의 18세기 이후에 지어졌다. 달팽이관처럼 감아 오른 성곽 내의 건물, 지하시설은 과거 전쟁지휘소, 감옥, 포로수용소로 쓰였지만, 오늘날에는 교회, 군사박물관, 전사자추모관으로 활용되고 있다.

> **Trip Tips**
>
> 또한 에딘버러 성곽에서는 매일 진행되는 'One o'clock Gun'이라는 이색적인 행사가 있다. 즉 1861년 이후부터 현재까지 오후 1시에 대포 한 발을 발사한다.

시계가 귀했던 과거에 정확한 시간을 항구의 선원, 지역주민들에게 알려주기 위해서였다. 이 당시 수많은 영국 식민지에서도 똑같은 시간대 대포는 발사되었다. 우리나라도 한때 전국 방방곡곡에서 12:00 정각 사이렌을 울려 시간을 알려주었다. '오포(午砲)'라고 불린 이 관습은 에딘버러성의 대포발사 행사가 일본을 거쳐 한국으로 전해져 왔을 것으로 생각된다.

에딘버러의 충견 'Bobby' 이야기

영국인들은 보수적이면서도 독특한 전통을 기막히게 창조하는 천재성을 가지고 있다. 심지어 수 백 년 된 공동묘지조차도 다양한 의미와 역사성을 부여하여 관광객 발길을 그곳으로 이끈다.

이 도시 구시가지에는 '보비(Bobby)'라는 조그마한 강아지 동상이 있다. 이곳에는 늘 사람들이 북적인다. 이 동상은 한국 임실 '오수의 개'와 비슷한 사연을 가졌다. 즉 보비는 1850년 경 존 그레이(John

에딘버러성 정상부 교회내의 전몰용사 명부를 확인하는 관광객들

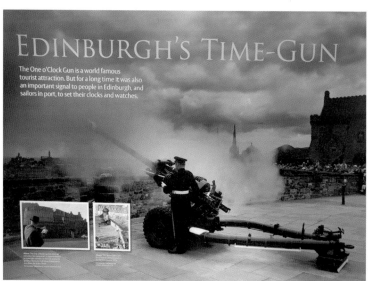

에딘버러성 One o'clock Gun 행사 포스터

에딘버러 구시가지의 충견 보비 동상. 수많은 관광객들이 강아지 콧잔등을 만지며 기념사진을 촬영하고 있다.

Gray) 목사가 기르던 강아지였다. 보비가 2살 무렵, 주인이 죽자 이 개는 무려 14년 동안 주인묘 옆에 쪼그려 앉아 있었다. 보비의 충성심에 감탄한 주민들은 그곳에 아예 개집까지 지어 주었다. 어디까지 진실인지 솔직히 단정 지을 수는 없다고 한다. 그 후 이 강아지는 일약 영국의 유명인사(?)가 되었고, 죽은 후 주인 옆에 안장되고 묘비까지 세워졌다. 뒤이어 개동상이 건립되고 보비펍 · 보비식당 · 보비마스코트로 지금까지 관광특수를 톡톡히 누린다.

> **Trip Tips**
>
> 보비 코를 만지면 자손대대로 복을 받는다는 속설까지 퍼져 동상 콧잔등은 항상 하얗게 변해 있다. 흡사 한국 망부석이나 돌부처의 코가 닳아 없어지는 수난을 겪는 것처럼….

전시 영국의 병참기지 스코틀랜드

제1 · 2차 세계대전 시 독일공군이 스코틀랜드까지 날아가 폭격하기에는 힘이 부쳤다. 따라서 영국은 이 지역 군수공장에서 수많은 전쟁 물자를 생산했다. 에딘버러 국립박물관 3층에는 세계대전 중의 후방기지 역할과 스코틀랜드인 생활상 자료들이 많이 있다.

1940년 1월, 처칠은 "앞으로 수백만 명의 노동자가 이 전쟁에서 필요할 것이다. 특히 100만 명 이상의 여성들이 군수공장으로 나가야 한다."라고 했다. 이 박물관에는 머리 스카프를 단정히 쓰고 포탄신관 분류작업을 하는 수 백 명의 여성노동자와 여성방공경보요원 사진과 같은 이색적인 전시물들이 꽉 차 있다. 전쟁기간 내내 우편 · 간호 · 교통업무, 심지어 방공호 구축까지 여성들의 몫이었다. 또한 독일군 폭격을 피해 약 200여 만 명의 도시 어린이들은 엄마와 생이별하면서 시골로 후송되었다. 아이들을 인수한 농촌 가정들도 전쟁이 끝날 때까지 정성껏 그들을 돌보았다. 육아부담을 덜은 도시권 주부들은 더

군수공장에서 포탄신관을 검사하고 있는 영국여성노동자

욱 전시업무에 매진할 수 있었다. 이들의 적극적인 활동은 곧 여성들의 사회 참여폭을 대폭 확장시켰다. 사실 영국은 제1·2차 세계대전을 통해 비로소 완전한 남녀평등이 이루었다.

아울러 1760년대 시작된 산업혁명 당시의 증기기관차, 공장 설비들도 전시실에 있었다. 파격적 동력을 가진 증기기관은 기계·제철·수송분야에 획기적 변화를 가져왔다. 결국 영국은 이런 산업혁명을 바탕으로 세계 최강국의 위치에 우뚝 서게 된 것이다.

잉글랜드 스코틀랜드 간의 심각한 갈등

1999년부터 스코틀랜드 자치정부는 외교·국방을 제외한 대부분의 내정 권한을 중앙정부로부터 위임받았다. 그러나 뿌리 깊은 잉글랜드 스코틀랜드 갈등은 아직도 남아있다. 최근에는 브렉시트(영국 유럽연합 탈퇴) 문제를 두고 정부와 심각한 갈등을 겪었다. 이 지역 주민들은 대부분 유럽연합 잔류를 희망했지만 영국정부는 탈퇴를 결정했다.

에딘버러 국립박물관에 전시된 산업혁명 당시의 증기기관차

따라서 2014년에 이어 수년 내 또다시 스코틀랜드 독립에 관한 찬반
투표가 있을 것이라고 한다.

 영국 지도에서 동·서간 가장 좁은 지역이 에딘버러 글라스고 구간이
다. 에딘버러역에서 기차를 타고 느긋한 마음으로 창밖의 시골풍경을
감상했다. 더욱이 글라스고가 마지막 종착역이라 편안한 마음으로 두
다리를 쭉 뻗으니 자신도 모르게 스르르 잠이 들었다. 이윽고 종착역
에 도착하여 내리니 어쩐지 출발역 분위기와 비슷했다. 눈을 비비고 자
세히 보니 방금 전에 출발했던 에딘버러역이다. 졸고 있는 사이 기차가
글라스고에서 에딘버러로 다시 돌아왔던 것이다. 이 횡단열차 운행시
간은 50분에 불과했다. '의심나면 확인하고 또 확인하라!'는 배낭여행
철칙을 어긴 대가로 오전 일정은 날아가고 말았다.

영국군 최강 부대,
코만도는 이렇게 만들어졌다

산과 호수, 이끼 낀 성곽, 역사 깊은 마을과 도시들이 모인 곳이 스코틀랜드이다. 대도시 글래스고의 생동감은 고풍스러운 에딘버러와는 또 다른 느낌을 준다. 스코틀랜드 경제중심인 글래스고는 산업혁명기에 발전한 공업도시다. 이 도시를 벗어나 북쪽 하이랜드로 가면 잉글랜드인들과의 수 백 년 투쟁 간 생겨났던 고성들이 간간이 보인다. 아울러 제2차 세계대전 시 공정부대와 전장의 최선봉에 섰던 코만도부대 기념관도 있다. 소규모 전시실을 가졌지만 부대원들의 애국심·강인함·긍지를 관람객들에게 전해주기에는 충분했다. 특히 80여 년 전 코만도부대 창설·훈련·발진기지였던 이곳은 오늘날 세계 특수부대원들의 고난도 훈련장으로 변모하였다.

글래스고 대학졸업 전사자 추모화단
영국의 명문대학들은 통상 500~600여 년의 전통을 가지고 있다. •45

명문 글래스고 대학 역시 예외가 아니다. 시내 중심의 공원과 연결된 이 대학은 1451년 영국에서 4번째로 창립됐다. 언덕 위에 우뚝 솟은 첨탑을 가진 본관은 지내온 세월을 보여주듯 건물 벽면이 까맣게 변해 있다. 이곳 졸업생·교수들 중 모두 7명이 노벨상을 수상했다.『국부론』을 집필한 경제학자 애덤 스미스, 증기기관 발명자 제임스 와트도 이 대학 출신이다.

그런데 학교정문 옆에 수많은 십자가 조각들이 꽂힌 이색적인 화단이 있었다. 화단 속 작은 표지판에는 '베르덩, 이프러, 솜므…'와 같은 제1차 세계대전 전장터 명칭이 곳곳에 적혀있다. 전쟁에서 전사한 글래스고대학 졸업생 추모화단이란다. 바로 이곳에서 대학은 현충일인 11월 11일 매년 다양한 추모행사를 갖는다고 한다. 정성껏 가꾸는 추모화단과 끊이지 않는 화환을 지켜보는 학생들에게 별도의 역사교육은 필요 없을 것 같았다.

글래스고대학 정문 부근의 졸업생 전사자 추모화단

네스호 성곽과 스코틀랜드인 항전의지

스코틀랜드는 수 백 년 동안 잉글랜드의 침공과 폭정에 시달려왔다. 영화 《브레이브 하트(Brave Heart)》에서 주인공 윌리엄이 잉글랜드군과의 처절한 사투를 벌리는 장면에서 스코틀랜드 저항의 역사를 엿볼 수 있다. 이처럼 생존을 위한 그들의 필사적인 노력흔적이 남아 있는 어커트(Urquhart)성곽이 네스호 부근에 있다. 폐허에 가까운 이 성터는 1509년에 최초 축성되었다. 호수를 끼고 있으면서 성벽 밖으로 깊은 해자를 만든 천혜의 요새다. 좁은 성내에 경계타워, 식량창고, 가축사육장까지 완비되어 있다. 특히 호수와 연결된 작은 부두는 유사시 재보급 및 퇴출로 역할을 했다. 시대를 초월하여 인간사회에서 최우선 가치는 '생존!'임을 이 성터는 보여주고 있었다.

영국군 최정예 코만도부대 기념관

코만도기념관이 있는 네스호 주변 산악지형은 깊은 계곡과 산림, 호수까지 있어 특수훈련장소로 적격이다. 1940년 6월, 영국은 기적적으로 유럽대륙에서 생환한 34만 명의 병력을 주축으로 군대 재건에 나섰다. 역사상 유래 없는 대패배에 국민들이 깊은 절망감에 빠지자, 처칠은 즉시 공세작전을 위한 코만도(Commond)부대 창설을 지시했다. 국민 사기 진작과 기습공격으로 독일군 콧대를 꺾어놓기 위해서였다.

네스호를 끼고 있는 1500년대 스코틀랜드 성곽 전경

선발된 정예 장병들은 바로 이곳에서 혹독한 훈련을 거쳤다.

1942년 8월 18일, '주빌리 작전'으로 명명된 야심찬 기습작전은 드디어 시작되었다. 코만도를 선봉으로 영국·캐나다군 6,500명, 함정 237척이 도버해협 건너편 디에프 상륙을 위해 발진했다. 다음 날 새벽, 코만도특공대가 해안포대 제압을 위해 제1파로 적진에 접근했다. 그러나 화물선을 호위하던 8척의 적함과 갑자기 조우하면서 기습 기도는 독일군에게 노출되고 말았다. 수많은 함정들이 침몰했지만 상륙은 강행되었다. 백사장은 핏빛으로 물들었고 살육은 계속되었다. 반나절 전투에서 연합군은 3,700명이 전사하고 2000명은 포로가 되었다.

이런 뼈저린 실패를 통해 단련된 코만도부대는 1944년 6월, 결국 노르망디 상륙작전에서 그 진가를 유감없이 발휘한다. 훗날 전쟁학자들은 "디에프에서 전사한 병사 한 사람이 노르망디에서 10명의 병사를 살려냈다."라고 평가했다. 이 작전의 실패 교훈도 코만도기념관에 사진·기록물로 솔직하게 제시하고 있다.

코만도기념관 전몰부대원 추모동상. 멀리 보이는 산악지역이 특수훈련장이다

병영체험을 통해본 영국인의 상무정신

영국군은 수시로 병영체험 희망자들에게 부대개방 행사를 갖는다. 운 좋게도 왕립 웨일즈연대 국방의용군(TA: Territorial Army) 훈련대대 방문 기회가 있었다. TA는 평시 일정 군사교육 후 민간신분으로 있으면서 본인 희망 시 현역근무도 가능한 영국의 독특한 예비군 제도다. TA신분으로 아프간 · 이라크전에 참전한 영국군도 상당수에 달한다.

> **Trip Tips**
>
> 이 행사는 인터넷 신청 후, 기차·버스를 갈아타면서 스스로 지정부대로 가야한다. 소요경비는 물론 본인부담이다.

대대장 스티브 중령은 방문객들에게 국방예산의 3%로 다양한 임무를 수행하는 TA 중요성을 강조했다. 또한 자매대학 생도대(CCF: Combined Cadet Force) 교육체계도 소개했다. 이것은 대학생들 중 일부 희망자들에게 일정기간 군사교육을 시켜 군 간부 예비인력을

병영체험자들에게 훈련시범을 보이는 영국군 장병

영국 일반대학생 군사훈련 모습. 예상외로 여학생들이 많이 보인다

사전 확보하는 제도이다. 교육과정에는 실탄사격, 낙하산강하, 스쿠
버다이빙 및 해외전지훈련까지 포함되어 있다. 특히 종합훈련사열
후 생도대, 학부형, 초청인사, 군악대가 어우러진 병영축제를 갖는다
고 한다. 한국 일반 대학의 ROTC · 군사학과 훈련 수준과는 차원이
다르다. 현재 모병제를 시행함에도 불구하고 많은 영국학생들이 스
스로 군사훈련에 참여하는 사실이 놀라왔다. 물론 이런 스펙이 군 간
부지원 및 취업 시 긍정적 평가요소가 된다. 곧 이어 테러진압, 응급
처치, 호수횡단 등의 훈련시범이 진행되었다. 바쁜 생활 속에서도 이
런 행사에 적극 참여하는 영국인들의 국방에 대한 관심도 부럽기만
하였다.

아일랜드
Ireland

800년 아일랜드 저항역사!
한반도 과거 아픔과 닮아

   아일랜드(Ireland)는 인구 500만 명, 면적 8만 4,412Km²의 작은 섬 나라로 영국 북서쪽에 위치한다. 그나마 1만 4,139Km²의 북아일랜드 는 영국령에 속한다. 평균 해발고도는 60~120m이며 기후는 위도에

아일랜드 독립운동에 목숨을 바친 애국 열사 더블린 추모기념 공원 전경

비해 비교적 온화한 편이다. 이 섬은 1171년 잉글랜드 국왕 헨리2세의 군대에게 점령당한 후, 약 800여 년 간 영국 지배를 받았다. 1921년 자치 국가를 수립했지만, 독립방식의 이견으로 인한 내전, 신·구교 충돌로 엄청난 내부갈등을 겪었다. 결국 1949년 영연방을 탈퇴하면서 영국 간섭을 완전히 벗어난 아일랜드 공화국으로 탄생했다. 이런 역사의 질곡이 있었지만 아일랜드는 '리피(Liffey)강의 기적'으로 불리는 비약적인 경제 성장을 통해 오늘날 연 국민 개인소득 76,100불 수준의 선진 국가를 건설했다.

역사 유적보다 풍요로운 문화에 더 관심 많은 여행객

> **Trip Tips**
>
> 아일랜드 수도 더블린은 '런던의 자매도시'로 느껴진다. 빨간 2층 버스, 피시 앤드 칩스(fish and chips), 고풍스러운 건물, 공용어인 영어는 런던과 전혀 다를 바 없지만 단지 복잡하지 않고 한산한 편이다.

그러나 런던은 개선문, 전쟁영웅동상, 왕궁, 세계적인 박물관 등 찬란한 영광의 역사로 가득 차 있다. 이에 비해 더블린은 식민지시대 감옥, 이민사박물관, 독립투사 추모공원, 영국군 병영 등 고통스러운 역사 유적들이 구석구석 숨어 있다. 하지만 여행객 대부분은 무거운 주제의 과거 유적보다는 펍(Pub)의 거리 템플바, 기네스 흑맥주 공장, 토마스 명품백화점 등 즐거움과 풍요로움이 넘치는 관광지에 더 관심을 갖는 듯 했다.

 비싼 대중교통비, 융통성 있는 답사를 자동변속 차량보다 수동변속 차량 비용이 훨씬 저렴하다. 관리인이 수동기어 조작이 가능하냐고 수차례 되묻는다. 자신만만하게 자동차를 넘겨받아 주차장을 나오면서부

더블린 시내 중심에 있는 1700년대의 웅장한 영국군 병영 전경. 이 건물의 일부 시설은 현재 아일랜드 군사역사박물관으로 사용되고 있다

터 당장 문제가 생겼다. 미숙한 변속기 조작으로 시동이 계속 꺼진다. 뒤 차량은 빵빵 거리고 주변 사람들도 안타까운 시선으로 바라본다. 겨우 도로로 나오니 자동차 운행도로까지 정반대 방향이다. 식은땀을 흘리며 한적한 곳으로 나와 변속기어 조작훈련, 좌측통행 적응요령을 스스로 숙달하는 수밖에 없었다.

800여 년 독립을 위해 싸운 슬픈 '저항의 역사'

세계역사에서 800년간 이민족의 압제 아래 살아온 민족은 흔치 않다. 14세기경 영국 왕 헨리 8세는 성공회(신교)를 국교로 선포하면서 대부분 가톨릭을 믿는 아일랜드인들을 핍박하기 시작했다. 대대적인 영국인 이주로 많은 토지가 신교도에게 넘어갔다. 17세기에는 크롬웰이 식민정책에 저항하는 현지인들을 무자비하게 도륙했고, 가톨릭교도의 토지점유율은 5%로 떨어졌다.

　1801년 영국은 연방법 제정과 동시에 가톨릭교도의 토지 소유를 금지했고 공직 취업도 막았다. 아일랜드인들은 가난에 시달리며 비참하게 살 수밖에 없었다. 설상가상으로 1845년 '감자 마름병'으로 인한 대기근이 이 섬을 덮쳤다. 850만 명의 인구가 1851년에는 650만 명으로 줄었다. 100만 명이 굶어 죽었고, 100만 명은 미국·영국·유럽 대륙으로 필사적으로 탈출했다. 뒤늦게 영국의 자선단체와 의사들이 건너왔지만, 상황을 되돌릴 수 없었다. 이처럼 가시밭길 역사를 가진 이 나라 민요들은 대부분 슬픔이 묻어 있다. 흡사 한국 '아리랑'이 처량한 곡조와 한 맺힌 가사를 가졌듯이….

더블린 리피 강변의 아일랜드 대기근 청동상. 사진 뒤편에 이민사박물관이 보인다.

기아탈출 대 참상과 리피 강의 이민선박물관

더블린 아일랜드 대기근 청동상 작품의 일부 전경. 굶어 죽은 자식을 어깨에 매고 힘없이 걸어가는 아버지 형상으로 처참했던 당시 상황을 잘 묘사하고 있다

더블린 강변 부두에는 작가 길레스피의 '아일랜드의 기근(Famine)'이라는 청동상 작품이 서있다. 그 형상은 대기근의 참상을 이렇게 표현하고 있었다. '앙상한 뼈다귀만 남은 사람들이 가슴팍에 보따리를 부둥켜안은 채 어딘가로 떠나고 있다. 힘이라고는 찾아볼 수 없는 위태한 행렬이다. 한 사내는 굶어 죽은 어린 자식의 주검을 바싹 야윈 어깨에 둘러멘 채 휘청인다.

그 뒤에는 내장까지 깡마른 개가 주인 뒤를 따르고 있다. 현지 상황을 취재한 영국 기자는

"이 세상에 가난한 나라는 많지만, 전 국민이 거지인 나라는 아일랜드밖에는 없을 것이다. 길거리에는 시체가 산을 이루고 마을은 황폐화 되었다. 그곳은 지옥과 같았다."라는 충격적인 기사를 보냈다.

굶주림과 아사가 참혹하게 뒤섞인 광란의 죽음 판에서 그나마 움직일 기력이 남은 사람들은 지옥 같은 땅을 떠나려 배를 탔다. 하지만 모든 사람들이 다른 대륙에 온전하게 도착할 수는 없었다. 당시 더블린─뉴욕 뱃삯은 5달러로 아일랜드 노동자의 6개월 급여였다. 이민선

리피 강변부두에 계류된 아일랜드 이민선. 선박 내부에는 1846년 당시 해외이주민들의 열악한 선상 생활, 가족사 등이 재현되어 있다.

을 탄 100만 명 가운데 1/5인 20만 명은 병들어 죽었다. 오죽하면 이 민선을 '관(coffin)'을 실어 나르는 배'로 불렀을까?

1846년 3월 18일, 아일랜드의 첫 기근선(The Famine Ship)이 출발 했던 부두에 박물관으로 개조되어 계류되어 있다. 내부에는 이주민 사진·증언록과 열악한 음식 모형물이 전시되어 있다. 특히 항해 중 부모를 잃은 남매가 부둥켜안고 서럽게 우는 모습은 관람객 마음을 아프게 한다.

아일랜드계 해외교포와 전국 곳곳의 이민사박물관

대기근 청동상 건너편에는 이민사박물관(Emigration Museum)도 있 었다. 전 세계의 아일랜드계 인구는 현재 본토 거주민 14배에 달하는 ·59

더블린—뉴욕 항로를 아일랜드 이주민들이 1달간 항해 중 많은 사람들이 목숨을 잃었다. 배안에서 부모가 숨겨 고아가 된 남매가 선실에서 서럽게 울고 있다

7,000여 만 명. 특히 미국·캐나다에 많으며 미 대통령 케네디의 증조부도 아일랜드계 이민자였다. 또한 고속도로 휴게소에서도 해외이주 역사와 생활상을 홍보하는 전시관들을 쉽게 볼 수 있다.

19세기 말 한민족 이민사도 아일랜드와 비슷하다. 자연재해, 관리 수탈, 외세침략으로 수많은 민초들이 압록강·두만강을 넘었고, 심지어 하와이, 멕시코까지 건너갔다. 그들은 황량한 만주벌판, 연해주를 억척스럽게 개간하여 옥답으로 바꾸었다. 하지만 피땀 흘려 가꾼 농토와 재산을 결국은 다 빼앗기고 가축같이 이리저리 내몰리기만 했다. 나라 없는 백성의 서러움이었다.

최근 한인들이 몰려있는 영국보다 아일랜드를 찾는 어학연수 한국 학생들이 늘어나고 있다. 이들도 이 나라 역사에 조금만 관심을 가진다면 한반도 과거와 너무나 비슷한 점이 많다는 것을 금방 느낄 것이다.

식민억압의 현장을
더블린 군사박물관으로

고통스러웠던 아일랜드의 수백 년 역사를 적나라하게 보여주는 군사역사박물관! 그 역사유적도 더블린 중심부의 위압적인 옛 영국군 병영건물 속에 있다. 오랜 식민치하에서 아일랜드인들은 자연스럽게 영국군에 몸을 담을 수밖에 없었다. 1800년대 영국군 병사의 40%가 아이리시로 채워졌고, 숱한 대·내외전쟁에서 목숨을 잃었다. 1916년 부활절에는 더블린에서 영국에 대항하여 대규모 독립투쟁을 벌였으나 좌절되었다. 그러나 끈질긴 항거로 결국 1921년 영국으로부터 자치권을 쟁취했다. 오늘날 아일랜드군은 9,100명(육군 7,300명, 해군 1,100명, 공군 700명)에 불과하다. 하지만 과거 선조들의 독립투쟁역사와 주권수호를 위한 소수정예 아일랜드군 육성과정을 전시관 자료는 잘 보여주고 있었다.

식민지 시절 영국군에 입대하는 아일랜드인들의 모습. 자료 그림 왼쪽과 뒤편 입대자는 어린 소년들
이다

영국군─아일랜드 역사가 뒤섞인 더블린 군사박물관

　더블린의 군사역사박물관은 콜린스 병영(Collins Barracks)으로 불
리기도 한다. 트램 노선 '박물관역'근처의 경사진 언덕 위에 ㅁ형으로
건축된 거대한 4층 석조 건물군은 1700년대의 영국군 병영이다. 당시
한반도의 조선은 영·정조시대로 문화예술은 꽃피웠지만, 서구사회
의 비약적인 과학기술 발전에 대해서는 둔감했다. 그러나 지구 반대
편의 영국은 부국강병의 기치 아래 강한 군대를 육성하고, 세계 곳곳
에 식민지를 개척하고 있었다. 군사박물관은 광대한 병영시설 중 극
히 일부를 개조하여 활용하고 있다.

　대서양을 낀 외딴 섬나라 아일랜드는 '역사적으로 전쟁과는 무관하
여 어떤 전시물이 있을까?'라는 궁금함이 앞섰다. 웬걸, 첫 전시실부
터 수천 년 전 바이킹 침공부터 프랑스·잉글랜드군 상륙에 이르기까

1861년 미국 남북전쟁 당시 북군으로 참전한 아일랜드인 모습. 상당수는 남군으로 참여하여 전쟁터에서 동족끼리 싸우기도 하였다.

지 다양한 전쟁 관련 전시물이 펼쳐져 있다. 인류 역사 자체가 전쟁을 제외하고는 설명이 불가하다. 특히 아일랜드인의 영국군 생활, 미국 남북전쟁 시 동족끼리의 전투, 1916년 부활절 독립투쟁, 1921년 영국과의 협상내용 이견으로 인한 내전 등 이 나라 수난의 역사자료가 시대순으로 박물관을 꽉 채우고 있다.

아일랜드판 서대문형무소 '킬마인햄' 감옥

아일랜드의 끝없는 독립투쟁에 영국은 강경하게 대응했다. 더블린 중심부에서 다소 떨어져 있는 아일랜드판 서대문형무소 킬마인햄(Kilmainham Gaol) 대형 감옥. 이곳에는 1796년부터 1926년까지 130년 동안 수많은 아일랜드 독립투사들이 수감 되었고, 일부는 이 감옥 사형장에서 처형되었다. 현재는 역사유적지로 학생들의 애국심 고취

지상 4층 지하1층 구조의 거대한 '킬마인햄' 감옥 내부 전경. 이곳에 수많은 아일랜드 독립투사들이 수감되었다.

를 위한 체험학습장으로 변했다.

1916년 4월 24일은 부활절 다음 날이었다. 제1차 세계대전으로 영국이 독일과의 전쟁에 몰두하고 있던 이 시기에 패트릭 피어스는 2,000명의 반란군을 이끌고 더블린 중앙우체국으로 갔다. 그곳을 총사령부로 삼은 뒤, 삼색기의 아일랜드 국기를 내걸고 독립을 선포했다. 영국 정부는 즉각 진압군을 투입했고, 군함을 리피 강으로 보내어 함포사격까지 했다. 일주일간 전투에서 400여 명이 죽고 2,500명이 부상을 당했다. 그중 절반은 거리를 오가다 총탄을 맞은 무고한 시민들이었다. 이 사태는 아일랜드인들의 독립 의지에 불을 붙였고 전국적인 무장투쟁으로 확산되었다. 1919년부터는 자체 조직한 아일랜드 공화국군(IRA)과 영국군 간의 전투가 1년 반이나 계속되었다. 1921년 7월, 영국은 결국 휴전에 동의하고 아일랜드 자치정부를 허용할 수밖에 없었다. 오늘날까지도 중앙우체국 건물 기둥과 벽면에는 당시의 총격전 피탄 자국이 군데군데 남아있다.

킬마인햄' 감옥 내의 법정 전경. 사진 중앙 재판장석 앞 단상에 피고인 의자가 댕그랗게 놓여 있다

독립국 건설과 동족 간의 처절한 골육상쟁

아일랜드는 1921년 영국과의 평화협상을 통해 독립국으로 태어나려고 몸부림쳤다. 하지만 이 타협안을 두고 민족 내부에서 커다란 갈등이 일어났다. 즉 '우선 영국으로부터 자치권부터 얻자'라는 현실주의자와 '조국의 완전한 독립을 요구'하는 이상주의자 간 충돌이 생긴 것이다. IRA는 2개의 무장단체로 쪼개졌고, 아일랜드는 피비린내 나는 동족상쟁에 빠졌다.

2006년 칸영화제 황금종려상을 받은 영화 〈보리밭에 부는 바람〉은 아일랜드 두 형제의 비극적인 이야기를 통해 당시의 내전 상황을 이렇게 보여준다. 형 테디와 동생 데이미안은 IRA에 가담하여 조국의 독립을 위해 오랫동안 함께 싸웠다. 그러나 평화조약이 체결되는 순간, 그들은 서로에게 총부리를 겨누었다. 형은 "아일랜드가 간신히 얻은 이 기회를 놓치면 우리는 영원히 영국의 속국이 된다."라고 주장했다.

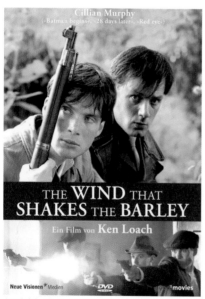

반면 동생은 "북아일랜드 분리안은 조국을 분열시키려는 영국의 비열한 술수"라며 끝까지 투쟁을 요구한다. 결국 '협상 반대파'에서 맹활약을 하던 동생은 '협상 수용파'에 체포되었다. 형은 포로가 된 동생에게 상대편 비밀정보의 실토를 강요한다. 끝까지 저항하던 동생을 마지막 순간 형이 직접 처형하면서 영화는 끝난다. 이처럼 개인의 신

'보리밭을 흔드는 바람'영화포스터(2006년 상영)

넘이나 이념은 피를 나눈 형제애보다 더 강할 수 있다. 당시의 평화협상에서 북아일랜드는 영국령으로 남겨졌다. 일시적으로 봉합된 이 문제는 수십 년 후, 종교 갈등의 형태로 북아일랜드를 피바다로 만드는 실마리가 된다.

아일랜드 시부모 사랑을 독차지한 한국인 며느리

더블린의 공항·도심 거리에서는 최근 늘어나는 한국 관광객들을 손쉽게 만날 수 있다. 따라서 인구 50만 명에 불과한 이 작은 도시에도 한국음식, 최신 현지 정보 제공 등을 내세우는 한인 여행사들이 많이 있다.

한인 민박집 여주인 L 씨는 어린 아기를 키우면서 숙박자들의 뒷바라지를 한다. 더블린 외국인 회사에 다니던 중 아일랜드인 남편을 만나 수년 전에 결혼했단다. 처음에는 자신의 살림집을 개조하여 민박집을 운영하며 알뜰하게 저축을 했다. 시부모가 손자를 돌보고 남편도 퇴근하면 아내를 도왔다. 마침내 L 씨는 별도의 2층 양옥을 사 본격적으로 민박업에 뛰어들었다. 서글서글한 성격에 붙임성 좋은 여주인은 투숙객들에게도 인기가 좋다. 눈코 뜰 사이 없이 바쁘면서도 남편·시부모를 정성껏 모셨다. 시어머니 케이티는 만나는 사람마다 한국 며느리 자랑이다. 개인주의 문화가 만연한 유럽에서 이처럼 가족들을 위해 주야로 헌신하는 며느리를 보기 힘들었던 모양이었다.

벽화에 남겨진
북아일랜드의 슬픈 역사

2019년 4월 18일, 북아일랜드 제2의 도시 데리에서 분리독립주의자들과 영국 경찰 간 충돌이 있었다. 이 와중에 일부 시위대가 쏜 총에 여기자 매키(29)가 사망했다. 이 갈등의 단초는 16세기로 거슬러 올라간다. 잉글랜드왕 헨리 8세가 이 지역에 신교도들을 대거 이주시키면서 가톨릭계 구교도들과 다툼이 본격화됐다.

1949년 아일랜드의 완전독립 시, 전체 32개 주 중에서 신교도가 많은 북아일랜드 6개 주가 영국을 택했다. 그 후 30여 년간 신·구교도 충돌로 3,000여 명이 목숨을 잃었다. 1998년 북아일랜드는 '성 금요일 협정'으로 안정을 되찾았고, 2005년에는 IRA(구교도 무장단체)도 해체를 선언했다. 그러나 2012년 신 IRA 조직이 나타나면서 폭탄테러 시도, 주요시설 폭파위협 등으로 최근 영국 전역에 긴장감이 고조되고 있다.

신세대 축제의 장 북아일랜드 밸파스트

Trip Tips

더블린에서 북아일랜드 밸파스트까지는 널찍한 고속도로가 남북으로 시원하게 뚫려있다. 어디서부터 영국령인지 식별이 불가하다. 별도의 세관도 없고 여권 검사도 없다. 단지 아일랜드는 '유로화', 북아일랜드는 '파운드화'를 사용한다는 것만 다를 뿐이다.

밸파스트 시내에 들어서니 도시 전체가 시끌벅적한 분위기다. 매년 8월 초에 개최되는 '성 소수자 축제'기간이란다. 거리 구석구석에는 요란한 음악과 함께 춤판이 벌어졌고, 주변은 쓰레기 뒤범벅이다. 윗옷을 벗어 던진 청년들이 팻말을 들고 시민들에게 자신이 동성애자임을 밝히고 관심을 유도한다. '테러위협', '무장경찰' 등의 상상은 여지없이 깨어졌다. 오히려 경찰은 취객 난동에 더 신경을 쓴다. 여행사에서는

밸파스트 신·구교 분리지역 부근의 분쟁 희생자 추모공원 전경. 전시된 사진에는 상당수의 어린아이도 포함되어 있다.

밸파스트 성소수자 축제기간 중 피켓을 들고 시민들에게 동성애를 소개하는 청년. 뒤편으로 시청사 건물이 보인다

신 · 구교도 분쟁지역의 개인적 출입은 가급적 자제를 권유한다. 그러나 도시 분위기로 봐서 자신들을 찾아온 여행객들에게 애꿎게 테러를 가할 영국인은 없을 것 같았다.

비극의 역사를 전해주는 추모공원 · 벽화

밸파스트 시내에서 구교도는 폴스 로드(Falls Load), 신교도는 샨킬 로드(Shankill Road)라 불리는 거주지역에 주로 모여 산다. 분리지역 근처에는 분쟁 벽화, 희생자 추모비가 곳곳에 설치되어 스산한 분위기가 감돈다.

북아일랜드 비극을 나타내는 '바비 샌즈의 벽화' 앞에는 관광객들이 수시로 들린다. IRA 소속인 샌즈는 테러 혐의로 영국 경찰에 체포되었

밸파스트 신·구교 분리지역 근처 거리의 바비 핸즈 벽화. 북아일랜드 사태에 관심있는 여행객들이 가장 많이 들리는 장소이다.

다. 14년 징역형을 받고 복역을 하던 1981년 3월 1일, 자신을 테러범이 아닌 정치범으로 취급해 줄 것을 요구하며 단식을 선언했다. 하지만 당시 영국 총리 대처는 전혀 양보의 뜻을 보이지 않았다. 그의 정치범 인정은 IRA를 합법단체로 승인한다는 의미였기 때문이다. 단식 66일째, 27세의 샌즈는 결국 숨을 거두었다. 그의 죽음에 자극을 받은 동료들은 줄을 이어 단식투쟁에 참여했고, 이후 9명이 더 목숨을 잃었다. 샌즈의 단식은 끝내 영국 수상의 마음을 움직이지는 못했으나, IRA의 정치력을 크게 강화했다.

또한, 신교도 무장단체활동 벽화 및 북아일랜드 사태 희생자 기념공원도 있다. 전형적인 영국식 다가구 주택가 속의 추모비에는 희생자 명단과 대표 인물 사진들이 있다. 신·구교 기독교인들의 최고 가치는 '인간에 대한 조건 없는 사랑'이다. 하지만 서로의 이권 다툼에서는 그들의 신앙심은 전혀 빛을 발휘하지 못했다는 사실이 선뜻 이해되지 않았다.

타이타닉 대참사가 생생히 재현된 기념관

1911년 세계 최대의 호화 유람선 타이타닉이 항구도시 밸파스트에서 3년간의 대역사 끝에 태어났다. 배수량 52,310톤, 전장 269m, 정원이 3300여 명에 달했다. 그러나 이 배는 1912년 4월 10일 영국 사우샘프턴을 떠나 미국 뉴욕으로 처녀출항 후, 4월 15일 23:40분경 빙하와 충돌하여 침몰했다. 세계 해난사고 중 가장 큰 인명 피해인 1,514명이 사망하였다. 이 비극적 사건을 기억하게 하는 웅장한 타이타닉 기념관이 밸파스트 항구에 있다. 이곳에는 선박건조, 사건경과, 증언록, 후속조치 등의 자료전시와 더불어 첨단기술을 활용하여 당시의 사고 상황을 이렇게 재현하고 있었다.

타이타닉은 운항 중 이미 다른 선박들로부터 6차례의 빙산 주의 경고를 받았다. 하지만 이 거대한 선박은 '하나님도 이 배를 침몰시킬 수 없다!'라는 은근한 자만심과 경고 메시지를 받은 통신사의 무감각이 결국 이런 비극을 초래했다. 함교 견시들이 전방 450m 앞의 높은 빙산을 발견했지만, 덩치 큰 타이타닉이 방향을 전환하기에는 이미 늦었다. 배 옆구리가 빙산에 심하게 들여 받혔고, 2시간 30분 만에 이 배는 수심 4,000m의 차가운 바닷속으로 가라앉고 말았다. 특히 배가 침몰하는 대혼란 속에서도 8명의 선상 악단은 승객들을 안정시키고자 찬송가를 연주했다. 영화 타이타닉속의 인상적인 이 장면은 실화다. 보트로 탈출한 승객들은 배가 마지막 침몰하는 순간에도 바이올린 연주 소리를 들을 수 있었다고 증언했다.

밸파스트 항구 부근의 타이타닉 기념관 전경. 주변 야외전시장에는 사고 당시 구조작업에 참여한 선박도 계류되어 있다.

벨파스트 시청사 2층 계단 벽면의 부대상징물. 사진 왼쪽은 북아일랜드 관련 해·공군부대 마크이며 오른쪽은 육군 지역연대 부대마크이다.

수백 년 군사전통을 보여주는 시청역사관

밸파스트 시청건물은 고색창연한 하얀 외벽과 아름다운 내부 장식으로 이름난 관광명소이다. 정원에 있는 보어전쟁 기념동상을 지나 청사 현관으로 들어서면, 가장 먼저 전몰용사 추모비각 앞의 화환이 나타난다. 그리고 2층 계단 벽면에는 수백 년 전통의 지역연대 마크들이 빼곡히 부착되어 있다. 물론 오늘날 대부분의 이 부대들은 해체됐다. 영국 육군은 전통적으로 같은 지역출신 청년들로 연대를 편성했다. 형제 · 친구 · 동창인 부대원들의 전우애는 강할 수밖에 없었다. 전장에서의 비겁함은 평생 수치로 남았고, 목숨을 돌보지 않는 영웅적 행동은 고향집안의 명예를 더 높였다. 요즈음도 영국 도시에서는 '00연대 기념관'표지판이 붙은 작은 건물들을 쉽게 찾아볼 수 있다.

1층 시청 역사관 전시물 대부분이 제1 · 2차 세계대전 시의 북아일랜드인 생활상으로 채워져 있다. 영국본토와 떨어진 이 섬은 전쟁 중 후방지원 기지 역할을 했다. 공습 · 군수공장 · 상륙발진기지 · 미군병영 · 전후복구 등 온통 전쟁 사진들이다. 영국인들이 과거 피눈물로 쟁취한 선조들의 찬란한 승리의 역사를 얼마나 소중하게 생각하는지를 금방 느낄 수 있었다.

프랑스

France

풍요의 땅 노르망디에서
전쟁의 상흔을 찾다

제2차 세계대전 격전의 현장! 캉시내와 전쟁기념관 방문

Trip Tips

프랑스 파리로부터 기차를 타고 약 3시간정도 달리면 광활한 노르망디 평원이 나타난다. 그림같은 전원 풍경에 여행객들은 탄성을 올리지만 불과 70여 년전 바로 이곳이 참혹한 전장의 현장이었다.

그 역사적 현장을 잘 보존하고 있는 노르망디 평원에 위치한 캉(Caen)시의 주변 전사적지를 답사하면서 풍요의 땅 노르망디도 전쟁으로 점철된 곳이라는 것을 알 수 있었다.

끝없이 펼쳐진 비옥한 들판과 아름다운 숲속에도 전쟁의 상흔이

파리에서 노르망디지역의 캉(Caen)으로 달리는 기차의 창밖으론 넓은 들판이 끝없이 펼쳐져있다. 간간히 들판을 가로막고 있는 숲과 하천이 적절하게 조화를 이뤄 비옥한 평야지대에 아름다움을 더해주고 있다.

그러나 역사적으로 이곳 노르망디지역은 한 때 독자국가를 이뤘으나 13세기 프랑스에 합쳐졌다. 그 뒤 영국과의 백년전쟁, 제2차 세계대전을 거치면서 처절한 전쟁터로 바뀌었다. 지금은 전쟁 상흔이 대부분 아물었다. 그러나 노르망디해안지역의 수많은 전쟁기념관과 전몰장병묘지들은 그 때의 아픔을 고스란히 간직하고 있다.

몰려드는 노르망디 해안지역 관광객들 대부분 참전용사 및 그 후손,
군사 마니아 전쟁에 대한 관심 분단국 한국보다 더 높아

노르망디지역에서 가장 큰 도시인 캉(Caen), 깨끗하게 정리된 도심지를 거닐다보면 전쟁과는 전혀 관계없었던 도시처럼 보인다.

그러나 도심지 가운데 우뚝 솟은 노르망디성과 망루를 보는 순간 "아 이곳은 과거부터 군사적 요충지였구나"란 느낌을 갖게 된다. 또한 성곽 안의 역사박물관은 이곳 주민들이 자신들의 생존과 안전을 위

독일군에게 처형된 레지스탕스대원들(출처 : 캉 전쟁기념관 전시실)

해 어떻게 싸워왔는지 잘 말해 주고 있다. 시 외곽에 있는 전쟁기념관(Memorial Museum)에선 제2차 세계대전과 1945년 후의 여러 전쟁과 분쟁들에 대해 한눈에 알 수 있게 정리해 놓았고 방문객들에게 전쟁의 참상과 후손들을 위한 교훈을 보여 주고 있다.

창과 칼을 녹여 낫, 쟁기 만들자고 인간은 수시로 약속하지만
제2차 세계대전 후 오늘날까지 약 1억 명의 전쟁 사상자가 생겼다

캉(Caen) 전쟁기념관 입구엔 제2차 세계대전 때 연합군으로 참전했던 각 나라 참전용사들이 후손들에게 남기는 어록 기념판이 유리로 된 구조물 안에 전시돼 있다. 구구절절 전쟁의 처참함과 자유의 소중함을 절규하고 있다. 또 '이 지구상에서 영원히 전쟁을 추방하자'는 강렬한 메시지를 던지는 뜻에서 권총 총열을 엿가락처럼 꼬아 만든 청동동상이 기념관 입구에 서 있다.

대단히 안타깝게도 1945년 제2차 세계대전이 끝난 뒤 지구상에선 또

캉(Caen)의 전쟁기념관 입구에 선 평화기원 동상

다른 전쟁과 분쟁으로 오늘날까지 약 1억 명의 사상자가 생겼다는 사실은 인류가 왜 전쟁 예방에 더 관심을 가져야하는가를 말해주고 있다.

전쟁기념관 안에는 ▲1920년대 이후의 국제사회 변화과정 ▲1940년대 독일의 프랑스 침공과 대독 레지스탕스 활동상황 ▲1945년 이후부터 지금까지의 국제분쟁과 주요 국제테러사건 등을 일목요연하게 잘 전시해 두었다.

약 4년간 독일 지배 아래 있었던 프랑스국민들은 전쟁패배에 대한 좌절감과 함께 전시체제 아래서의 생활필수품 부족으로 큰 고통을 받았다. 한 조각의 치즈를 얻기 위해 프랑스 여성들이 점령군에게 웃음을 파는 모습, 명품 핸드백을 든 파리의 기품 있는 할머니가 쓰레기통을 뒤져 찾은 썩은 사과로 배고픔을 달래는 사진 등은 패전국 프랑스인들의 자존심이 얼마나 짓밟혔는지를 잘 보여주고 있다.

아울러 제2차 세계대전 발발과 함께 전투다운 전투도 제대로 해보지 못하고 독일에 손을 든 프랑스는 독일군 지배 아래서의 영웅적인 레지스탕스 활동을 꽤 무게 있게 다루고 있다.

노르망디 출신의 여성 전화교환수가 첩보수집 및 독일군 통신방해 등의 저항활동을 하다 붙잡혔다. 독일군은 이 여성을 스파이 혐의로 총살형을 집행했다. 처형장소의 담벼락(물론 총탄자국이 그대로 남아있음)을 그 무렵 사진과 함께 기념관 안에 온전하게 옮겨 전시해두었다. 또한 독일군 점령 아래서 레지스탕스 체포에 협력한 프랑스 국민군들의 활동 사진과 검거자들의 교수형 집행과정을 적나라하게 보여주기도 했다.

그러나 이 같은 나치협력자들은 프랑스가 연합군에 의해 해방되고 불과 몇 주일 동안에 1만1000여 명이 시민들에 의해 붙잡혀 현장에서 처형됐다. 또한 정규 재판소가 세워진 뒤 추가로 재판을 거쳐 사형 767명, 투옥 3만9000명, 시민권 박탈 4만 명 등 가혹한 처벌을 내렸겠다. 적국에 나라가 점령된 가운데 자신의 이익을 위해 조국을 배신한 사람들에 대한 엄정한 역사의 심판을 후손들이 잊지 않도록 분명하게 기념관은 보여주고 있었다.

프랑스 인들은 제2차 세계대전 당시의 한국을 스스로 지킬 의지가 없는 국가로 여기고 동정 받을 가치도 없다고 생각했을 것이다.

기념관 전시공간이 제2차 세계대전 사료에서는 자연스럽게 아시아의 태평양전쟁도 비중 있게 다루고 있었다. 일본 군국주의자들의 역사적 평가도 언급하면서 일본군 관련 전시물도 많았다.

특히 안타까운 것은 그 때 아시아지도에서 유독 한국을 일본 본토와 같은 빨간색으로 표기하고 있었다. 그러나 대만, 중국, 필리핀 등

굶주린 프랑스 할머니가 쓰레기속의 썩은 사과를 줍는 모습(캉 전쟁기념관 전시사진)

다른 나라들은 일본의 일시 점령지 뜻으로 빗금표기를 하고 있다. 사실 우리나라 역사에 대해 잘 모르는 프랑스인들 입장에선 과거부터 한반도는 일본 영토의 일부분 이었던 것으로 잘못 알 수 있는 소지가 많았다.

오직 힘의 강약으로 역사적 의미를 부여하는 서구인들 입장에선 자신의 나라를 스스로 지킬 의지가 없는 국가는 다른 민족 지배를 받는 것이 당연하지 않느냐는 시각을 갖고 있는 듯해 씁쓸한 마음 금할 길이 없었다.

아는 만큼 보인다!

노르망디(Normandy)지역의 전사적지

노르망디는 파리(Paris)로부터 300여km 북서쪽에 떨어져있다. 제2차 세계대전 때 1944년 6월 6일 연합군에 의해 전쟁 역사상 최대 상륙작전이 있었던 곳으로 유명하다.

특히 이 상륙작전을 배경으로 한 수많은 영화와 책이 만들어졌다. 현지엔 미국, 영국, 캐나다, 프랑스 전쟁기념관 및 전적지와 전몰장병묘지가 관광명소로 잘 가꿔져있다. 해마다 5월 8일 연합국 전승기념일이나 6월 6일 노르망디 상륙작전기념일엔 참전국들의 국가지도자와 참전용사들에 의한 여러 행사들이 이곳에서 정기적으로 열린다. 특히 유럽전쟁사 연구가들은 거의 빠지지 않고 이곳을 돌아보며 전쟁과 관련된 각종 자료들을 전쟁기념관에서 확인하고 있다.

노르망디지역에서 비교적 큰 도시는 캉(Caen), 바이오(Bayeux), 세르부르(Cherbourg)이다. 각 지역 여행안내소를 찾으면 전투지역별 전쟁기념관, 주요 전사적지, 관광객을 위한 숙소 등 자세한 정보를 얻을 수 있다.

노르망디 유타(Utah)비치와
미국의 공수사단

조선청년 마라토너 김준식과 라이언 일병

시퍼런 파도가 넘실되는 도버해협과 끝없이 펼쳐진 노르망디 해안!

1944년 6월 6일, 조선청년 김준식(영화 "마이웨이" 주인공)과 미국 청년 라이언 일병은 지구 끝자락 이곳에서 서로 총부리를 맞대었다. 조선청년은 어이없게도 일본군, 소련군, 독일군 군복으로 차례차례 갈아입고 마지막에는 이 전장터 해안에서 상륙하는 연합군을 응시하며 참호 속에 웅크리고 있었다.

그러나 라이언은 조국의 부름과 유럽해방을 위해 상륙정에서 뛰어내려 독일군 진지로 목숨을 걸고 내달렸다. 결국 김준식은 미군에게 잡혀 포로수용소로, 라이언은 "4형제 모두를 전선에서 목숨을 잃게 할수 없다."는 미정부의 판단으로 본국으로 송환된다.

이처럼 당시 일본의 노예가 된 조선의 청년들은 조국수호와 인류의
자유라는 고귀한 가치를 위해 목숨바쳐 싸우고 싶어도 어느 곳에서도
불러주지 않았다.

미공수부대원들은 상륙 당일 새벽 목숨을 걸고 창공으로 몸을 내던졌다

1944년 6월 6일 00:30'경, 캄캄한 C-47 수송기의 창밖!

상륙부대를 지원을 위해 미 제82·101공수사단 병력들은 수송기
나 글라이드 내부의 빨간 신호등을 초조히 지켜보았다. 마침내 낙하
개시를 의미하는 녹색 신호등(Green light)이 켜짐과 동시에 존 스틸
(John Steel) 일병은 45Kg에 달하는 무거운 군장과 함께 수송기 밖으
로 몸을 내던졌다.

때마침 시속 50Km의 강풍이 존 스틸의 눈을 때렸다. 순식간에 인접
동료들의 낙하산은 목표지역으로부터 수십 Km 이격된 지역으로 날아
가 버렸다. 캄캄한 밤하늘에서 군장을 발밑으로 내리고 정신없이 지
상으로 내려가던 존 스틸은 갑자기 어둠속에서 불쑥 솟아 오르는 교
회 종탑을 쳐다보았다. 순간적으로 존 스틸의 낙하산은 뾰족한 첨탑에
걸렸다. 그곳은 바로 독일군 병영이 있는 생 메르 에글리즈(Ste Mere
Eglise) 시내 중심부였다. 바로 교회 아래에서는 낙하산이 시내에 떨어
진 미군들과 독일군 사이에 치열한 총격전이 벌어지고 있었다.

잠시 후 정신을 가다듬은 존 스틸은 대검을 꺼내어 낙하산줄을 끊으
려고 애를 썼다. 그러나 장갑을 낀 손에서 미끌어져 나간 대검은 지붕

밑으로 떨어졌다. 교회옆에 있던 독일군에게 발견된 존 스틸은 곧바로 저격을 당해 허벅지 총상을 입은체 포로로 잡히고 만다. 그러나 그는 기적적으로 하루만에 독일군 병영을 탈출하여 미군과 합류하게 된다.

┌─ **Trip Tips** ───────────────────────────────────────
│ 바로 이런 실제 상황이 전쟁이 끝난 후 〈지상최대의 작전(The longest day)〉이
│ 라는 영화 속에서 가장 인상깊은 장면으로 재현되기도 하였다.
└───

지상최대의 작전(The longest day) 영화 촬영지
생 메르 에글리즈(Ste Mere Eglise)시

노르망디 상륙작전을 배경으로 한 걸작품 〈지상최대의 작전〉은 흑백 영화로 1970년대 전세계에서 인기리 상영되었다. 특히 미공수부 대원들과 독일군이 유타 해안 내륙에서 뒤죽박죽 뒤섞여 전투하는 장면과 교회 종탑에 낙하산이 걸려 탈출을 시도하는 미군이 독일군에게 사살되는 장면은 이 영화의 압권이다.

유타(Utah)비치로부터 수 Km 떨어진 이 도시에는 미공수부대 기념관(American Airbrone museum)이 있다. 낙하산이 펼쳐진 형태의 기념관 내부에는 공정작전에 참가한 제82·101 공수사단의 활약상을 실감나게 재현하고 있다. 특히 2개의 미공수사단이 갑자기 노르망디 후방지역 전역에 산산이 흩어져 강하한 것은 결과적으로 독일군에게 연합군이 무엇을 목표로 한 공정작전인지를 알 수 없도록 하여 대혼란을 초래케 하였다. 또한 10명, 20명 단위로 소속이 뒤섞인 가운데서도 미군들은 선임자의 통제 아래 게릴라전 형태의 전투를 통해 독일군을 제압하였다. 특히 미군들은 사전에 피아 혼전상황을 대비하여 귀뚜라미 소리를 내는 장난감형 딸깍이를 사용하여 피아 식별에 큰 효과를 보았다.

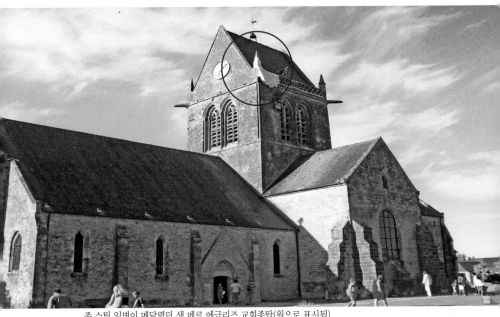

존 스틸 일병이 메달렸던 생 메르 에글리즈 교회종탑(원으로 표시됨)

종탑에 메달려 겁에 질린 미공수부대원 모습(지상최대의 작전 영화속에서)

Trip Tips

지금도 과거 존 스틸 일병이 매달렸던 시내 중앙교회의 종탑에는 하얀 낙하산이 걸려있어 수많은 관광객들에게 좋은 볼거리를 제공해 주고 있다.

노르망디 해안의 서쪽 끝부분에 위치한 미군 상륙지역인 유타 (Utah) 비치 전쟁기념관은 백사장 바로 옆에 있다. 기념관 근처 평원지대와 백사장에서는 당시에 사용되었던 미군 짚차들이 관광객들에 의해 사이렌을 울리며 신나게 달린다. 어떤 사람들은 당시의 미군군복과 철모를 쓰고 짚차를 타기도 하였다. 67년전 당시의 치열했던 전장을 상상하면서 자신들의 선조들이 이루었던 승리의 영광도 다시 한 번 되새기고 있는 듯 했다.

전사적지 답사를 하는 프랑스역사 선생님의 한탄

Trip Tips

답사를 마친 후 생 메르 에글리즈(Ste Mere Eglise)에서 바이요(Bayoux)행 기차를 타기 위해 가까운 역으로 가야만 했다. 그러나 노르망디 지역에서는 대중교통 이용이 쉽지않다.

염치불구하고 지나가는 승용차를 세워 사정을 이야기하니 어떤 프랑스 남자가 흔쾌히 역까지 태워주었다. 그는 프랑스 중학교 역사교사로 노르망디 사적지를 답사하기 위해 왔단다. 차를 타고 가면서 프랑스 신세대의 역사의식 빈곤에 대해 그는 흥분하며 이야기를 쏟아내었다. "도대체 요즈음 아이들은 드골이 누군지, 처칠이 누군지도 모른다. 그들의 관심사는 아이폰, 오락, TV 코메디 프로에 온통 정신이 팔려 있어!"

생 메르 에글리즈 시내에 있는 미공수부대 전쟁기념관

그러나 필자가 답사중 만난 대부분의 유럽 청소년들은 "2차대전은 분명 영국의 처칠이 일으킨 전쟁이 아니고 독일의 히틀러가 일으켰다"는 사실은 분명하게 알고 있었다. 대단히 아쉽게도 60여 년 전의 한국전쟁을 김일성이 아니라 이승만과 미국이 먼저 일으킨 것으로 알고있는 일부 한국인들보다는 그래도 프랑스 학생들이 올바른 역사인식을 가지고 있는 것 같아 부럽기만 하였다.

노르망디 상륙작전(암호명: The Lord Operation)이란?

1944년 6월 6일, 프랑스 북부지역 노르망디 해안에서 벌어진 인류 역사상에서 가장 큰 규모의 상륙작전이다. 약 300여 만 명의 병력이 이 곳을 통하여 유럽대륙으로 진격하면서 사실상 제2차 세계대전이 연합군의 승리로 끝났다. 상륙작전 총사령관은 미국의 아이젠하워 장군(훗날 미국 대통령으로 당선)이었으며 미국·영국·캐나다·프랑스·폴란드 등 다양한 국가의 군대로 이루어진 병력을 지혜롭게 잘 협조시켜 마침내 작전을 성공으로 이끌었다.

특히 상륙 당일 기상 악화로 인하여 이미 작전을 위해 발진한 18만명의 병력을 귀환시켜야 될 것인가를 많은 참모들과 총사령관은 고심하게 된다. 그러나 6월 6일 오전, 일시적인 기상 호전의 기회를 포착하여 마침내 "작전 계속!"이라는 아이젠하워의 대결단으로 작전은 계획대로 시행되었다.

그러나 아이러니컬하게도 이런 악천후로 인해 독일군 수뇌부는 오히려 "절대 상륙 불가!"로 판단하여 노르망디 방어사령관인 롬멜 원수는 부인의 생일축하를 위해 근무지를 떠나기도 하였다. 엎친데 덥친격으로 히틀러는 연합군의 주상륙지역을 파드 깔레지역으로 오판하여 결국 정예 2개 기갑사단의 노르망디 출동을 허락하지 않아 독일군을 파국으로 몰아 넣었다.

현명한 지휘관의 올바른 상황 판단과 결단력, 작전부대간의 상호 협조, 상하간 원활한 의사소통 등이 전장 승패에 결정적인 요인이 된다는 것을 잘 보여주는 대표적인 사례이다.

노르망디 해안의
독일군 대서양 방벽

피점령국 국민의 피땀으로 만든 독일군 요새

1940년 6월 22일 독일군은 프랑스를 점령한다. 그 후 독일은 연합군의 상륙작전에 대비하여 완벽한 대서양 방어요새를 불과 6개월만에 건설한다. 이때 동원된 공사 인력은 피점령국인 프랑스인들과 소련군 포로들이 주축을 이루었다. 또한 노르망디 해안을 내려다 보고 있는 미군 전사자 묘역에는 그 후손들의 추모 발길이 끊이지 않고 있었다.

천년제국을 위한 독일군의 대서양 방벽 대공사
패전국 프랑스 국민들과 소련군 포로의 노예생활

셀부르(Cherbourg)로 가는 철도의 중간 역 발로그네스(Valognes)!

한 프랑스 여성이 큰 가방을 2개 들고 철로 육교 계단을 힘겹게 올라간다. 얼른 달려가 가방을 기차역 주차장까지 옮겨준 인연으로 본의 아니게 많은 도움을 받았다. 노르망디의 대중교통 수단의 미비를 설명하면서 자기 승용차로 기꺼이 본인 농가주택과 주변 독일군 요새 포대로 안내하였다. 파리에서 간호사로 근무하며 주 3일 정도는 고향인 이곳에서 보내고 있다고 하였다. 그 농가는 지은 지 200여 년이 넘었으며 연합군 상륙작전 때의 치열한 포격 속에서도 기적적으로 거의 피해를 입지 않았다.

인근 독일군 포병진지는 콘크리트로 견고하게 건설된 포상과 각종 지하 구조물로 구성되어 있었다. 포상은 두께 약 2m 이상의 시멘트에 흙으로 충분히 두터운 복토를 하였다. 웬만한 포격과 폭격으로는 파괴가 불가능할 것으로 보였다. 또한 각종 전투지휘소와 생활관, 포탄

소련군 포로와 프랑스 주민들이 강제 동원되어 건설한 독일군 포병진지

창고, 장비수리시설, 의무실 등은 미로 같은 지하통로로 서로 연결되어 있다. 이와 같은 포병 요새진지를 포함하여 1942년부터 히틀러 지시에 의해 천년제국을 꿈꾸며 건설된 대서양 방벽은 당시의 첨단 축성기술을 총동원한 듯한 느낌이었다.

그러나 약 4,000Km에 달하는 유럽 해안의 요새진지는 대부분 전쟁 포로와 피점령국 주민들의 강제노동으로 이루어졌다. 정상적인 공사 진행시에는 약 3년이 걸릴 것을 불과 6개월 만에 공사를 마쳤다. 프랑스의 브레스트, 로리앙, 생나제르, 라팔리스 항의 당시 건설된 잠수함 기지 중 일부는 현재도 프랑스해군 핵잠수함 기지로 사용 중에 있다. 가혹한 중노동에 시달리며 멍하니 먼 하늘을 우두커니 바라보고 있는 소련군 포로들과 프랑스 주민의 기록 사진은 전쟁에 패한 군인들과 국민의 삶이 어떠했는지를 너무나 생생하게 보여주고 있었다.

전몰용사 묘지에서의 국기 강하식과 미국인들의 애국심

푸르른 대서양이 내려다보이는 오마하(Omaha) 비치의 언덕위에는 셀 수 없는 수많은 하얀 십자가 묘비가 끝없이 줄지어 서 있다. 이곳은 유럽지역 전투 간 전사한 미군장병, 종군 민간인 9,400명이 안장되어 있으며, 1,500여명의 무명용사들을 위한 명예의 탑이 있다. 부지는 프랑스가 무상 제공했으며 전쟁 중 임시 묘역에서 1956년 미 국립 묘지로 조성되어 현재 미국 전쟁기념물 관리위원회(ABMC: American Battle Monuments Commission)가 오마하 전쟁기념관을 포함하여 운용하고 있다.

이 기념관의 내부에는 제2차 세계대전과 상륙작전 경과에 대한 상세한 기록과 전쟁유물들이 전시되어 있다. 특히 노르망디 상륙 첫날의 약 12,000여 명 전사상자들에 대한 기구한 사연들이 관련 사진과 함께 적혀 있다. 라이언 일병 형제 2명의 동시 전사와 연대장 아버지와 웨스트포인트를 졸업한 소대장 아들이 함께 전사한 사연은 관람객들로 하여금 눈시울을 젖게 만들었다.

Trip Tips

매일 17:30분이 되면 간결한 의식이지만 가슴 뭉클한 국기 강하식이 전몰장병 묘역에서 진행된다. ABMC 직원들의 도움으로 일부 관광객들은 국기 게양대로 부터 성조기를 내리고 정성을 다하여 접는 행사에 참여한다.

구름같이 몰려든 참관자들은 이곳에서 진행되는 국기 강하식에 국적을 불문하고 예의를 표한다. 그리고 희망자들은 성조기를 가슴에 안고 앞다투어 사진을 찍는다. 특히, 어린이를 데리고 온 부모들은 거

미군 전몰장병 묘지에서 관광객들에 의한 국기 강하식 장면

의 예외 없이 아이들에게 국기를 안고 포즈를 취하도록 하였다. 미국인들의 애국심은 이런 전사적지에서 어린 시절부터 자연스럽게 이루어지는 것처럼 느껴졌다.

노르망디 전사자 후손의 전쟁사에 대한 관심
군 입대를 앞둔 스위스 청년의 조국에 대한 자부심

오마하 비치 언덕 위의 미군묘지를 벗어나 해변으로 내려오면 독일 군 벙커와 무너져 내린 교통호의 흔적을 쉽게 볼 수 있다. 67년 전 저 교통호와 해안의 백사장에서 얼마나 많은 젊은이들이 아비규환의 비명 속에서 숨져갔을까? 사랑하는 부모형제와 연인을 애타게 그리며 자욱한 포연 속에서 그들의 꽃다운 청춘은 사라져 갔으리라. 정녕 인간 사회에서 전쟁을 영원히 추방시킬 수는 없는 것인가?

언덕 중간에서 자신의 아버지가 오마하 비치에서 전사했다는 미국 여성과 딸을 만났다. 그 여인은 이곳에서 전사한 아버지를 생각하는지 해안을 바라보며 하염없는 회한에 잠긴 듯하였다.

그러나 그 딸은 이미 외할아버지의 얼굴을 기억 못 해서인지 푸르른 바다와 백사장에서 뛰놀고 있는 아이들에 더 관심이 있는 것 같았다. 그렇지만 평소 부모로부터 전쟁에 관한 이야기를 많이들은 탓인지 한국전쟁에 대해서도 상당한 지식을 가지고 있었다. 때마침 군 입대를 앞두고 이곳으로 여행을 왔다는 노란 말총머리의 스위스 청년 필립 (Philippe)이 대화에 끼어들었다.

현재 이곳은 프랑스의 각광받는 해변 휴양지로서 수많은 방갈로와 각종 레저시설이 들어서 있다. 그러나 세계적인 전사적지임은 감출 수 없어 자연스럽게 대화의 주제는 전쟁과 평화의 문제로 흘렀다. 필립의 말에 의하면 스위스는 국민개병제로서 현역은 9개월, 공익요원은 18개월의 병역의무가 청년들에게 있다.

　제2차 세계대전시 히틀러가 중립국 스위스를 점령하지 못한 것은 전략적 가치가 크게 없었던 것과 스위스 국민들의 단호한 결전 의지 때문이었다고 그는 나름대로 조국에 대한 자부심을 피력하기도 하였다. 아울러 자기의 조국을 지키기 위한 스위스 청년들의 군 입대는 너무나 당연한 것이며 군복무 중인 청년들을 위해 정부에서도 여러 가지 혜택을 주고 있다고 했다.

　끝없이 밀려오는 대서양의 파도소리는 "두번 다시 노르망디의 비극은 없다!"라고 외치는 듯 했지만 미국인 모녀와 스위스 청년은 그 말을 쉽게 믿는 것 같지는 않았다.

아는 만큼 보인다!

미국 전쟁기념물 관리위원회(ABMC: American Battle Monuments Commission)란?

세계 15개 국가에 산재해 있는 24개의 미군 묘지와 25개의 전쟁기념관 및 각종 전적비를 관리하고 운영하는 미국 정부기관이다. 미 예비역 장성이 위원장을 맡고 있으며 수많은 미 연방공무원들이 국민들의 애국심 고취와 전몰장병의 명예심 고양을 위해 정부차원에서 최선을 다하고 있다.

제1차 세계대전 시 미국 원정군 사령관이었던 퍼싱(Pershing) 장군이 초대 위원장을 역임했으 "전몰장병들의 조국을 위한 희생은 세월이 가도 결코 잊혀 지지 않을 것이다."라고 공언한 후 오늘날까지 미 정부의 전몰장병 추모사업은 전 세계에서 지속적으로 추진되고 있다.

캐나다 상륙군 주노(Juno)비치
피로 물들이다

프랑스 노르망디의 주노(Juno)해안은 제2차 세계대전 시 캐나다군 상륙지점이었다. 1944년 6월 6일 노르망디 상륙작전 간 수많은 캐나다 젊은이들이 이곳에서 목숨을 잃는다. 전쟁 후 프랑스 정부는 프랑스인 자유를 위해 목숨을 바친 이들을 위해 가장 치열한 전투가 있었던 장소의 주택 1채를 캐나다 정부에 헌정한다. 이 해안 주택에는 24시간 캐나다 국기가 펄럭이고 있다.

평화로운 해변 마을 꾸르셀러(Courselles-sur-Mer) 백사장
수 분 동안에 100 여명의 캐나다 장병이 목숨을 잃다.
상륙 예정시간 1944년 6월 6일 07시 35분!
캐나다군 제3사단 장병들이 상륙정 안에서 마른 침을 삼키며 백사장 건너편의 작은 촌락 꾸르셀러 마을을 지켜보고 있었다. 그러나 안타깝게도 높은 파도로 인하여 작전시간은 30분간 연기되었고 캐나다군은 이미 연합군의 상륙을 눈치 챈 독일군들에 의해 좋은 먹이감이 되고 말았다.

오전 8시경 만조시간 경과로 상륙정에서 해안까지의 거리는 훨씬 멀어졌다. 그러나 캐다다군은 악조건을 무릅쓰고 주노 해안을 향해 과감한 돌격을 시작했다. 때를 맞춰 독일군의 포병과 해안 벙커 기관총들이 불을 뿜자 세찬 바람에 갈대숲 넘어지듯 순식간에 수많은 상륙병력은 포탄 파편과 기관총탄에 의해 쓰러졌다.

주노 해변은 피 빛으로 물들었고 처참한 캐나다군의 시신은 무더기로 바다 위에 떠다녔다. 상륙개시 수 분 사이에 100여 명의 캐나다 젊은이들이 이곳에서 목숨을 잃었다.

전쟁 후 프랑스 국민들은 자신들을 위해 초개같이 생명을 바친 캐나다 전몰장병 추모를 위해 가장 희생자가 많았던 상륙지점의 주택 한 채를 캐나다 정부에 헌정하였다. 이 주택은 전쟁 당시의 원형 그대로 보존되어 2층 베란다에는 단풍잎 모양의 대형 캐나다 국기가 게시되어 오늘날까지 휘날리고 있다.

프랑스 정부가 캐나다에 헌정한 주노 비치 상륙지점의 주택

물론 현관에는 프랑스의 자유를 위해 수많은 캐나다의 꽃다운 젊은 이들이 이곳에서 목숨을 바쳤노라고 상륙 표지석에 자세하게 기록해 두고 있다.

꾸르셀러(Courselles-sur-Mer)에서 흔히 볼 수 있는 광경은 일부 관광객들이 탁 트인 대서양을 바라보며 해안가 백사장에서 한가로운 휴식을 취하는 모습이다. 아이러니컬하게도 망중한을 즐기는 바로 그 옆 해안 방벽에는 아직도 전쟁 당시 독일군들이 사용했던 기관총 병 커들이 곳곳에 남아 있다.

주노 해안의 전몰자 추모비와 각종 참전 기념탑은 전쟁의 처절함과 어리석음을 우리들에게 말 없이 경고해 주고 있지만 아쉽게도 이 지구상에서는 매일같이 전쟁 소식이 끊이지 않고 있다.

짧은 기간내 정예 강군이 만들어 진 것은
평시 캐나다 국민들의 상무정신이 바탕

1918년 제1차 세계대전 시 인구 800만의 소국이었던 캐나다는 무려 100만여 명이 전쟁에 참전하여 6만 여명의 젊은이들이 목숨을 잃었다. 참담한 전쟁 피해를 두고 캐나다 정부는 격렬한 논쟁에 휩싸였다.

그 후유증으로 국방예산은 대폭 축소되어 전쟁이 끝난 후 총병력은 육군 4,169명, 해군1819명, 공군 2191명 등 약 8,000 여명에 불과했다. 그러나 1939년 독일의 폴란드 침공으로 제2차 세계대전이 발발하자 참전 여부를 두고 캐나다 국론은 또다시 분열되었다.

그러나 영국계, 프랑스계가 주축인 캐나다는 자신들의 모국이 히틀러에게 짓밟히는 것을 방관할 수 없다는 여론에 힘입어 참전을 결정하고 급속한 군비 확장에 국가 총력을 기울였다. 짧은 기간내 수십만 명의 대군으로 급속한 병력 확장이 가능했던 것은 캐나다인들의 전통적인 상무정신과 우방 미국, 영국의 전폭적인 전쟁물자 지원 덕분이다.

특히 수많은 캐나다 여성들도 자원 입대하여 영국에서 전투 보조원으로 참전했다. 캐나다 공군의 경우 영국 공군에서 분리되어 400에서 449까지의 독자적인 부대번호를 가진 비행전대와 사령부를 가지기도 하였다.

아울러 영국 공정부대내 캐나다 특수부대를 편성하여 유럽 진공시 혁혁한 전공을 세웠다. 또한 프랑스, 이탈리아, 기타 유럽 국가출신 캐나다 이민자들은 특수 공작원으로 독일 점령지로 침투하여 연합군의 전쟁 승리에 많은 도움을 주었다.

주노 비치의 캐나다군 전쟁기념관은 이와 같은 제2차 세계대전 참전 배경과 선조들의 세계 평화를 위한 희생과 무용담을 후손들에게 잘 전해주고 있다. 현재 이 기념관은 캐나다군 예비역 단체에서 운용하고 있으며 직원들은 본국에서 파견 나온 사람들이다.

기념관 외부에는 각종 전투장비를 전시하고 전사자들의 명단을 석판에 조각해 두었다. 인근 해안에는 독일군들이 만든 벙커를 개방하여 당시의 전장상황 분위기를 재현하기도 하였다.

긍지에 찬 빨간 유니폼의 기념관 여성 직원에서
캐나다인들의 전쟁에 대한 인식을 엿보다

노르망디 해안의 많은 전쟁 기념관의 특징은 대부분 관람객들이 넘친다는 것이다. 물론 계절적으로 휴가철이면서 피서객들이 많이 몰리는 해안지역인 이유가 있다. 이곳 캐나다군 전쟁기념관은 빨간 유니폼의 젊은 여성 직원들이 대부분 관람객들을 안내하고 있다. 전시물에 대한 자신 있는 설명, 캐나다인으로서의 긍지가 넘치는 자세 등은 입장객들에게 전쟁사에 관한 흥미를 더하게 해 준다.

전쟁기념관 관람객들을 안내하는 빨간 유니폼의 캐나다 여성직원

    더구나 한 여성 직원은 자신의 할아버지가 한국전쟁 참전 용사라며 이 곳에서 근무하면서 한국인은 처음 만난다고 무척 반가워 했다. 특히 단체 관람 온 청년들에 대해서는 마치 신병교육대 여군 교관이 긴장한 훈련병 들을 다루듯이 인솔해 다니면서 설명한다. 흡사 자신이 당시의 노르망디 상륙작전을 경험한 참전용사처럼 생생하게 전쟁 상황을 묘사한다. 먼 이 국 땅에서 자기 국가의 명예를 위해 이토록 열정적으로 근무하는 캐나다 인들을 보면서 씩씩하고 진취적인 그들의 국민성을 느낄 수 있었다.

"누가 감히 우리와 맞서랴!"
붉은 악마, 영국의 공정부대

영국 청년들의 불타는 애국심과 주인 따라 나선 공정부대 군견

노르망디에 있는 영국군 공정부대 역사관에 들어서면 몇 가지의 인상적인 전시물을 보게 된다. 공정부대 상징인 붉은 베레들의 제2차 세계대전, 포클랜드 전쟁, 걸프전쟁에서의 영웅적인 전투 사례와 당당

공정부대원의 붉은 베레모(영국공정부대 박물관)

하게 낙하산을 메고 공정대원들과 함께 전장을 누볐던 군견 전시물이다. 특히 무공 훈장을 받은 군견과 공정부대원들 사이에 얽힌 사연은 가슴 찡한 감동을 준다. 더구나 한국축구 대표팀의 별칭인 '붉은 악마'는 영국 공정부대의 닉네임과 우연히도 일치한다.

유럽 진공을 염두에 둔 처칠 수상은 독일군 후방지역 작전을 위한 대규모의 공정부대 편성을 지시한다. 영국군은 3개 사단 규모의 공정군단을 창설하였으나 작전에 필요한 엄청난 수의 수송기는 가질 수 없었다. 결국 목재와 천으로 만든 호사(Horsa)라는 대형 글라이더를 생산하여 공정작전에 대대적으로 투입했다. 이 무동력 글라이더들은 수시로 병력과 전투 장비를 잔뜩 싣고 수송기에 견인되어 도버해협을 횡단한다. 불운하게도 순간적인 강풍, 수송기 조종사의 실수, 독일군 대공 포화 등으로 수많은 호사(Horsa)들이 바다에 추락하거나 공중에

공정부대 작전을 위한 영국의 걸작품 대형 글라이더(Horsa)

서 산산조각이 났다. 더구나 운 좋게 유럽대륙으로 건너온 글라이더들도 바위나 큰 나무에 충돌하면서 또 다시 많은 부대원들이 목숨을 잃었다.

당시 이런 위험한 임무를 수행하는 공정부대는 전원 지원자들로 구성되었다. 단지 이들에게 주어지는 보상은 일반 전투부대와는 달리 멋있는 붉은 베레모를 착용하는 것 밖에 없었다. 그러나 공정부대에 지원하고자 몰려드는 영국 청년들이 끊이지 않아 전쟁이 끝날 때까지 공정군단은 병력 충원에 아무런 어려움이 없었다. 또한 일부 입대 청년의 집에서 기르던 영리한 애견도 동시에 훈련소로 들어와 교육이 끝나면 주인과 함께 낙하산을 메고 적진으로 뛰어들었다. 이런 훈련된 군견은 적지에서 경계견과 수색견으로 맹활약을 했다. 현재도 약 9,000여 명의 영국군이 아프카니스탄에 파병되어 있는데 일부 군견들

낙하산을 등에 진 공정부대 군견과 무공훈장(오른쪽)

은 낙하산병과 같이 전장터에 투입되기도 한다.

전쟁 후 훌륭한 전공을 세운 군견들을 골라 무공훈장을 수여하였고 그 모형이 공정부대 역사관에 전시되어 있다. 위기에 빠진 조국을 위해 앞 다투어 공정부대로 몰려온 청년들의 애국심, 심지어 전쟁터로 나가 주인과 영국을 위해 포화 속을 누볐던 영국군 군견의 사연을 보면서 많은 것을 느꼈다. 영국의 자연조건은 열악하고 현재 인구도 한반도보다 더 적은 6,000만 명에 불과하다. 그러나 그들은 산업혁명으로 인한 과학 기술력과 더불어 국민들의 애국심, 불굴의 상무정신으로 영국을 세계 강국의 반열에 오르도록 만들었다.

재미있는 것은 포상 받은 군견 앞에 뼈다귀형 상품 또한 전시되어 있다. 훈장 못지않게 개가 좋아하는 소갈비뼈를 실질적인 보상으로 배려하는 영국인들의 익살에 웃음이 절로 나왔다.

600여 명의 대대원들이 150명으로 줄었다.
그러나 붉은 악마는 임무를 결코 포기하지 않았다.

1944년 6월 6일 새벽, 영국 제6공정사단 제9대대원 600명은 치열한 독일군의 대공포화를 회피하고 있는 수송기 안에서 사정없이 내동댕이쳐지며 뒹굴고 있었다. 더욱 끔찍한 것은 인접 수송기가 고사포탄에 맞아 온 몸에 불이 붙은 동료들이 창공에 산산이 흩어지는 참혹한 모습을 지켜보는 것이었다. 제9 공정대대 임무는 스워드(Sword) 비치로 상륙하는 영국군을 위협하는 메르빌(Merville)의 독일군 요새 포대를 폭파하는 것이다.

그러나 대공포화와 강한 바람으로 낙하간 대대원들은 무려 130Km에 달하는 넓은 지역에 뿔뿔이 흩어지고 말았다. 상당수의 인원들은 강풍에 떠밀려 북대서양의 넘실되는 파도 속으로 빨려들어 가기도 했다. 농가 지붕 위에 떨어지며 양쪽 발목을 접질린 오토웨이 대대장이 절뚝거리며 부하들을 집결시킨 결과 150명의 생존자만 확인할 수 있었다. 더구나 후속해서 박격포, 대전차포 등 중장비를 싣고 오도록 한 글라이더 대부분이 착륙에 실패하여 요새포대 제거에 필수적인 폭약조차도 부족했다.

작전을 계속할 것인가? 임무를 포기할 것인가? 여기에서 "누가 감히 우리와 맞서랴!"라는 부대구호를 가진 붉은 악마들의 독한 근성이 유감 없이 발휘되었다. 칠흑같이 어두운 야간에 오직 대검 하나만 빼어들고 망서림 없이 부대원들은 지뢰가 무수히 깔린 철조망 안으로 뛰어 들었다. 지뢰지대를 돌파하고 요새외곽의 대전차호 앞에 이르렀을 때 독일군의 기관총이 불을 뿜기 시작했다. 몇 명의 병사들이 무엇에 홀린 듯 괴성을 지르며 독일군의 기관총좌로 달려들어 장렬한 육탄전이 벌어졌다. 죽음을 불사하고 요새진지로 뛰어든 영국군은 벙커 안으로 수류탄을 집어 넣으며 독일군 포대를 제압했다.

그러나 불운하게도 포탄창고의 대폭발과 함께 독일군과 뒤엉켜 혈투를 벌리고 있던 영국군의 절반이 순식간에 사라졌다. 작전이 끝난 후 애타게 부르는 대대원들의 이름에 대답할 수 있는 장병은 불과 65명 뿐 이었다. 지금도 노르망디 스워드 비치에서 멀지 않은 메르빌(Merville)의 독일군 포병진지는 원형 그대로 보존되어 있다. 특히 포병진지 입구에는 오토웨이 중령 흉상과 C-47 수송기가 전시되어 있다. 또한 영국 공정부대의 명예를 위해 주저함 없이 적진으로 뛰어들어 목숨을 바친 영국 청년들을 추모하는 꽃다발들이 전사자의 명단비석과 수송기 좌석 위에 수북이 쌓여 있었다.

영국공수부대
페가수스(Pagasus)교량에 강습착륙하다

설마 우리 머리 위에 강습착륙하랴?
독일군의 헛점을 찌른 영국 공정부대

노르망디 캉(Caen) 운하 다리 위의 독일군 보초 헬무트 일병은 1944년 6월 6일 00:16분 경 가까운 곳에서 "쿵" 소리와 함께 자신을 향해 달려오는 시커먼 고래같은 물체를 보았다. 깜짝 놀란 헬무트는 순간적으로 대공포에 맞아 추락하는 연합군 폭격기로 착각했다. 그러나 수십 명의 영국 공정부대원들이 갑자기 귀신같이 눈앞에 나타나는 것을 보고 너무 놀라 헬무트는 그 자리에 얼어붙고 말았다. 뒤이어 2호, 3호기의 글라이더(Horsa)가 성공적으로 착륙하며 연합군 진격과 독일군 증원차단에 꼭 필요한 캉(Caen)운하와 오르느(Orne) 강에 있는 2개의 교량은 순식간에 영국군에게 점령당했다.

영국군 글라이더가 최초 착륙한 캉 운하의 제방 뚝길의 폭은 30m 내외에 불과하다. 더구나 주변에는 늪지가 있어 고도로 숙달된 글라이더 조종사가 아니고는 야간착륙이 불가능할 듯이 보였다. 특히 2호 글라이더는 착륙간 동체가 파손되어 일부 대원들은 밖으로 튕겨 나가기도 하였다. 독일군도 연합군 강습착륙에 대비하여 장애물 설치를 위한 말뚝 웅덩이까지 며칠 전 파놓고 있었다. 그러나 행운의 여신은 진취적이고 모험심 강한 영국의 손을 들어 주었다. 방심하던 독일군은 어이없이 제대로 대항 한번 못해보고 전략적 요충지를 영국군에게 넘겨주어야만 했다.

전쟁 후 이 교량은 전설같은 강습작전 성공을 계기로 영국 공정부대의 심벌인 페가수스(Pagasus: 그리이스 신화에 나오는 날개 달린 말) 다리로 이름이 바뀌었다.

Trip Tips

현장에는 지휘관 존·하워드 소령의 흉상과 글라이더 착륙지점 표지석이 있으며 날마다 관광객들의 발길이 끊어지지 않는다.

강습작전 성공 후 프랑스주민을 만난 영국공정부대원

적후방의 공정작전 승패는 적 기갑부대 방어,

아군 후속부대의 증원, 원활한 재보급 등이 결정

영국군 제6공정사단은 선도부대의 강습작전으로 주요 교량을 성공적으로 점령 후 대규모의 후속 공정작전을 시행했다. 아울러 독일군도 6월 6일 오전 10:00경, 정예 제21기갑사단을 오르느강 기슭으로 보내어 공격대형으로 전개시켰다. 그러나 그 순간 21기갑사단에게 캉으로 철수하여 연합군 기갑부대 전진에 대비하라는 명령이 떨어진다. 결국 독일군은 전차에 무방비로 노출된 영국 공정부대에게 치명적인 타격을 줄 수 있는 절호의 찬스를 놓치게 된다.

먼저 착륙한 공정부대를 위한 각종 전투 물자가 적시에 보급되기는 무척 어려웠다. 영국군은 낙하산의 색상으로 보급품의 종류를 구분했다. 즉, 청색은 식량, 황색은 의료품, 적색은 탄약, 백색은 전투장비 등으로 쉽게 식별토록 하였으나 강한 바람과 독일군의 방해로 일부 낙하산만이 회수 가능했다. 특히 수 많은 부상자들에 대한 치료에 큰 어려움이 있었다. 의료기구의 부족으로 면도용 칼을 이용하여 마취없이 중상자들을 수술하기도 했다.

야외 전시장에는 영국 걸작품 글라이더(Horsa)가 버티고 있고

공정부대 영웅들은 말 없이 페가수스 다리를 지켜보고 있었다

노르망디 상륙작전부터 베를린 진격까지 공정부대는 항상 선두에서 가장 위험한 전장터에 있었다. 페가수스 다리 옆의 공정부대 기념관(British Airborne museum)은 알려지지 않은 붉은 베레 장병들의 영웅담으로 가득 차 있다. 특히 영국 공정부대내의 프랑스, 캐나다, 폴란드 장병들의 활약상도 각종 기록 사진과 함께 전시되어 있다. 해마다 6월 6일이 되면 각지에서 모여든 수많은 참전 노병들과 유럽 각국의 정치지도자들이 자신의 가족과 자유의 고귀한 가치를 위해 이곳에서 피를 뿌린 전우들과 전몰 장병들을 위해 대대적인 추모행사를 개최한다.

페가수스 다리 입구 핼무트 일병이 서 있었던 초소 옆에는 독일군의 대공 기관총이 녹슬은 채 남아 있다. 주변 음식점과 기념품 가게에는 온통 군인 마네킹과 전쟁 기념품을 전시하고 있어 이곳이 과거의 격전지임을 알려주었다. 생생한 영국 공정부대의 역사를 알 수 있어 여행의 피로을 전혀 느낄 수 없었다.

 그러나 외딴 정류소에서 버스를 한동안 기다렸지만 오지 않는다. 알고 보니 주말 오후에는 버스가 다니지 않는단다. 70여년 전 강한 바람과 적의 대공포화로 인해 목표지역을 한참 벗어나 엉뚱한 곳에 떨어져 홀로 낙오자가 된 공정대원의 심정을 상상하며 캉 시내를 향해 터벅터벅 걷는 수 밖에 없었다. 그래도 천만다행인 것은 내 목숨을 노리는 독일군 저격병이 없다는 것을 위안으로 삼았다. 내일은 노르망디를 떠나 개전 초 독일의 구데리안 기갑부대가 질풍노도처럼 프랑스를 공격해온 스당지역으로 가는 기차표를 예약하기로 마음 먹었다.

영국 공정부대의 영웅 하워드 소령은?

페가수스 강습작전을 성공으로 이끈 하워드 소령은 전쟁 전 경찰관 신분이었다. 그는 영국 국방의용군(TA: territorial army, 평시 일정 군사교육을 받은 후 민간신분으로 있으며 본인 희망 시 현역 근무도 가능하다. 전시에는 즉각 동원되어 현역으로 편입되는 영국 고유의 예비군 제도임.)으로 전쟁이 발발하자 공정부대로 동원되었다. 그는 작전 당시 교량 위 전투에서 헬멧에 총탄을 맞았으나 기적적으로 목숨을 구했다. 현재 구멍 뚫린 그의 헬멧은 기념관에 전시되어 있다. 그 후 하워드 소령은 다른 전투에서 부상당해 영국으로 후송되었으며 거의 완쾌 단계에서 큰 교통사고로 결국 군을 떠나게 된다. 전역 후 1990년대 중반까지는 매년 페가수스 전투 기념행사에 불편한 몸으로 참석하였다.

캉 운하에 있는 페가수스 다리 입구(캉으로부터 9Km)

프랑스를 망하게 한 마지노(Maginot)요새!

마지노 요새에서 여자친구 조세핀에게 보낸 나폴레옹 일병의 편지

1940년 O월 O일, 조세핀! 5월 휴가계획은 잘 세우고 있는지?

하얀 백사장, 푸르른 파도와 갈매기 까옥대는 노르망디 해변이 어때. 이곳 마지노 요새 생활은 따분하지만 불편함은 전혀 없어. 독일이 아마 전쟁을 포기한 것 같아. 지난번 진지 앞 순찰 중에 길을 잃고 건너편 독일군에게 붙잡혔던 소대원이 돌아오기도 했어. 그 병사를 데리러 갔던 소대장이 왜 빨리 우리에게 알려주지 않았느냐고? 독일군에게 항의도 했단다. 독일군 장교는 소대장에게 정중히 사과 했고 대신 우리 진지 앞 공터에서 서로 축구시합을 갖기로 약속했어. 함부르크 대학 축구동아리 회장이 그곳에 있다는데 조세핀도 알듯이 나도 왕년에 동네 조기축구회에서 이름을 날리지 않았어. 기대되고 있어.

지하갱도 생활은 다소 답답하지만 마지노 국방장관 배려로 복지시설도 나름대로 잘 갖춰져 있어. 주 3회 온수 샤워, 수시 영화상영 그리고 군의관 감독 아래 소대단위 지하 태양등 일광욕도 하고 있어. 더구나 지하 철도까지 있어 대대본부 사역 갈 때는 협궤철도를 이용하고 있어.아무튼 빨리 비상이 해제되어 조세핀과 5월 여행을 같이 가야할 텐데…

그 후 이 편지는 독일군의 화염방사기에 그을려 전사한 나폴레옹 일병의 주머니에서 반쯤 탄 채로 발견되었다. 이 이야기는 1940년 당시 마지노 요새에서 독일과의 전쟁을 대비하고 있던 프랑스 장병들의 분위기를 여러 자료를 근거로 필자가 작성한 가상 편지이다.

전쟁직전 노련한 독일의 위장 평화 공세
다가온 위기에 눈감은 프랑스의 안보 불감증

1918년 제1차 세계대전이 끝났을 때 프랑스의 18-27세 남성인구 27%가 전장에서 숨졌으며 사망자는 약 150만 명에 달했다. 프랑스인들은 뼈 속 깊숙이 전쟁 혐오증이 새겨졌고 평화를 갈망하는 분위기가 사회전반에 퍼져 있었다. 프랑스인들의 심리를 정확하게 꿰뚫어 본 히틀러는 노련하게 평화를 위한 선전공세를 펼치며 독일군을 맹훈련시켰다.

1937년 8월, 베를린에서 제1차 세계대전 전쟁부상자 만남의 행사를 개최하여 약 10만여 명의 연합군 사절단이 참석했다. 이 자리에서 히틀러는 시종 눈물을 글썽이며 제1차 세계대전 시 가스공격으로 자신도 실명 직전에서 회복되었다며 심금을 울리는 이야기로 관중들에게 반전사상을 호소했다. 독일의 노련한 위장평화 공세에 대부분의 프랑스인들은 유토피아적 평화주의 환상에 사로잡히게 된다. 그리고 9년 동안 엄청난 예산을 들여 750Km에 달하는 독일 국경지역에 건설한 마지노(Maginot) 요새 안의 정예 프랑스 육군만 굳게 믿었다.

더구나 프랑스의 공산 좌익세력들은 독일의 나치스트들과 내통하기도 하였다. 프랑스 시가지로 진격했던 독일군들은 "독일군들을 쏘지 마라. 단 한 발도 안 된다! 스탈린 만세, 히틀러 만세!"라는 삐라가 수없이 널려 있는 것을 보고 어안이 벙벙하기도 하였다. 결국 프랑스는 전쟁을 하기도 전에 히틀러의 심리전과 좌익들의 각종 테러와 유언비어로 내부혼란에 빠지게 된다.

독일 · 프랑스의 전략적 요충지 스당
1800 년대부터 주인이 수시로 바뀌었던 비극의 현장

1871년 1월, 파리 베르사이유 궁전 '거울의 방'에서 프랑스는 스당 전투에서 패하여 독일에게 무릎을 꿇으며 보불전쟁 항복문서에 서명

마스강 부근의 스당성(18세기경 축성)

했다. 그 이후 제1차 · 2차 세계대전 간에도 스당과 마스강은 치열한 격전지로 주인이 수차례 바뀌는 비극을 경험해야만 했다.

┌─ **Trip Tips** ─────────────────────────────────
  시내 중심부에 웅장한 스당 성벽 곳곳에 뚫려있는 화포진지는 스당이 수세기 전
  부터 독·불 국경지역의 전략적 요충지임을 대변해 주고 있다.
└──

　수차례 독일과의 전쟁 경험이 있었던 프랑스도 이곳 스당 주변을 상상을 초월할 정도의 견고한 요새지대로 만들었다. 예를 들면 마스강 건너편 독일군 접근로에는 둥그런 굴뚝 모양의 관측초소가 군데군데 서있다. 독일군 공격시 신속하게 차안상의 프랑스군에게 알려주고 관측병들은 강바닥 밑으로 미리 뚫어둔 터널을 통해 안전하게 본진지로 철수하였다.

스당 주변의 프랑스군 대전차방어진지

이처럼 완벽한 방어 준비에도 불구하고 제2차 세계대전 시 치밀하고 과감한 독일군의 기습공격에 프랑스군은 순식간에 와해되어 버렸다. 전선 장병들은 독일 슈투카(급강하 폭격기 U-87)의 맹렬한 폭격이 계속되는 가운데 두터운 철갑 속에서 안전하게 웅크린 곰이 되었다. 프랑스군 수뇌부의 대응 또한 제1차 세계대전과 같은 참호전 사고방식에 굳어 있어 한없이 느리기만 하였다.

스당 시내의 중심부를 관통하는 마스강과 교량 입구 부근에는 어김없이 견고한 진지들이 구축되어 있다. 때로는 벙커 지붕이 찢겨져 철근이 앙상하게 들어나 있기도 하고 측면에 구멍이 뻥 뚫린 모습도 간간이 보인다. 진지들은 원형 그대로 보존되어 있으며 벙커 입구는 대부분 막혀 있다. 기관총의 측면 사격 가능과 병사방호를 위한 총안구, "ㄱ"형태의 출입통로 등은 현대 벙커 설계개념과 별반 다를 바 없다.

 스당역 앞의 호텔 주인은 태어나서부터 이곳에서 살았다며 전쟁으로 인해 뼈대만 앙상하게 남은 기차역 사진을 보여주었다. 과거 시내 전역에 많은 벙커들이 있었지만 도시개발로 인하여 상당수가 철거되었다고 했다. 동행한 P군은 호텔 펍(Pub)에서 만난 아저씨의 집을 방문하여 전쟁 당시의 스당지역 희귀 사진을 잔뜩 복사해 왔다. 그 아저씨는 스당 시내 경찰관으로 자기 아버지의 각종 전쟁기록과 사진 자료를 많이 가지고 있었다고 하였다.

가짜 전쟁(Phoney war), 앉은뱅이 전쟁(Sitzkrieg)?

1939년 9월 1일 독일이 폴란드를 침공함으로 9월 3일 프랑스와 영국 등 서유럽 국가들은 독일에 대해 즉각 선전포고를 한다. 그럼에도 불구하고 내심 독일과 전쟁을 회피하고 싶은 프랑스와 영국은 서부전선에서 별다른 전투를 하지 않는다. 이런 현상은 1940년 5월 10일 독일군이 또 다시 벨기에와 네덜란드를 침공함으로써 끝이 난다. 프랑스 국민들은 그래도 "우리는 마지노(Maginot)가 있으니까…" 하는 믿음으로 애써 전쟁 승리에 대한 환상에 빠진다. 그러나 독일군 전격전 앞에 프랑스는 결국 대패하게 되어 1940년 6월 22일 제1차 세계대전 시 독일로부터 항복을 받았던 꽁피에뉴 숲속 기차 안에서 거꾸로 히틀러에게 항복 문서에 서명하는 수모를 당하게 된다.

독일 기갑군단에 맞선
프랑스군 제55사단의 최후!

한류 열풍 덕분으로 스당에서 프랑스 청년들의 도움을 받다

Trip Tips

스당시내의 전적지 답사 후 시외의 요새지역을 가려고 렌트카 회사에 들렀다. 그런데 차량 대여비용은 비쌌고 서너 시간 기다린 후에야 이용 가능했다.

민가가 드문 시골이라 지도만으로 목표를 찾아간다는 것도 상당히 어려울 것 같았다. 하는 수 없어 네비게이션 장착을 추가하니 또 요금이 올라간다. 거기에다 상담 직원의 염장 지르는 소리 "아마 그곳에 간다 해도 하루 종일 헤매다가 후회하고 올 텐데요?"

같이 있던 P군의 대담한 아이디어. "어제 여행 안내소에서 만난 프랑스 청년에게 차라리 안내를 부탁해 보겠습니다." 왜냐하면 그는 파리에서 맹활약 하는 한국 프로축구 선수의 열렬한 팬이었기 때문이다. 결국 그를 다시 만나 우리들의 어려운 점을 이야기 했다. 한국에 대해 많은 호기심을 가진 그 청년은 자신의 승용차와 친구 2명을 더 불러와 기꺼이 안내를 자청했다. 한산한 여행소 업무는 옆 가게에 맡기고…

전쟁 당시 스당 방어부대인 프랑스 55사단 지하사령부가 있는 불송(Bulson)으로 가는 도로 주변에는 대전차 방벽들이 곳곳에 있다. 프랑스도 나름대로 독일 기갑부대 공격에 대한 대비책을 강구한 것 같았다. 특히 방어진지가 많은 산등성이로 오르는 길에 대형 프랑스 국기 아래 하얀 십자가가 줄지어 서 있는 제1차 세계대전 전몰용사 묘역이 보였다. 인적은 끊겼고 관리인 조차 없다. 단지 석벽에 '1914-1918'이라는 표시만이 제1차 세계대전 관련시설이라는 것을 알려주고 있다. 낡은 담벼락과 페인트가 군데군데 벗겨진 출입문은 스산한 분위기까지 풍겼다.

"독일군을 저지하라!"는 사단장의 호소에도 전장공황 속의

제55사단 장병들은 순식간에 와해되었다

꼬불꼬불한 산길을 거치고 몇 개의 촌락을 지나 도착한 불송(Bulson)의 중앙광장! 한국의 한산한 시골 동네와 비슷하다.

┌─ **Trip Tips** ─────────────────────────
│ 도로 옆집의 문을 두드려 제55사단 사령부 터를 물으니 집주인은 다른 집으로 전
│ 화해서 겨우 위치를 알려 준다.
└──────────────────────────────────

이미 이곳의 주민들도 전쟁유적지에 대한 관심은 멀어진지 오래인 것 같다.

1940년 5월 13일 19:00 경, 독일군이 프랑스를 공격 후 서부전역을

불송(Bulson)에 위치한 프랑스 제55사단 사령부

통틀어 가장 기이한 사건이 바로 이곳 불송(Bulson)에서 벌어진다.

"불송에 독일군 전차가 나타났다!"는 어느 병사의 한마디에 갑자기 도로 위에는 도망치는 프랑스군 보병과 포병으로 인산인해를 이루었다. 몇몇 병사들은 미친 듯이 사방으로 소총을 난사했다. 모든 장교들도 계급을 막론하고 퇴각 명령을 수령했다고 둘러댔다. 그러나 누구의 명령이냐고 묻자 정작 아무도 대답하지 못했다. 사단장 라퐁텐 장군과 참모들이 화물차 여러 대로 도로를 봉쇄하고 후퇴하는 병사들을 붙잡고 "독일군을 저지하라!"라고 소리쳤지만 겁에 질린 이들은 모두 어둠속으로 사라졌다.

전쟁사에서 전차가 단 한 발의 포도 쏘지 않고 출현하는 것만으로 적을 격파한 한 사례는 무수히 많다. 그러나 전차가 단 한 대도 투입

55사단지휘소 부근 도로(동반청년들과 답사지 인근거주 안내농부)

되지 않고 "전차가 나타났다!"는 말 한마디에 스스로 부대가 와해되어 버린 경우는 스당 전투 외는 찾아보기 어렵다. 불송의 산림 속에 거의 방치된 상태로 있는 프랑스 제55사단 지하 사령부! 겨우 휴대폰으로 불빛을 밝히며 갱도 안으로 들어가니 벽에 어지럽게 적혀 있는 낙서, 쌓여 있는 쓰레기더미, 가끔씩 날아드는 박쥐 밖에는 반겨주지 않는다. 프랑스인들도 이런 수치를 애써 기억하고 싶지는 않은 모양이다.

수치스러운 패전의 역사를 딛고 세계 군사강국으로 거듭난 프랑스!

결국 프랑스는 개전 초 스당전투의 패배와 군 수뇌부의 무능으로 1940년 6월 22일 독일에게 항복한다. 그 때까지 마지노 요새 안에는

36개 프랑스 육군사단들이 온전하게 주저앉아 있었다. 또한 공군기지 격납고에 잠자고 있는 비행기가 4,268대였으며 북아프리카 지역에도 1,800대가 더 있었다.

히틀러의 평화공세에 맞장구쳐 결국 국민들에게 씻을 수없는 상처를 준 일부 프랑스 정치인, 좌익세력, 비시 정권관료들은 전쟁이 끝난 후 가혹한 처벌받는다. 뒤이어 프랑스는 국가재건과 더불어 강력한 군사력 건설을 통해 핵 억제력 확보, 정예 장교단 양성, 국민 안보교육 강화로 세계의 군사강국으로 거듭났다.

하루 종일 우리를 위해 수고한 프랑스 청년들은 군대를 가지 않았다. 2001년 징집제를 폐지한 프랑스는 대신 전 국민 안보소집교육 의무화 법령을 제정했다. 불참자는 대학입학 응시자격 제한, 운전면허 취득불가, 취업제한 등의 강력한 처벌이 뒤따랐다. 군대 지원병들에게 많은 급여가 주어지지는 않지만 다른 공무원 봉급의 높은 세금부담을 고려 시 병사급여 세금 미부여, 자유로운 출퇴근 허용, 전역 후 취업보장 등의 혜택이 있어 청년들도 프랑스 지원병 제도에 관심을 가지고 있었다.

아는 만큼 보인다!

제2차 세계대전 초기의 연합군과 독일군 군사력 비교

1940년 5월 기준으로 모든 면에서 연합군(프랑스·영국·네덜란드·벨기에)은 독일군보다 우세한 전력을 가지고 있었다. 연합군은 총병력 765만, 화포 14,000 여 문, 전차 4,204대, 전투기 4,469대였다. 이에 비해 독일군은 총병력 540만, 화포 7350 여문, 전차 2,439대, 전투기는 3,570 대에 불과했다. 통상적인 군사 교리에 따르면 공자는 방자에 비해 적어도 3:1의 우세를 확보해야한다. 더구나 프랑스의 마지노 요새를 고려 시 독일군의 공격은 도저히 성공이 불가했다.
결국 국민들의 단결된 호국의지와 장병들의 임전자세가 전쟁 승패에 결정적 열쇠가 된다는 것을 프랑스 패전 사례는 잘 보여주고 있다.

피자 화덕까지 갖춘
거대한 지하 요새

알사스 로렌에 독일이 축성한 게트랑제(Guentrange)를 가다

프랑스 국경도시 메츠(Metz) 지역의 독일군 지하요새

메츠(Metz)시에서 기차로 약 30분 거리에 있는 조그만한 도시 시온빌(Thionville). 독·불 국경에 가까운 이곳은 19세기 이후 보불전쟁(1870년), 제1·2차 세계대전을 거치면서 수차례 독일과 프랑스 간 주인이 뒤바뀌었으며 현재는 프랑스 영토에 편입되어 있다. 따라서 오늘날 까지도 메츠(Metz), 낭시(Nancy)의 프랑스 주민들 중 일부는 자신이 독일인에 가깝다고 느끼는 사람들이 있기도 하다.

1871년 보불전쟁을 통해 독일은 프랑스의 메츠, 낭시지역 등이 포함된 알사스 로렌 지방을 점령한다. 그리고 이곳을 영구히 독일 영토로 굳히기 위해 1899년부터 거대한 지하요새를 시온빌 근처에 건설하기 시작했다. 특히 이 지역은 메츠시와 룩셈부르크를 연결하는 철도교통의 중심지이며 프랑스 공격을 방어할 수 있는 독일의 전략적 요

게트랑제 요새에서 내려다 본 시온빌(Thionville) 시내 전경

충지이기도 하였다. 그러나 시내와 다소 떨어진 독일군 요새지역은 대중교통 이용이 불가능하여 찾아가는 일이 만만치 않았다.

 유럽지역 대부분이 그렇듯이 일요일에는 시골 도시에서 사람 구경하기가 쉽지 않다. 마침 주일예배를 보고 있는 교회당 안으로 들어가 보았다. 거의 예배가 끝날 무렵 동양인 모녀에 의한 피아노와 바이올린 찬송가 연주가 있었다. 유심히 보니 어머니와 딸의 행동이나 옷차림 등이 한국인처럼 보였다. 예배가 끝난 후 만나보니 역시 한국인들이었다. 그 어머니는 반가와 하면서 이곳에 정착한지 거의 20년이 되었는데 교회에서 한국인은 처음 만났단다. 1990년대 남편이 대기업 주재원으로 프랑스 메츠에서 근무하다가 IMF로 인해 대부분의 한국인들은 귀국했으나 자신의 가족들은 이곳에 남아 조그마한 사업을 시작하였다.

그녀는 한국의 명문 대학을 졸업하고 교편생활을 한 경험도 있었다. 처음 프랑스 정착 간에는 여러 가지 어려움도 있었다. 그러나 이제 사업도 안정되고 두 자녀는 프랑스 대학에 다니고 있으며, 가족 모두는 프랑스 시민권까지 취득하였다. 현재도 한국인으로서의 높은 자부심은 가지고 있으나 단지 자녀들이 자신의 정체성 문제에 대해 혼란스러워할 때가 부모로서 가장 가슴 아프다고 한다. 자신의 승용차로 게트랑제(Guentrange) 지하요새까지 안내해 주겠다는 친절한 호의로 목적지 부근까지는 갔으나 끝내 찾지는 못했다. 결국은 남의 집 대문을 두드려 지하요새의 위치를 확인하는 수 밖에 없었다.

100여년전 이미 미래전은 대량 살육전이 될 것이라고 예견하고 있었다.
시온빌의 게트랑제(Guentrange) 지하요새!
주변지형 감제가 가능하고 적의 접근을 조기 경보할 수 있는 유리한

1905년에 완성된 게트랑제(Guentrange) 독일군 지하요새 외부 전경

지형은 예나 지금이나 군사적으로 그 중요성에 변함이 없는 듯 하다. 독일군의 지하요새는 1899년 공사가 시작되어 6년 후인 1905년에 완성되었다. 요새의 역사를 설명하는 각종 사진과 도표가 갱도 내부에 전시되어 있다. 인근도시 군수공장에서 대형 화포를 포함한 각종 군사장비들을 대량 생산하여 이곳으로 옮겨왔다. 또한 산꼭대기로 도로를 만들고 강 옆으로는 성벽을 쌓기도 하였다. 아울러 요새지역 내부에는 대규모 토목공사를 하며 엄청난 인력이 가혹한 노동에 시달리는 모습이 사진에 생생하게 나타나 있다. 흡사 독일의 전 국력을 쏟아 부어 다음 세대의 전쟁을 준비하는 듯한 분위기가 느껴진다.

요새지역은 크게 3개 부분으로 나누어져 있으며 바깥에 노출된 콘크리트벽의 두께는 평균 4M이며 평시 2,000 여명의 장병들이 거주하였다. 특히 화약무기의 발전으로 파괴력이 강한 포탄으로부터 전투원들을 보호하기 위해 거미줄처럼 얽힌 견고한 지하터널을 구축했다. 요새 주변에는 종심 깊은 철조망과 지뢰지대를 구성했고 교통호상 소총병들도 두꺼운 철판으로 만든 개인 참호 덮개를 만들어 공중폭격이나 파편으로부터의 피해를 방지하도록 하였다.

1900년대 초기의 독일군 복장을 한 안내원에 의해 모여든 십여 명의 관광객들과 약 3시간에 걸친 요새 내·외부 관람이 있었다. 전쟁에 대한 두려움으로 독일은 일찍이 이런 거대한 지하요새 건설에 엄청난 돈을 퍼부었는가? 아니면 위대한 독일제국 건설을 위한 사전포석으로 이런 시설을 만들었던가? 완벽한 난방·숙소·목욕·주방시설 등을 보면서 전쟁에 대비하는 인간의 집념에 그저 감탄할 수 밖에 없었다. 병사들이 좋아하는 피자를 화목을 이용하여 굽는 대형 기구까지 비치되어 있다. 동굴 속임에도 불구하고 잘 설계된 환기시설로 사용에 아무런 불편이 없었고 100여 년이 지난 지금도 사용 가능하다고 한다.

더구나 지하요새 내에서 잠망경을 이용한 외부 관측과 더불어 9,700M의 사거리를 가진 솥뚜껑형 105M 화포진지가 곳곳에 설치되어 있다. 특히 사격과 동시에 추출된 탄피는 원통형 실린더를 통해 2층에서 1층으로 자동으로 떨어지며 가지런히 정돈이 되도록 설계되어 있었다.

독일의 지하요새 실전에서는 단 한번도 활용 못하다.

엄청난 예산을 들여 독일과 프랑스가 번갈아가며 다음 전쟁을 위해 수 차례 시설을 보강해 왔던 게트랑제 지하요새는 정작 실전상황에서는 단 한번도 그 위력을 발휘하지 못했다. 1918년 제1차 세계대전

지하요새 상단부에 설치된 솥뚜껑형 105M 화포 모습

이 끝나면서 독일의 게트랑제 지하요새는 프랑스군에게로 넘어왔고 1927년부터 시작된 마지노 방어선 건설에 본 요새시설의 많은 분야가 참고 된 듯 하였다. 1930년대 프랑스 육군은 이 요새를 독일 국경지역의 전방 마지노 라인에 군수품을 지원하는 핵심거점으로 활용했다. 그러나 1940년 제2차 세계대전 시에는 독일군이 재탈환하였으며 전쟁이 끝나면서 미군이 이 요새를 다시 확보하였다가 프랑스군에게 넘겨 주었다.

Trip Tips

1990년대 까지 프랑스군 병참부대가 주둔하다가 철수 하였으며 현재는 관광객들에게 주 2-3회 정도 제한된 시간에만 공개하고 있다.

베르덩(Verdun)의 총검참호 이야기

1916년 베르덩 전선의 참혹한 참호전 실상

1914년에 제1차 세계대전이 발발했을 당시 봉쥬르 상병은 파리 소르본느 대학 2학년에 재학 중 이었다. 조국이 전쟁에 휩쌓였다는 소식에 봉쥬르은 친구들과 같이 주저 없이 프랑스 육군에 자원입대하였다. 1871년 보불전쟁에서 위대한 조국 프랑스가 베르사이유 궁전에

제1차 세계대전 시 참호에서 휴식 중인 프랑스군 (출처: 브뤼셀 군사박물관)

서 신생국가 독일에게 무릎을 꿇은 이후 알게 모르게 프랑스 청년들의 피 속에는 은연중 언젠가는 그 치욕의 역사를 되갚아 주겠다는 복수심이 흐르고 있었다.

그러나 봉쥬르가 막상 군에 입대하고 베르덩에 배치된 이후 이 지구 상에서 실존하는 지옥을 직접 목격해야만 했다.

두개골이 없는 사람이 걸어 다니며 두 다리가 절단된 병사가 달아나기도 했다. 움직일 수 없는 부상병들은 지하대피소에 방치되었다. 상처부위 피 냄새를 맡은 쥐떼들이 몰려와 부상병의 살을 뜯어 먹기도 하였다. 참혹하고 처절한 전장 환경에 적응하지 못한 신병들은 미쳐서 소리 지르며 참호 밖으로 뛰쳐나가다 적군에게 사살당하기도 했다. 독일군의 기습적인 화학탄 공격 시 즉각 방독면을 챙기지 못한 병사들은 독가스에 질식되어 자신의 목을 쥐어 뜯으며 참호 속에서 딩굴다 죽어갔다.

이런 지옥 속에서 용케도 2년을 버티어 온 봉쥬르 상병도 결국은 이곳 베르덩 전투에서 꽃다운 22년의 생을 마감하게 된다.

'총검참호(Bayonet trench)'의 유래는?

프랑스군 제137보병연대 예하 2개대대는 1916년 6월 10일 독일군의 베르덩 공격을 사전 탐지하기 위해 주저항선에서 전진배치토록 지시를 받는다. 그러나 불행하게도 전방으로 전진하는 137연대의 움직임은 독일군 포병관측병에게 포착되었다. 곧이어 수 시간 동안 프랑스군 2개 보병대대는 독일군 포병으로부터 집중적인 포탄세례를 받고 거의 전멸하게 된다.

쏟아지는 집중포화속에서 우리는 교통호 바닥을 기기만 하였다. 미처 유개호를 준비하지 못한 상태에서 우박 같은 독일군 포탄을 고스란히 뒤집어쓰는 수밖에 없었다. 동료들의 울부짖는 소리, 중대장은 전화통을 잡고 고래고래 소리 지르고 매캐한 화약 냄새가 차라리 죽음을 각오한 봉쥬르에게는 구수하게도 느껴진다. 갑자기 봉쥬르 상병은 몸이 붕 뜨는 듯한 기분을 느꼈다. 그 순간 파리의 세느 강변에서 같이 웃고 떠들었던 대학 친구들 얼굴이 보이는 듯 하다가 봉쥬르는 축 늘어지며 힘없이 눈을 감았다.

총검참호 기념관에 남아있는 프랑스군 병사의 애틋한 사연을 필자가 각색한 내용이다.

나중에 프랑스군이 이곳을 재점령했을 당시 보병대대 병력은 대부분 전사했으며, 길쭉한 프랑스군의 총검들만 무너져 내린 교통호 흙더미 사이로 삐죽삐죽 솟아 있었다. 노출된 보병이 포병의 집중포격에 얼마나 취약한지를 잘 보여 주는 전장사례이다.

전쟁이 끝난 후 이와 같은 비극적인 사연을 기리어 1920년 12월에 '총검참호(Bayonet trench)'라는 전쟁기념관을 완성하였다. 긴 교통호와 총검를 상징하는 구조물과 건물내부 무너진 참호 흙더미 위의 십자가에는 간간히 꽃다발이 걸려 있다. 물론 봉쥬르도 프랑스 후손들이 이런 전장의 비극을 더 이상 체험하지 않도록 하늘에서 간절히 기도했을 것이다. 그러나 20여 년 후 똑같은 비극이 마지노선에서 재현되면서 봉쥬르 상병의 기도는 물거품이 되었다.

제1차 세계대전의 경험을 바탕으로 프랑스 마지노선(Magino line)을 만들다.

제1차 세계대전이 끝난 후 1920년부터 프랑스 정부에서는 독일 국경지역에 난공불락의 대규모 요새지대 건설을 구상한다. 특히 지난 전쟁에서의 끔직한 대량 살상전 경험을 통해 병사들의 희생을 최대한 줄일 수 있는 방안을 우선적으로 고려했다. 결국 공격전으로 무모한 병력피해를 초래하는 것 보다는 방어 위주의 전략을 프랑스는 채택하게 된 것이다.

특히 요새진지 건설을 본격적으로 추진시킨 마지노(Andre Maginot) 국방장관 역시 제1차 세계대전 당시 부사관으로 베르덩 전투에 참전하여 심각한 부상을 입은 경험이 있었다. 1927년부터 시작된 마지노선 건설 공사는 1936년 불·독 국경지역에 약 700Km에 달하는 철벽 같은 요새지대를 완성시켰다.

마지노 요새 내부 시설(환기통 및 내부배관과 바닥에 보이는 협괘 철로)

그러나 이 계획의 근본적인 취약점은 벨기에 국경지역인 아르덴느 산림지대는 요새진지를 구축하지 못하였다. 또한 약 40여만명의 정예 프랑스 육군을 융통성 없는 붙박이 병력으로 고정시켰다. 이런 취약점을 잘 분석한 히틀러는 제2차 세계대전시 독일의 기갑군단을 아르덴느 숲속으로 기습적으로 진격시켜 프랑스의 옆구리를 힘껏 걷어차게 된다.

현재 마지노 요새지역은 관광지가 되어 일반인들에게 부분적으로 공개하고 있다. 대부분의 마지노 요새는 교통 불편으로 단체 여행객이 아니면 현장 방문이 대단히 어렵다. 그러나 막상 마지노선 내부관람을 하게 되면 1930년대의 프랑스 토목공사 기술수준에 대해 감탄하게 된다. 아울러 지하 30-40M 아래 설치된 각종 시설과 협궤 철도를 이용한 요새지 간의 교통망 등은 프랑스인들이 전쟁 대비를 위해 얼마나 노력했는지 금방 느끼게 된다.

대부분의 시설들이 지하거주 장병들의 쾌적한 생활을 위한 것들이

마지노 요새 지상의 화포진지(기관총 진지도 유사한 형태)

며 정작 전투력 발휘를 위해서는 몇 개의 포탑과 기관총 총좌 밖에는 보이지 않는다. 지나치게 생존성 보장에 치중하다보니 잠망경을 통해 제한된 외부 관측만이 가능하여 은밀하게 접근하는 적을 포착하기는 대단히 어려웠다. 또한 장기간 폐쇄 공간에서 생활하는 장병들의 심리적 안정을 위해 포도주에 안정제를 타 먹이기도 하였다. 그러나 요새지대 생활은 장병들의 공격정신을 사라지게 만들어 결국 전쟁 발발 시에는 자신에게 접근하는 적만을 대응하는 지극히 소극적인 군대로 변모시켰던 것이다.

아는 만큼 보인다!

제1차 세계대전 시 베르덩(Verdun) 전투란?

베르덩 전투는 1차 세계대전 중 가장 길고 잔혹했던 전투로 꼽힌다. 1916년 2월 부터 1917년 여름까지 프랑스 베르덩을 중심으로 독일군의 반복적인 공격과 프랑스군의 반격이 있었다. 이 전투에서 프랑스군은 542,000명, 독일군은 434,000명의 사상자를 내었다. 특히 프랑스군은 "독일군을 통과시킬 수 없다; 느 빠스롱 빠(Ne passeront pas!)"라는 구호 아래 필사적인 저항을 하였으며 후일 프랑스 대통령이 된 유명한 드골(De Gaule) 대위가 독일군의 포로가 되기도 하였다.

독일군은 이곳에서 30여M의 불꽃을 뿜어내는 화염방사기를 최초로 사용하였다. 그 결과 항복하는 프랑스군이 기하급수적으로 늘어났으며 두오몽 요새의 정예 33연대가 독일군에게 손을 들기도 하였다. 또한 탱크, 항공기, 독가스 등 대량 살상 무기가 쌍방에 의해 무자비하게 사용되었다.

노블레스 오블리주(Noblesse oblige)의 발상지 프랑스 깔레

사회 지도층은 국민의무를 모범적으로 실천하는 높은 도덕성을 요구

프랑스의 깔레 해변에서 바다 건너편 영국을 보면 도버 항구의 하얀 절벽(white cliff)이 어렴풋이 보인다. 이곳 깔레는 영국과 가장 가까운 곳에 있어 역사적으로 전쟁이 빈번할 수밖에 없는 숙명적인 운명을 가진 듯하다. 부산항이 일본과 근접함에 따라 수백 년 전부터 빈번한 왜구의 침범이 있었고 결국에는 일본의 아시아 대륙진출의 발판이 된 것과 흡사하다.

14세기 영국과 프랑스 간의 백년전쟁(1337-1453) 중 깔레는 영국군에게 포위된다. 깔레 시민들은 거센 영국군의 공격을 막아내지만 더 이상 지원군을 기대할 수 없게 되자 결국 항복하게 된다. 깔레 시민군은 영국왕 에드워드 3세에게 자비를 구하는 항복사절단을 보내었다. 그러나 영국왕은 시민들의 생명을 보장하는 조건으로 "누군가가 그동안의 반항에 대해 책임을 져야 한다"며 도시 대표 6명에 대해 교수형을 요구했다.

이 상황에서 깔레에서 가장 부자인 외스타슈 드 생 피에르(Eustache de St Pierre)가 처형을 자처한다. 이어서 시장, 상인, 법률가 등의 귀족들도 교수형을 동참한다. 다음날 처형을 받기위해 여섯 명의 귀족들이 교수대에 모였을 때 이들의 희생정신에 감동한 영국왕은 결국 사면하게 된다. 이와 같은 '노블레스 오블리주(Noblesse oblige)'라는 말은 이곳 프랑스 깔레에서 약 600 여년에 처음 생겨났다.

그러나 아쉽게도 1940년 5월에는 훌륭한 상무정신을 자랑했던 프랑스 선조들의 전통이 못난 후손들에 의해 이곳에서 독일군들에게 또다시 무자비하게 짓밟히는 수모를 당하게 된다. 아직도

깔레 해변휴양지의 독일군 포병진지(화장실로 착각)

독일군 통신벙커를 깔레 전쟁기념관으로 활용(입구 전경)

1600년대에 축성한 견고한 깔레성이 해안에 버티고 있으며 그 주변에는 1940년경에 독일군이 건설한 거대한 해안포 진지들이 또한 산재해 있다.

┌─ **Trip Tips** ─────────────────────────────
│ 수많은 휴양객들이 찾는 시내 주변해안의 독일군 해안포대는 시멘트로 봉합한 후
│ 페인트로 깨끗하게 정겨운 그림을 그려 놓았다. 관심 깊게 보지 않으면 오가는 여
│ 행객들을 위한 화장실로 착각하기도 한다.
└───

수치스러운 패전의 역사도 정직하게 전시하는 깔레 전쟁기념관

깔레 전쟁기념관은 제2차 세계대전시 독일군이 통신벙커로 사용했던 시설을 그대로 활용하고 있다. 길다란 콘크리트 벙커의 내부를 개조하여 제1·2차 세계대전 당시의 각종 무기·장비와 유대인·프랑스군 포로에 대한 독일군들의 잔학행위에 대한 기록과 사진들이 주로 전시되어 있다.

 주변이 공원으로 조성되어 있으나 이곳은 사람들에게 큰 관심을 끌지 못하는 것 같았다. 기념관 내부의 전시물과 각종 사진을 둘러보고 있는 사람은 오직 필자 혼자 뿐.

전시 벙커인지라 두터운 콘크리트 격실은 극히 협소했다. 1940년 5월 10일 독일의 벨기에 침공 이후 불과 6주 만에 프랑스는 제대로 된 결정적인 전투도 없이 항복했다. 그것도 1918년 11월, 제1차 세계대전 시 과거 프랑스의 영광을 되찾았다며 승전국으로써 당당하게 독일로부터 항복문서를 받았던 꽁삐에뉴 숲속 바로 그 기차 안에서 이제는 거꾸로 독일에게 무릎을 꿇었던 것이다.

제2차 세계대전에서 레지스탕스의 저항 외에는 특별하게 내세울 것이 없는 프랑스는 이 기념관에서 제1차 세계대전의 군복과 무기류를 많이 전시했다. 또한 독일군에게 대거 포로로 잡힌 프랑스 군인들이 명예로운 자신들의 군복을 벗고 죄수복으로 갈아입는 사진도 수치스럽지만 걸어 두고 있다. 프랑스 포로들이 구걸하는 듯한 모습으로 독일 경비병들에게 반합을 내밀고 있는 그림까지 있었다.

　당장의 굶주림을 해결하기 위해 군인의 자존심도 내팽게친 듯 하다. 아울러 무게 56톤, 구경 406mm의 거대한 독일군 해안포 진지건설과 포탑 운반과정을 여러 사진이 상세하게 설명한다. 기중기를 부분적으로 활용하지만 대부분은 개미떼처럼 달라붙은 수많은 전쟁 포로와 점령지 주민들에 의해 이루어졌다.

　또 한가지 흥미로운 사진들은 어깨에 프랑스 국기를 단 여성들이 군수공장에서 적극적으로 일하고 있는 모습들이다. 많은 전쟁 포스터와 함께 제시된 이 사진들은 추정컨대 영국내의 무기 공장인 듯하였다. 특히 각종 그림들은 영국 · 미국 여성들에게 전시 조국을 위한 각종 노역에 적극적으로 동참할 것을 홍보하고 있다.

　옷소매를 높이 걷어 부치고 알통을 자랑하면서 "We can do it!(우리는 할 수 있다)" 라고 외치는 영국 여성의 당찬 모습이 눈길을 끈다. 미리 전쟁에 대비하여 프랑스인들이 평시에 저런 노력의 1/10 이라도 하였더라면 하는 안타까운 생각이 들기도 하였다. 비록 자랑할 만한 전쟁승리에 관한 영광의 전시물은 별로 없었지만 과거 패배의 역사를 후손들에게 정확하게 알리고자 하는 정직한 프랑스인들의 역사의식은 본받을 만 하였다.

아일랜드의 슬픈 역사를 이야기하는 어느 아이리쉬(Irish) 여행객

기념관 관람을 거의 끝낼 즈음 프랑스군 포로와 유대인들의 처참한 삶에 대해 꼼꼼히 살피고 있는 한 중년 신사를 만났다. 텅 빈 전시관에서 두 사람만 있으니 자연스럽게 서로에게 관심을 표시한다. 그는 아일랜드인으로 특히 세계 전쟁사에 관심이 많다며 자기 나라의 슬픈 역사를 이야기했다.

아일랜드는 영국의 식민지로 700여년 지배를 받는 동안 가난과 굶주림으로 수많은 아이리쉬(Irish)들이 해외 이민을 떠났다. 1861년 미국 남북전쟁 당시 전사자의 40%가 아이리쉬였다. 고달픈 이민자들은 단지 먹는 문제 해결을 위해 남·북군에 지원했고 동족끼리 총칼을 겨누어야만 했다. 1921년 가까스로 독립하면서 아일랜드는 또 다시 1년간의 피비린내 나는 내전을 겪는다.

이런 처참한 과거를 가진 자기의 조국을 늘 가슴 아파했던 브랜단(Brandan, 55세)씨는 자연스럽게 세계역사에 깊은 관심을 가졌다. 그는 아일랜드 수도 더블린에 거주하며 현재 목수 일을 하고 있다. 12세에 부모님이 세상을 떠나 초등학교를 졸업하자마자 화학공장에서 일하며 동생들을 뒷바라지 했다. 독한 화학물질의 후유증으로 현재 시력장애가 있으며 의사는 그에게 컴퓨터 사용을 금지시켰다.

개인의 역사인식은 명문대학에서 어떤 교육을 받았느냐하는 학력의 문제가 아니고 브랜단씨 처럼 조국을 얼마나 사랑하고 자기 민족의 문제를 얼마나 고민하느냐에 따라 결국 결정된다는 것을 느꼈다. 의기투합한 우리는 깔레 가까이 있는 제2차 세계대전 시 비극의 현장 덩케르크에 같이 가기로 했다.

히틀러가 저지른 사상 최대의 실수

비극의 현장, 프랑스 덩케르크(Dunkerk)

프랑스 덩케르크 항구는 제2차 세계대전 당시 약 34만명의 연합군이 기적적으로 독일군의 포위망을 탈출한 비극의 현장이다.

1940년 5월 26일부터 6월 4일까지 실시된 덩케르크 철수(일명 Dynamo 작전)를 통해 영국, 프랑스, 벨기에, 네덜란드군 등으로 구성된 연합군 장병 338,682 명이 목숨을 구했다. 그럼에도 불구하고 5월 20일 이후 프랑스 플랑드르 지방에서 독일군에게 포위된 연합군 100만 명 중 얼마나 많은 인원이 목숨을 잃었는지 아직까지 정확히 파악되고 있지 않다.

1940년 5월 25일 아침, 숨 가쁘게 영·불 연합군을 추격해 온 구데리안의 독일군 전차부대는 덩케르크를 불과 20Km 앞두고 있었다. 이제 연합군은 흡사 목에 밧줄이 감기어 누군가가 잡아당기기만 하면 숨이 끊어질 수 있는 위기에 놓인 사형수의 입장이 되었다. 바로 이 순간 "귀관의 부대는 일단 현 위치에 정지하고 추후명령을 기다릴 것!"이라는 믿기 힘든 히틀러의 지시문이 독일군 기갑군단에 떨어진다. 제2차 세계대전 전 기간을 통해 독일군이 저지른 가장 큰 작전상의 실패 중 하나이며 이 뜻밖의 행운으로 인해 수십만 명의 연합군은 목숨을 건지게 된다. 전쟁 후 수많은 역사학자들은 히틀러의 이런 지시 배경에 대해 연구하였으며 대략 다음과 같은 이야기를 하고 있다.

첫째, 전쟁 발발 후 보름간 너무나도 수월하게 얻어온 손쉬운 승리가 히틀러로 하여금 새삼스런 조심성을 불러 일으켰다.

둘째, 독일 공군 총사령관 괴링이 공군력만으로도 덩케르크 해변의 연합군을 쓸어버릴 수 있다는 허풍이 히틀러의 결정에 영향을 미쳤을 것이다.

셋째, 히틀러는 영국군의 명예로운 철수를 허용함으로 향후 영국과의 강화조약을 염두에 두었다. 그러나 이 주장은 영국군 섬멸을 위한 히틀러의 내부적인 각종 지시를 분석해 볼 때 설득력이 없다는 비판을 받고 있다.

철수선박을 폭격하는 독일 공군기(시내 해양박물관 전시)

1940년 5월 26일부터 6월 4일까지 실시된 덩케르크 철수(일명 Dynamo 작전)를 통해 영국, 프랑스, 벨기에, 네덜란드군 등으로 구성된 연합군 장병 338,682명이 목숨을 구했다. 그럼에도 불구하고 5월 20일 이후 프랑스 플랑드르 지방에서 독일군에게 포위된 연합군 100만 명 중 얼마나 많은 인원이 목숨을 잃었는지 아직까지 정확히 파악되고 있지 않다.

템즈강 거룻배로부터 민간 페리선까지
끝없는 선단이 도버해협을 건너 덩케르크로 향했다.

13세의 영국 소년 윌리엄은 해양 소년단 연습용 돛단배를 가지고 친구들과 함께 덩케르크로 가는 군함을 따라 나섰다. 군함의 뒷갑판에서 수병이 마이크로 위험하니 되돌아가라는 권고 방송을 아무리 내보내도 요지부동이었다. "괜찮아요. 우리는 해양 소년단원입니다. 우리 돛단배에 군인 아저씨 5명 쯤은 태울 수 있다구요!" 군함이 뿜어내는 거친 파도 속에서 위험스러운 항해 끝에 윌리엄과 그 친구들은 그 작은 돛단배에 결국 30여명의 영국군을 태우고 성공적으로 도버항으로 돌아 올 수 있었다.

덩케르크 철수작전이 시작되면서 영국 해군성은 전국 모든 배에 징발명령을 내렸다. 템즈강의 유람선으로부터 구시대의 유물인 증기선, 개인소유의 호화 요트에 이르기까지 온갖 배가 프랑스와 마주보는 도버해안으로 몰려들었다. 배 소유주인 민간인들의 불평 따위는 눈을 씻고도 찾아 볼 수 없었다. 오히려 징발 대상에서 제외된 침몰 직전의 낡은 어선과 소형 모터보트의 주인들까지 달려와 자기들이 직접 조종하여 덩케르크로 가겠다고 하여 해군 당국자들을 곤혹스럽게 했다. 형형색색의 배들로 구성된 선단이 영국군 구조를 위해 출항하자 해군

필사적으로 탈출하는 연합군 장병(출처: 덩케르크 해양박물관)

에 의해 참가를 거절당한 온갖 배들이 애국심에 불타는 시민들에 의해 선단 뒤를 따르기 시작했다. 물론 윌리엄과 그 친구들도 그 일행 중의 한 무리였다.

아비규환의 덩케르크 해변! 바늘 꽂을 틈도 없이 부두를 빼곡이 메운 병사들은 독일 전투기가 기총소사를 퍼부으며 달려들어도 그저 자리에 납작 엎드려 총탄이 자신을 피해 가기만을 기도할 뿐이었다. 초췌하고 피로에 지친 수많은 영국군이 긴 줄을 이루어 철수순서를 기다렸다. 그 와중에도 대부분의 군인들은 상관의 명령에 절대 복종하며 질서정연했고 패주의 흔적은 전혀 찾아 볼 수 없었다. 한 명의 병사라도 더 구조하기 위하여 대형선박의 구명보트를 모두 바다에 내려 놓았다. 보트에 탄 병사들은 철모로 물을 퍼내며 소총 개머리판으로 노를 저었다. 놀랍게도 이런 방법으로 도버해협을 건너 영국으로 돌아온 군인들도 상당수에 달했다.

작전 기간 중 동원된 총 861척의 선박 중 13척의 구축함을 포함하여 272척이 침몰했고 영국 공군은 177대의 항공기를 잃었다. 군과 민간의 혼연 일체로 진행된 이와 같은 철수작전으로 유럽파견 영국군의 대부분은 고스란히 본국으로 돌아 올 수 있었다. 오늘날 '덩케르크 철수'라는 말은 혼란 속의 비참한 패주를 뜻함과 동시에 절대 절명의 위기 속에서도 기적적으로 빠져나온 행운을 상징하는 말로 기억된다.

1940년 6월 4일 02:00, 드디어 구데리안 기갑군단의 일부가 덩케르크 시내로 밀고 들어간다. 미처 철수선박을 타지 못한 8만 여명의 프랑스군들이 우왕좌왕하며 해변에 남아 있었다. 해안 모래사장에는 연합군이 남기고간 6만 3천여 대의 차량, 2만 대의 오토바이, 475대의 전차와 장갑차량, 2,400문의 야포가 어지럽게 널려 있었다. 독일군 1개 야전군이 활용 가능한 물량이었다.

덩케르크 해변의 전쟁 기념비는 찾기 힘들고
전몰장병 묘역은 적막감만 감돌았다.

오늘날 덩케르크 해안은 프랑스의 대표적인 휴양지로 손꼽힌다. 백사장 주변 해안도로에는 음식점들과 대형 극장이 늘어 서 있다. 1940년 5월의 비극을 상상할 수 있는 전쟁기념탑이나 추모비는 찾아보기 힘들다.

 식당에서 저녁을 먹으며 아일랜드인 브랜단씨와 제2차 세계대전에 대한 프랑스의 무관심을 성토하고 있는데 옆자리의 어떤 사람이 불쑥 끼어들며 반박한다. 그는 덩케르크시 공무원이었다. 흥분한 그 사람이 전쟁기념 현충석벽과 연합군 묘지가 있다며 안내를 자청한다.

그와 함께 간 영·불군 묘역은 일반 공동묘지와 같이 조성되어 있었다. 프랑스 국기가 없었다면 전몰장병 현충시설로 구분되기도 어려웠다. 또한 전쟁기념 석벽은 해변에서 자동차로 한참 걸렸다. 더구나 어둠까지 찾아와 자세히 식별하기도 곤란했다.

덩케르크 철수작전은 영국군 위주의 작전이었고 상당수의 프랑스군은 독일군의 포로로 남겨졌다. 이에 대한 프랑스인들의 서운한 감정이 아직도 남아 있는 듯한 느낌을 받았다. 그러나 시내의 해양박물관 일부 전시관에서는 비교적 소상하게 제2차 세계대전 시 덩케르크의 상황을 설명해 주고 있었다.

덩케르크 항구 제2차 세계대전 표지석(전몰용사 묘역 부근)

프랑스 굴욕의 항복 현장
꽁삐에뉴 숲을 가다

전쟁보다 휴식 시간이 더 중요한 우체국 전화교환원

1940년 5월, 프랑스가 기습적으로 독일군 공격을 받아 혼란 상황에 빠져 있을 때의 이해 못할 실제 상황 이야기. 당시 프랑스군 전선 사령부 유선통신은 지역 우체국의 지원을 받아야만 했다. 갑작스러운 전쟁으로 전화교환원들은 눈코 뜰 사이 없이 바빴다. 전통적인 프랑스의 관습은 점심식사 후 항상 느긋하게 차를 마시며 휴식시간을 즐기는 것이다.

그러나 여성 교환원들은 빗발치는 군부대의 전화 요청에 자신들의 오후 티타임을 도저히 가질 수가 없었다. 이에 반발하여 교환원 대표는 부대를 방문하여 12:00~14:00 까지의 점심시간을 지켜 줄 것을 부대장에게 강력하게 요청하였다. 결국 그 시간 동안 프랑스군 사령부는 예하부대에 작전지시를 할 수 없었다. 전쟁보다도 교환원들은 자신들의 티타임에 더 관심이 있었던 것이다. (출처: 전격전의 전설, 칼

하인츠 프리즈 지음)

　1940년 6월 4일 비극적인 덩케르크 철수작전이 끝나면서 전선지역에서 많은 프랑스군들이 독일군의 포로가 되었다. 그러나 믿을 수 없을 만큼 프랑스 수도 파리는 평화로왔다. 몇 차례 독일 공군기들이 파리 상공에 나타나 폭격을 가했지만 낙천적인 시민들은 전쟁을 그다지 현실적인 문제로 느끼지 않았다.

　독일군의 폭격으로 주요 시설에 피해가 발생해도 "이럴 리가 없을 텐데…"라는 일종의 비현실적인 생각에 젖어 있었다. 상젤리제 호텔 로비에는 프랑스 위기를 화제로 우국충정을 늘어놓는 선남선녀들은 많아도 국가를 위해 실제 어떤 행동을 하겠다는 사람들은 거의 없었다. 단지 전쟁의 문제를 자기와는 상관없는 먼 나라의 일처럼 생각하고 있었을 뿐이었다.

　마침내 6월 10일에는 이탈리아의 무솔리니가 프랑스에 선전포고를 했다. 그리고 다음날 프랑스는 파리를 '비무장 도시'로 선포한다. 무능한 프랑스 정치인들이 독일에 대항하는 아이디어라고 내놓은 것이라곤 바로 이 정책 하나 뿐 이었다. 1940년 6월 14일 독일군은 파리를 총성 한발, 피 한 방울 흘리지 않고 당당하게 상젤리제 개선문으로 행진하면서 점령했다. 거대한 만(卍) 형태의 독일 깃발이 개선문과 에펠탑 정상에 게양되었다.

　그리고 프랑스인들은 1944년 8월 25일 연합군이 또다시 파리를 해방시킬 때까지 비참한 패전국 국민의 고통을 맛보아야만 했다. 프랑스군 공식문서에는 120만 명이 독일군 포로가 된 것으로 기록되어 있다. 정확한 사망자의 수는 아직까지 밝혀지지 않았지만, 대략 40여 만 명으로 추정한다. 그러나 기간 중 독일 육군의 피해는 겨우 2만 1천여 명에 불과했다.

히틀러는 제1차 세계대전 독일이 항복했던 꽁삐에뉴 침대 기차칸을 의도적으로 선정

1940년 6월 22일, 프랑스 항복 대표단은 전날부터 독일군에 의해 약 30시간 이곳 저곳으로 끌려 다녔다. 녹초가 된 그들을 히틀러가 데리고 간 곳은 프랑스 꽁삐에뉴 숲속 빈 공터였다. 이 장소는 1918년 프랑스 포쉬 원수가 독일로부터 제1차 세계대전의 항복문서를 받았던 바로 그 현장. 극적 효과를 즐기는 히틀러의 성향이 그대로 드러났다.

독일이 22년 전 굴욕적으로 항복 문서에 서명했던 바로 그 열차는 특별 박물관 안에 잘 보존되어 있었다. 히틀러의 명령으로 박물관 벽이 헐리고 그 침대차는 밖으로 끌려 나왔다. 그리고 꽁삐에뉴 숲에 세워진 거대한 프랑스의 제1차 세계대전 승전 기념탑은 독일 공병대에 의해 폭파되며 산산 조각이 났다.

히틀러가 프랑스 대표에게 요구한 항복조건은 가혹했다. 첫째, 프랑스 영토의 절반은 독일이 직접 통치하며 나머지는 비씨 괴뢰정권이

꽁삐에뉴 숲속에 있는 항복조인 기념관

관할한다. 둘째, 프랑스가 보호하는 반나찌 망명자들을 독일로 전원 강제 송환토록 한다. 셋째, 프랑스 함대는 독일·이탈리아군 감시하에 무장해제를 한다는 것이었다.

패전국 프랑스는 승전국 요구에 오로지 순응하는 것 외에는 다른 선택의 여지가 없었다. 이런 항복 조건으로 인하여 어제의 동맹국 영국과도 프랑스는 해군함정 처리 문제로 갈등을 빚게 된다. 일부 프랑스 함정은 해외로 탈출하기도 했지만 대형함 4척은 정박지에서 영국 해군의 포격으로 격침당하며 1,267명의 프랑스 장병들이 목숨을 잃었다.

이로 인해 비씨 정권수반 페텡은 영국과의 외교 관계도 끊었다. 어제까지 피로 맺은 영·불 동맹이 이제는 원수지간으로 변한 것이다. 페텡 원수는 오래전 프랑스 육사에서 드골 생도를 교육시켰으나 바로 그 드골은 전쟁 중 영국에서 망명정부의 수반으로 조국의 해방을 위해 싸우게 된다. 결국 제2차 세계대전이 끝난 후 드골은 자신의 스승 페텡을 재판정에 세워 사형 선고를 받게 했다.

치욕의 항복 문서 주고받았던 침대차는 부끄러운 심경으로 창고 안에 숨어있다

Trip Tips

독일과 프랑스 간 역사적으로 얽히고 설켜 복잡한 사연을 지닌 꽁삐에뉴숲은 파리에서 1시간 정도 기차를 타고 가야한다. 도착역에서 꽁삐에뉴까지의 유일한 교통수단은 택시뿐이다.

울창한 숲속으로 한참 들어가면 넓은 공원형태의 광장이 나온다. 얼마나 택시기사를 기다리게 해야 할지 막연하다. 30분 정도의 대기시간을 약속하고 목표물을 찾아 뜀박질을 하는 수밖에 없었다.

철로를 따라 숲속에 들어가니 제일 먼저 눈에 띄는 것은 제1차 세계대전의 프랑스 전쟁 영웅 포쉬 원수의 동상이다. 1918년 11월11일, 독일군의 항복을 받았던 포쉬 장군은 프랑스 국기에 휩싸여 있었지만 분노의 눈빛으로 제2차 세계대전 시 프랑스가 독일에게 항복했던 광장을 내려다보고 있었다.

 그러나 광장 끄트머리의 침대차 보관 기념관은 굳게 문이 잠겨 있다. 겨울철 여행 비수기로 방문객은 아무도 없다. 관리하는 직원조차 보이지 않는다. 흡사 프랑스의 가장 치욕스러운 역사가 서린 그 자태를 다른 사람들에게 보이기 싫은 듯 항복조인 열차는 깊숙한 창고 속에 숨어 있었다. 까치발로 창문 안을 들여다보고 기념 표지석의 설명문만 읽는 수밖에 없다. 그리고는 또다시 기다리고 있는 택시를 향해 바삐 발걸음을 옮겨야만 했다.

나폴레옹과 프랑스의 영광, 패배, 부활!

프랑스 전쟁역사가 담긴 나폴레옹 군사박물관

파리의 중심 에펠탑에서 멀지않은 나폴레옹 군사박물관(앵발리드: Invalides). 이곳에는 프랑스 전쟁관련 각종 전시물과 나폴레옹 1세의 묘소가 있다. 이 박물관은 1670년 루이 14세가 퇴역 상이군인들의 간병을 위해 최초 건축되었다. 건물의 대부분은 현재 군사박물관으로 활용하고 있으나 지금도 퇴역 군인들을 위한 보훈병원으로 일부 시설이 운용되고 있다.

박물관 내부에는 고대로부터 현대에 이르기까지의 각종 무기 발달과정이 시대 순으로 전시되어 있다. 또한 나폴레옹의 유럽·아프리카 정복과정, 19세기 대외 식민지전쟁, 제1·2차 세계대전, 현대전쟁 등에 관한 기록사진과 무기류들이 내부를 꽉 채우고 있다. 특히 이곳이 세계적인 명소가 된 이유는 한때 유럽의 황제로 불려졌던 나폴레옹이 안장되어 있기 때문이다. 역사적 인물 가운데서 예수 그리스도를 제외하고 문헌에서 가장 많이 다뤄진 인물이 나폴레옹이다. 유럽에서

박물관 광장에 전시된 나폴레옹 시대의 화포들

군주제를 종식시키는데 결정적 기여를 하고 일반 국민들의 사회적 권리를 혁신적으로 확장시킨 인물이기도 하다.

그러나 나폴레옹은 1815년 영국과의 워털루 전투에서 패배한 이후 남대서양의 세인트헬레나 섬에 유폐된다. 그는 1821년 5월 5일 52세의 나이로 외롭게 그곳에서 숨을 거두게 되지만 영국 정부의 동의를 얻어 1840년 5월에서야 겨우 이곳 앵발리드 돔성당에 안치될 수 있었다. 나폴레옹에 대해 후세 사람들은 다양한 역사적 시각을 가지고 있는 듯하다. 그러나 대부분의 프랑스인들은 나폴레옹이야말로 자기들의 조국을 세계 강국으로 부상시킨 위대한 조상이라는 자부심으로 가득 차 있는 것 같았다.

전쟁에서는 비록 패배했지만 처절한 대독항쟁은 계속되었다.

1940년 5월 19일 05:39분, 마지노선 라 페르테(La ferte) 지역의 프랑스 제71보병사단 505장갑벙커 지하 속에서 프랑스군 100여 명이 결사적으로 독일군의 공격을 막아내고 있었다. 마침내 독일군 강습공병은 요새의 강철문을 폭파시키고 벙커내부에 강력한 폭탄과 연막탄을 집어넣었다. 곧 이어 일어난 폭발과 화재에 의한 불길은 지하 35m에 있는 탄약고에 옮겨 붙어 대폭발을 일으켰다. 벙커내부는 화염으로 휩싸였고 병사들은 방독면 속으로 들어오는 연기의 고통을 참으며 지휘관의 조치를 기다렸다.

라 페르테 지역대장 부르귀농(Bourguignon) 중위는 갱도 탈출을 다급하게 상급부대에 요청했다. 그러나 상급 지휘관은 끝까지 진지를 고수하라는 단호한 명령을 내렸고, 유독가스에 중독되어 죽어가면서도 그들은 독일군과의 혈투를 계속했다. 전투가 끝난 후 505장갑벙커 내에서 107명의 프랑스군 장병 시신을 독일군은 확인할 수 있었다. 부르귀농 중위 부대원들 중에서 진지고수 명령을 어기고 갱도 밖으로 탈출한 장병은 단 1명도 없었다.

이처럼 전선지역에서 보여주었던 프랑스 장병들의 강인한 상무정신은 1940년 6월 프랑스가 독일에게 굴욕적인 항복 이후 전 국민들에게 요원의 불길처럼 번져나갔다. 수많은 레지스탕스들이 국내외에서 조국의 해방을 위하여 연합군과 함께 대독 항쟁에 참여했다. 레지스탕스의 지하방송과 신문은 전쟁 승리 이후 독일군 앞잡이들은 반듯이 응징될 것이라고 수시로 적치하의 프랑스 국민들에게 경고하였다. 그럼에도 불구하고 나치체제 아래서 오히려 독일군을 적극 지원하고 레지스탕스 색출에 앞장 선 일부 프랑스인들도 있었다.

철저한 부역자 처벌로 국가 정체성을 재확립

마침내 1944년 6월, 연합군의 노르망디 상륙성공과 8월 파리 해방을 통해 대대적인 부역자 색출 돌풍이 불었다. 민족반역자 대숙청은 망명정부의 수반 드골장군 주도하에 종전 후에도 수년간 매우 가혹하게 집행되었다. 비씨정권의 페텡 원수를 포함한 당시의 각료, 정치인, 언론인, 기업가, 민병대원 등 나치협력 사건의 부역자에 대한 법원기소는 모두 124,751건에 달했다. 이중에 46,263명이 유죄 판결을 받았고 6,763명(3,910명은 궐석재판)은 사형선고를 받았다. 그러나 일부 보고서는 인민재판에서 즉결심판을 받아 처형된 사망자수가 11만 2,000여 명이라고 주장하기도 한다.

특히 나치치하에서 독일의 전쟁 물자를 적극 생산하여 납품한 프랑스의 대기업까지도 반역행위의 범주에 포함됐다. 대표적으로 르노 자동차 회사는 전시 생산량을 25% 늘려 독일군을 도왔다는 혐의로 회사 전 재산을 프랑스 정부는 몰수했다. 회장 르노는 체포되어 교도소 수감 중 결국 스스로 자살하게 된다. 드골의 이같은 가혹한 부역자 숙청은 오늘날까지도 많은 논란이 있지만 적 치하에서 국가에 해악을 끼친 프랑스 국민은 반듯이 응징을 받는다는 전통은 분명하게 수립하였다.

파리로 개선하는 드골 장군

프랑스 주 방위력은 핵무기, 군은 PKO 및 테러 방지 임무

Trip Tips

파리의 도심지에서 여행객들이 관심을 가지면 쉽게 프랑스 주요 군사기관들을 볼 수 있다.

합동참모본부, 각군 본부, 지휘참모대학 등 군 핵심시설과 일부 군사교육기관들이 시내 중심부에 버젓이 자리잡고 있다. 또한 전국토의 절반 가까이를 프랑스 헌병군이 치안 유지를 담당하고 있다. 도심지에 있는 군사시설을 일부 시민들이 무조건적으로 외곽 이전을 요구하는 한국의 분위기와는 사뭇 다르다. 지휘참모대 앞에서 만난 프랑스 여군 소령 페이레(Peyre)는 남편도 직업군인이다. 과거 프랑스 국방개혁에 대해 질문하자 "가장 어려운 점은 엄청나게 요구되는 개혁 예산을 정부가 뒷받침해 주지 못한 것이다"라고 단정적으로 이야기한다.

또한 냉전 해체 이후 프랑스의 주적은 사라졌고 외부 위협에 대한 주 억제전력은 핵무기이며 현재 군은 PKO와 테러방지 임무에 주안을 둔다고 했다. 180여만 명의 남·북한 병력이 첨예하게 대치하고 있는 한반도와 안보환경이 판이하게 다른 프랑스의 국방개혁 모델을 한국군에 적용하는 것이 한계가 있음을 다시 한번 절실하게 느꼈다.

독 일
Germany

패전 뒤 남겨진 여성들의 이야기
〈베를린의 한 여인〉

히틀러와 애인 에바 브라운의 최후

1945년 4월 30일 15:30분, 베를린의 지하 전쟁지휘소! 히틀러는 측근들과 일일이 악수를 나눈 후 침실로 들어간다. 곧 이어 한발의 총성이 울리면서 희대의 독재자 히틀러와 애인 에바 브라운은 자결했다. 그날 저녁, 소련군 병사 2명이 빗발치는 총탄을 무릅쓰고 베를린 국회의사당 추녀 끝으로 아슬아슬하게 기어오른다. 22:30분! 그 병사들은 피 묻은 소련국기를 옥상 틈새로 힘껏 박아 넣었다. 베를린 시내에서 싸우던 소련군은 국회의사당 꼭대기에서 밤하늘을 배경으로 힘차게 휘날리는 국기를 보고 광적인 환호성을 질렀다.

다음날 오전 06:00, 의사당을 지키던 독일군은 항복했고 베를린 수비대장은 소련군 추이코프 대장에게 더 이상의 살육과 약탈을 막아줄 것을 요청했지만 소용없었다. 결국 살아남은 독일 시민들은 실존하는 지옥을 경험하는 운명에 놓인다.

'베를린의 한 여인' 일기장과 지옥 속의 처참한 시민생활

베를린을 점령한 소련군은 아무도 통제할 수 없는 야수들로 변했다. 장교들이 병사들의 집단적인 비이성적 행위를 제지하면 "독일군이 우리 마을을 점령했을 때 내 어머니와 누이들에게 어떤 짓을 저질렀는데요?"라고 하며 강하게 항의했다. 결국 전쟁은 쌍방간 증오와 피의 복수만을 부를 뿐이었다.

익명의 한 독일 여성기자는 점령군 치하에서 자신의 경험을 일기에 빼곡히 써놓았다. 기록에는 소련군이 여성들에게 가한 짐승 같은 행동들이 생생하게 묘사되어 있다. 그후 이 일기의 주인공은 소련군 병영에서 주로 세탁일과 잡역의 대가로 얻은 한 조각의 빵으로 하루하루의 목숨을 유지했다. 그 곳에서 만난 많은 독일 여성들을 통해 소련군의 이와 같은 광란이 베를린 전역에서 공공연하게 일어났던 것을 확인할 수 있었다. 한동안 독일정부는 너무나 수치스러운 이 기록의 공개를 금지시켰다. 그러나 1950년대 중반 그 일기는『베를린의 한 여

베를린 점령 소련군이 독일국회의사당에 소련기를 세우는 장면

인(Eine Frau in Berlin)』이라는 제목으로 책과 영화로 만들어졌다.

전쟁 후 독일 남성 1인당 여성의 수는 세 명. 1946년 12월, 베를린에서 점령군에 의존하여 겨우 살아가는 여자가 50만에 달했으며 고아 청소년 10만 명 중 소녀들의 80%가 성병에 걸렸다. '아무리 나쁜 평화도 아무리 좋은 전쟁보다는 낫다'는 말이 있다. 실제 전장 현장에 일어나는 참상보다 그 뒷면에서 겪는 국민들의 고통은 상상을 초월한다는 것을 우리들에게 너무나 잘 보여주는 사례이다.

전쟁 참상 알리기 위해 보존된 지하대피소와 빌헬름 교회

베를린 시내 중심부에는 1930년대부터 만든 대형 지하대피소가 곳곳에 있다. 전쟁 중 많은 독일인들이 지하실이나 이런 곳에서 주로 생활했다. 실제 지하 터널은 영화 〈베를린의 여인〉의 한 장면과 흡사했

'베를린의 한 여인' 영화무대인 지하터널 입구 전경

지만 너무나 열악했다. 철제 계단 아래의 격실은 아직도 퀴퀴한 냄새와 녹슨 침대들만이 관람객을 맞아준다.

또한 시내 중심부에 있는 브란덴부르크 문과 빌헬름 교회는 베를린의 상징 건물이다. 공습으로 철저하게 파괴된 빌헬름 교회는 전쟁참상을 후손들에게 두고두고 알려준다는 차원에서 그대로 보존하고 있다. 교회 첨탑 부분에 흉물스럽게 뻥뻥 뚫려 있는 전쟁의 상흔들이 70여 년 전 한 독재자의 망상과 독일인들의 잘못된 역사인식을 아직도 준엄하게 꾸짖고 있는 듯하다.

세계를 상대로 이런 전쟁을 2번씩이나 일으킨 독일의 군사적 능력이 과연 어떻게 태동되었을까? 따라서 철혈 재상 비스마르크의 생가와 주요 군사학교가 있는 드레스덴, 함부르크를 직접 찾아가 보기로 계획했다.

전쟁의 참상을 그대로 보존한 베를린 빌헬름교회

철의 재상 비스마르크!
어떻게 통일 독일을 건설했나?

함부르크의 한적한 교외에 위치한 비스마르크 생가

독일 연방군 지휘참모대학에서 교육중인 J소령과 함께 함부르크 근교의 비스마르크 생가 답사를 위해 출발했다.

> **Trip Tips**
>
> 마침 학생장교들이 휴가 중이라 학교의 게스트 하우스를 숙소로도 이용할 수 있었다.

함부르크를 벗어나 약 1시간 정도 자동차로 달려 한적한 시골 마을에 도착했다. 기다란 황색 담벼락과 울창한 숲으로 가려진 웅장한 저택이 통일 독일제국을 만든 게르만 민족의 영웅 비스마르크의 생가다. 관람객들의 출입은 통제되었고 정문 근처에 높이 게양되어 펄럭이는 독일국기가 19세기 당시 통일독일의 영광을 재현하고 있는 듯하였다.

프랑스 베르사이유궁전에서의 통일 독일제국 선포식

함브르크 근교의 비스마르크 생가 전경

167

철혈 재상 비스마르크, 약소국 독일을 강국으로 부상시키다

비스마르크는 나폴레옹이 엘바섬을 탈출하여 파리에서 정권을 재장악했던 1815년 4월 1일 프로이센 쇤하우젠에서 영주의 아들로 태어났다. 그의 어린 시절 독일은 나폴레옹의 침략으로 비참한 상황이었다. 이런 민족적 불행을 경험한 비스마르크의 정치적 야망은 이때 이미 성장하고 있었다. 사관학교 진학을 바라는 부모의 기대를 저버리고 그는 괴팅엔 대학에서 법학을 전공한다. 대학 졸업 후 지방법원 판사, 의회 의원, 주 러시아ㆍ파리 공사 등을 경험하고 1862년 프로이센 총리가 된다.

특히 1862년 9월 30일, 의회에서 국방예산 삭감에 대해 그는 다음과 같은 통렬한 연설을 통해 '철혈 재상'이라는 이름을 얻는다.

현재 프로이센의 당면 문제는 자유가 아니라 미래를 위한 군비확충 입니다. 이 시대의 중요한 문제들은 더 이상 언론이나 다수결에 의해 좌우되는 것이 아닙니다. 미래 독일이 직면하게 될 문제들은 오직 철과 피에 의해서만 해결될 수 있는 것입니다

비스마르크는 군사적 압력과 노련한 외교로 마침내 1867년 독일 북부지역을 통합하고 오스트리아와의 전쟁 승리로 주변 강대국의 영향력을 제거한다. 또한 사회 복지정책을 통해 시민계급을 국가정책의 조력자로 끌어 들인다. 러시아와는 시종 우호적인 관계를 유지하면서 독일 통일과정에서의 내부갈등이 일어나지 않도록 심혈을 기울였다. 그러나 독일 완전통일의 마지막 걸림돌이었던 프랑스와는 결전이 불가피한 것으로 판단하여 이에 대한 철저한 준비를 하였다.

마침내 앙숙관계에 있었던 프로이센과 프랑스는 1870년 7월 19일,

보 · 불 전쟁으로 서로 국가의 존망을 걸게 된다. 강한 군대의 육성, 주변국 외교관계 등에서 사전 치밀하게 전쟁을 준비한 프로이센과 말과 허풍으로만 전쟁에 임한 프랑스는 애초부터 상대가 되지 않았다. 약 4개월 동안 프로이센군에게 포위된 파리의 무능한 정치가들은 결국은 1871년 1월 29일 굴욕적인 항복을 하였다.

기념관 내에 독일 건국 과정 사료 비스마르크 소장품 · 무기류 전시

별로 크지도 않은 소박한 기념관에는 할머니 한 분이 지키고 계셨다. 독일 정부가 운영하지 않는 개인 전시관이다. 내부에는 비스마르크의 소장품과 각종 그림, 1800년대 보불전쟁을 포함한 독일의 대외전쟁 기록물과 일부 무기류가 전시되어 있다.

특히 1885년 4월 1일, 비스마르크 70주년 생일을 기념하여 기증된 '베르사이유 궁전의 통일독일 선포식' 그림은 대단히 인상적이다.

비스마르크 생가 맞은 편 기념관

1871년 1월 18일! 프랑스의 심장부 파리 베르사이유 궁전, 거울의 방에서 거행된 통일 독일의 장엄한 황제즉위식 장면이 그려져 있다. 분열된 독일을 프로이센이 주도하여 통일국가로 만들고 마침내 프랑스와의 전쟁에서 승리하면서 유럽의 강국으로 독일제국이 우뚝 서는 순간 이었다. 국왕에서 황제로 변신한 그림 속의 빌헬름 황제와 비스마르크 총리의 모습은 그 어느 때보다 위풍당당했다.

비스마르크는
어떻게 프랑스를 격파했나?

치밀한 비스마르크의 전쟁 준비, 말만 앞세우는 프랑스 정부와 군대

비스마르크는 한반도에서 대륙세력인 당나라를 몰아내고 역사상 처음으로 한민족 통일을 이룩한 신라의 김유신 장군과 비슷한 인물이

1870년 보불전쟁의 격전장 세당성 전경

다. 특히 비스마르크 기념관은 독일통일 과정, 프랑스·오스트리아와의 전쟁사 등을 잘 소개하고 있다. 유럽 강국 프랑스는 역사적으로 독일과는 보불전쟁, 제1·2차 세계대전 등 대규모의 전쟁을 수차례 치른다. 기념관내에는 보불전쟁의 상세한 경과와 관련 지도 등이 흥미롭게 전시되어 있다.

1866년 오스트리아와의 전쟁에서 승리한 프로이센은 유럽의 강국으로 새롭게 부상했다. 그 후 스페인의 왕 책봉문제로 인하여 프랑스와 외교적 갈등이 일어났다. 전통적으로 유럽의 맹주 자리를 지켜왔던 프랑스의 프로이센에 대한 오만불손한 외교자세와 오래전부터 프랑스와의 전쟁에 대비해 온 비스마르크의 책략이 충돌하면서 결국 1870년 7월 보불전쟁이 발발하였다.

프로이센 군대에 포위된 파리, 내부 분란으로 결국 무릎 꿇다

프랑스 황제 나폴레옹 3세는 보름 동안에 40만의 병력을 국경까지 동원할 수 있다고 장담했으나 막상 전쟁이 터지자 겨우 25만의 병력을 집결시킨다. 프로이센군은 병력·훈련·장비·기동성 면에서 프랑스군을 압도했다. 연이은 프랑스의 패배 소식에 1870년 8월, 파리에서 반정부 시위가 일어나고, 9월에는 세당 전투에서 대패하면서 황제 나폴레옹 3세와 약 9만여 명이 포로로 잡혔다.

이런 와중에 프랑스에서는 혁명이 일어나 새로운 정권이 들어섰고 10월경 프로이센군은 파리를 완벽하게 포위했다. 고립된 시민들의 생활은 추위와 식량 부족 등으로 처참했다. 물가는 매일같이 치솟았고 개·고양이·쥐까지 양식으로 매매되었다. 국민 총동원을 위해 내무장관 강베타는 열기구를 타고 필사적으로 파리를 탈출했다. 그러나 사분오열된 프랑스 국민들은 무력하기만 하였다.

12월부터 프로이센군은 매일 3,000~4,000 발의 포탄을 파리로 퍼부었다. 프랑스 각료들은 주전파와 주화파로 나누어져 매일같이 소모적인 논쟁으로 시간을 보낸다. 흡사 1636년 병자호란 시 남한산성에서 청군에 포위된 조선의 인조와 신하들이 과감한 반격작전 한번 시도해 보지 못하고 쓸데없는 말싸움으로만 시간을 보내다 결국 항복했던 행태와 너무나 닮은 모습이다.

1871년 1월 29일, 4개월 동안 굶주림과 추위에 지친 파리정부는 독일에게 항복한다. 수많은 시민들이 목숨을 잃었는데 굶어 죽은 유아들만 4800명에 달했다. 프랑스는 50억 프랑의 전쟁배상금과 알토란같은 알자스·로렌지역을 독일에게 할양했다.

프랑스와의 전쟁승리 후 비스마르크는 본격적인 부국강병 정책 추

세당시내의 다뉴브강 전경

진과 대외 식민지 확보에 눈을 돌린다. 그는 더 이상 전쟁을 통해 국익을 확충하려고 하지 않았다. 노련한 외교로 프랑스를 고립시키고 영국 · 러시아와의 돈독한 관계로 세력균형을 도모한다.

그러나 1888년 9월, 빌헬름 2세 즉위 이후 전쟁과 폭력에 반대하는 비스마르크는 황제와의 충돌로 1890년 총리직을 사직한다. 결국 빌헬름 2세의 서투른 외교로 독일은 제1차 세계대전을 일으키게 되고 처참한 패전국의 신세로 전락하게 되었다.

Trip Tips

한반도 평화통일을 주도할 한국 청년들이 가 볼만한 곳

기념관 출구 근처에 비스마르크가 사용하던 책상과 의자가 그대로 보존되어 있다. 자기 조국의 번영과 평화를 꿈꾸는 많은 관람객들은 그 곳에 앉아 자유롭게 사진 촬영도 할 수 있다. 70년 가까운 분단의 아픔을 지니고 있는 한반도의 현실을 생각하면서 통일의 웅대한 꿈을 꾸는 의식 있는 한국 청년들이 방문해 볼만한 사적지다. 그리고 통일 독일의 초석이 된 비스마르크의 민족을 위한 비전과 지혜를 배웠으면 좋겠다하는 생각이 들었다.

드레스덴 독일군 병영 1박 2일 체험기

훌륭한 병영시설과 완벽한 복지로 모병제 유지

드레스덴 지역 전적지 답사 중 독일군 장교학교에서 교육을 받고 있는 한국육사 A생도 협조로 학교지원부대 병사막사에서 1박 2일 머무르는 기회를 얻었다. 드레스덴 군사기지 내부를 걷다보면 1800, 1900년대의 유명 군사 전략가 기념비, 부대표지석 등이 곳곳에 남아 있다. 알게 모르게 군사강국 프로이센시대의 찬란한 역사를 미래 독일군 간성들에게 그대로 전수해 주려는 의도가 있는 듯 했다. 군사학도들의 필독서인 '롬멜 보병전술'도 바로 이곳 군사학교에서 롬멜이 교관으로 재직 중에 쓰여졌다.

고색창연한 건물과 더 넓은 병영 부지! 그러나 병사들의 우렁찬 함성과 젊은 기운이 넘쳐 나야할 기지 안은 텅텅 비어있다. 장기간의 겨울휴가를 즐기기 위해 부대장병 전원이 집으로 돌아 갔다. 물론 병사들은 평일 날 외출도 자유롭다. 필요 시 다음날 일과전까지 출근하면 된다. 부대안은 병영관리와 잡역을 도맡은 민간 용역회사 직원들만 간간이 눈에 띄일 뿐! 그러나 장교후보생들은 교육기간이므로 별도 막사에서 생활 중이다.

이미 유럽에서는 주적(과거 냉전체제하에서는 구소련과 바르샤바군이 가상적)이 사라지고 군대는 PKO 및 국가재난구호, 테러진압 등이 주 임무로 바뀌었다. 특히 유럽 각국은 NATO나 EU군단 등 다양한 군사동맹을 통해 전쟁을 억제하고 평화를 유지하고 있다.

아울러 모병제하 영국·프랑스의 국가방위 주 전력은 핵무기이며 재래식 전력은 큰 의미가 없다. 어느 국가가 감히 핵무기를 가진 영국·프랑스 침공을 생각하겠는가? 그래서 모병병사 한사람 유지에도 엄청난 국방비가 들기 때문에 지속적으로 병력 감축이 지금도 이루어지고 있다. 오히려 평생을 국가가 책임져야하는 직업군인보다는 일반 용역회사에 군 업무를 떠넘기는 것이 예산 절감에 유리하다. 과거 영국군 병영을 방문했을 때 대부분의 부대차량은 일반 렌트회사에서 임대하여 사용했다. 심지어 계약직 민간인들이 기지 내 하도 많아 이곳이 부대인지 일반회사인지 혼란스러울 지경이었다(과거 IRA 테러가

독일군 병사 개인 생활공간

심한 시기에는 영국군은 외출 시 군복착용을 금지했다.)

군인은 오직 전투 준비만, 잡역은 몽땅 민간 용역회사가 맡는다

넓직한 실내공간을 가진 1인1실의 독일군 병사 생활관! 독일의 여유있는 경제수준을 그대로 나타내었다. 단 화장실·샤워장은 2인이 공동으로 사용할 수 있도록 되어 있다. 병사 개인방에는 침대, 컴퓨터, 책상, 옷장, 사물함 등 한국의 웬만한 대학기숙사보다는 훨씬 넓고 쾌적하다. 텅 빈 막사지만 한국인 VIP(?)들을 위해서 후끈후끈하게 스팀을 아낌없이 넣어준다.

커텐을 열고 창밖을 보니 하얀 눈이 곳곳에 수북이 쌓여있다. "어휴! 저 눈 누가 다 치울 것인고?" 오래전 강원도 최전방에서 겨울철 눈만 뜨면 제설작업하던 추억에 자연스럽게 생긴 마음이다. 그 당시

눈 덮힌 병영 내부

전방철책 근무 병사들은 심야에도 총을 등에 비껴메고 밤새도록 순찰로를 오가며 눈을 쓸었다. 그리고 주간에는 어김없이 보급로 개설을 위한 작업에 매진했다. 왜냐하면 제때 제설작업을 하지 않으면 급경사 빙판길로 곧바로 보급로가 차단되었다.

혼자 중얼거리는 말을 들은 A생도 왈 "선배님! 독일군 병사들은 오로지 훈련에만 전념할 뿐입니다. 제설작업, 세탁, 병영경계, 시설관리 등 몽땅 민간인들의 몫입니다. 왜 군인들이 그런 잡다한 일에 매달립니까?" 물끄러미 그를 쳐다보고 마음속으로 '한국 현실을 몰라도 한참 모르구나'하는 생각을 했다.

강원도 양구 모 부대마크는 하얀 삽날 형상이다. 매일 같이 온갖 작업에 시달렸던 그 부대 장병들의 우스개 이야기인 "병사는 죽어도 삽날 만은 빛난다!" 는 말이 오늘 날도 남아있다. 전투준비와 동시에 기본적인 생존을 위해 일상적으로 작업에 동원되는 것이 한국군 현실이다. 우리도 독일군 처럼 전투준비와 훈련외의 모든 업무를 몽땅 민간 용역회사에 맡기는 호사스러운(?) 군 생활은 과연 언제 이루어질 것인가? 그리고 그 엄청난 예산을 국민들이 다 부담할 각오는 되어 있는지?

100만 대군이 첨예하게 휴전선에서 대치하고 있는 한국의 안보현실과 유럽은 하늘과 땅 차이다. 혹자는 대만의 모병제 사례를 자주 거론한다. 이 또한 현실을 모르는 소리. 현재 대만은 UN에서 국가로서의 인정도 못받고 있다. 아울러 대만은 이미 거대한 중국에 무력저항을 포기한지 오래다. 그들의 생존문제는 국제역학을 잘 이용하여 오로지 미국에 의존하고 있다. 아울러 대만과 중국의 활발한 인적·물적 교류로 인해 양국 간 전쟁을 상정하기는 곤란하다. 물론 대만은 나름대로 최소한의 자위력을 위해 국방력 강화에 최선을 다하고 있다.

그러나 2011년 모병제로 전환 이후 최근 대만은 병력 충원의 어려움과 예산 부족으로 많은 시행착오를 겪었다. 결국 또다시 2017년도로 제도시행을 전격적으로 연기한 실정이다. 혹자는 병력 축소에 따른 예산 절감으로 모병 인원들의 처우를 개선하면 된다는 극히 단순한 논리를 제시한다. 한국군의 경우 일반 병사 10만 명 감축 시 절감되는 예산은 수천 억에 불과 하다(2004년 기준 2,000억 원. 지금은 병사 급여 인상으로 약간은 달라질 수 있음). 또한 약 10여만 명 감축에 따라 지상군은 2개 군단 정도를 해체해야 한다. 따라서 그에 상응하는 첨단전력으로 전력 공백을 메꾸는데 소요되는 국방예산은 계산이 불가능할 정도이다. 아울러 모병제 시행시 병사들의 업무경감을 위해 추가적인 민간용역 예산, 현 의무경찰·해경·의무소방제도의 폐지에 따른 추가 공무원 증원에 따른 예산도 충분히 고려해야 할 것이다.

과거 참여정권 시절 정부는 '국방개혁 2020'을 수시로 부르짖으며 50만 병력의 첨단 과학군 건설을 국민들에게 약속했다. 그러나 대

독일군 병영 식당 전경

통령이 약속한 단계적 국방예산(621조 원)지원은 공념불이 되고 말았다. 오히려 상대적으로 국방비는 예 산편성 시 국회에서 삭감 대상 1호가 되었다. 그동안 수 많은 부대는 해체되었고 획기적인 전력증강은 이루어지지 않았다.

그 후 2번 씩이나 정권이 바뀐 지금에 와서는 슬그머니 '국방개혁 2030'으로 슬로건을 바꾸었다. 그렇지만 수백 조에 달하는 국방개혁예산의 안정적인 조달은 불투명하다. 과연 2030년에 한국군이 첨단과학군이 될 수 있을까? 국민들은 스스로 나라를 지키자는 자주국방에 대해 관심조차도 없다. 또한 우리의 생존을 위해 과감하게 자신의 지갑을 열 의지도 없는 듯하다.

깨끗한 병영 식당과 풍족한 보급 지원으로 복무 만족도를 높인다

다음날 이른 아침 독일군 병영식당(후보생 및 병사들이 공동 사용)에서 식사를 했다. 깨끗하고 쾌적한 대형 식당에 메뉴도 푸짐하다. 갓 구워낸 말랑말랑한 독일식빵, 소세지, 쇠고기 구이, 계란찜, 싱싱한 야채샐러드, 요구르트, 과일, 우유, 쥬스 등 시내 어떤 식당과 비교해도 손색이 없을 정도로 훌륭하다. 이렇게 영양가 있는 식사로 인해서인지 삼삼오오 자유롭게 식사하는 후보생들의 체격들은 대부분 건장하고 키가 커서 은근히 우리들에게 위압감을 주었다.

그러나 '작은 고추가 맵다'는 우리 속담이 있듯이 동반한 한국 대학생 P군과 육사생도 A군은 조금도 기죽지 않았다. 적어도 식사만큼은 뒤지지 않겠다는 각오로 거인들 속에 파묻혀 악착스럽게 그들보다 더 많은 음식을 먹어치웠다. 한술 더 떠서 A생도는 "필요하시면 점심 식사용 빵과 과일을 마음껏 포장해 가셔도 괜찮습니다."라고 한다.

늠름한 한국대학생(좌)과 육사생도(우) 모습

튼튼한 경제력이 뒷받침되는 독일 병영의 여유 있는 분위기를 그대로 전해 주는 듯하였다.

모병 병사들에게 주어지는 다양한 인센티브

모병제도이지만 독일군 병사들의 급여는 생각 외로 높은 수준은 아니었다. 1년 정도 근무한 병사 월급이 1,086유로(한화 약 150여 만 원) 수준. A생도 말에 의하면 독일의 일반적인 봉급생활자들은 월급에서 엄청난 세금을 공제하지만 병사들은 형식적인 극히 적은 세금을 부과한다고 하였다. 아마 이런 제도적 보완책으로 병사들의 실질 급여를 보전해 주고 있는 듯 했다.

또한 직업군인에 대한 다양한 인센티브로 청년들을 군으로 끌어들였다. 예를 들면 무료 의료혜택, 해외파병시 국내 급여의 2배 지급, 전역 후 1년까지 실업수당 제공, 기혼자 주택제공, 여행 시 교통비 할인쿠폰

PKO활동 대비 테러 의심차량 수색훈련 중인 영국군

알사스 로렌 독일국경지역의 프랑스군

지급, 자녀보조금 중복 지급(정부지원을 이중으로 받음), 전역 후 취업 지원 등이다. 이런 제도적 지원을 돈으로 환산하기는 어려웠으나 독일 정부 차원에서도 정예병을 육성하려고 애쓰는 흔적은 역력했다. 이런 노력에도 불구하고 병사들의 모병 경쟁률은 높지 않은 듯 했다.

오래 전 프랑스와 영국의 병영을 방문했을 때도 비슷한 느낌을 받았다. 특히 독일 국경지역에 있는 프랑스 제1 보병연대 병사들의 격투기와 건물 작전 시범은 한국군 훈련수준과 비교한다면 어린 아이 장난과 같았다. 유럽 각국 군대의 주임무는 대테러작전이나 PKO 파병이다. 남북 쌍방 200여만의 대군이 순간적으로 충돌할 수 있는 한반도의 안보상황과는 너무나도 다른 현실을 느낄 수 있었다. 또한 유럽 각국은 30대를 훨씬 넘긴 사람들과 이민족 청년들도 모병대상에 포함시키고 있다. 결국 '대규모 전면전은 이미 프랑스 · 독일 · 영국에서는 더 이상 있을 수 없다'는 전제하의 유럽군대와 한국군의 성격은 다를 수밖에 없었다.

연합군 폭격으로 전도시가 초토화된 비극의 드레스덴

이곳 드레스덴은 제2차 세계대전 시 가장 민간피해가 많았던 대표적인 도시다. 1945년 2월 13일부터 2월 15일 까지 미 · 영 연합군 공군은 독일의 드레스덴에 대규모의 폭격을 가했다. 총 4,900 여대의 폭격기로 650,000 여개의 소이탄이 포함된 3,900 톤의 고성능 폭탄을 이 도시에 퍼부었다. 그 결과 독일 작센주의 주도이자 바로크 문화로 빛났던 드레스덴은 초토화되면서 25,000 여 명의 시민들이 목숨을 잃었다.

당시 폭격의 현장을 경험했던 생존자 마거렛 프레예씨의 증언이다.

2월 14일 이른 아침, 드레스덴의 도심부는 1,500°C가 넘는 온도의 화재 폭풍에 휩쌓였다. 갑자기 내 옆에서 아기를 안고 있는 여자가 나타났다. 그녀는 달리다가 넘어졌고, 그 아이는 그대로 아치문 안의 불속으로 날아갔다. 다시 오른쪽에서 다른 사람들을 보았다. 그들은 겁에 질렸고 손짓으로 무엇을 말하려고 하다가 쓰러졌다. 소이탄 폭발에 따른 산소부족으로 그들은 죽었으며 곧 불에 타서 재로 변해 버렸다." 아직까지 정확한 사망자의 수는 밝혀지지 않았으며 1966년 도시재건을 위한 공사 도중에 1,858구의 희생자가 한꺼번에 발견되기도 했다.

과거를 참회하고 전쟁의 참상을 알리는 드레스덴 군사박물관

제2차 세계대전 당시 연합군의 대규모 공습으로 파괴됐던 '독일의 히로시마' 드레스덴에는 전쟁 참화를 잘 설명해 주는 군사박물관이 있다. 독일 정부는 제2차 세계대전을 반성하는 의미로 1870년대 적센

드레스덴 군사박물관

왕국시절의 병기창 건물을 약 850억 원을 들여 박물관으로 개조했다.

이 박물관의 디자인은 폴란드 유대인 출신 다니엘 리베스켄트가 맡았다. 그는 홀로코스트 생존자인 부모로부터 전쟁에 대한 이야기를 들으며 성장했다. 박물관의 내부에는 1800년대 작센 왕국시대부터 최근까지의 군사 물품 총 7,000여 점이 전시되 있다. 내부 디자인도 외양과 동일하게 독일의 반성과 전쟁의 참상을 컨셉으로 삼았다. 이곳 직원의 말을 빌리면 "런던과 파리의 군사박물관은 전쟁에 대한 경의를 표하는 공간에 가깝지만 이곳은 전쟁의 고통을 증언하는 공간"이라고 했다. 박물관의 한 층은 제2차 세계대전으로 폐허가 됐던 독일의 드레스덴, 폴란드의 비엘루, 네덜란드의 로테르담 등에서 가져온 돌들로 장식했다.

Trip Tips

박물관 내부를 걷다보면 맨 꼭대기에 이르게 되며 지붕 밑은 '전쟁과 기억'의 공간이라고 불린다. 톰 크루즈가 주연한 영화 〈작전명 발키리(2008)〉 세트장을 그대로 전시하고 있다.

이 영화는 히틀러를 암살하고 나치 정부를 전복하려는 계획이었다. 히틀러와 나치의 광기에 온 나라가 도취했던 과오를 잊지 않겠다는 각오를 담았다고 한다.

드레스덴 독일군 육군장교학교

독일 육군장교학교는 독일 동부 작센주(Sachsen)의 주도인 드레스덴(Drebden)이라는 도시에 위치한다. 19세기 말에는 작센의 군대왕 알버트(Albert: 1873-1902)에 의해서 드레스덴은 독일 내에서도 가장 큰 군대 주둔지로 성장하였다. 2차 세계대전 이후, 구동독연방에 편입된 드레스덴은 베를린 다음으로 큰 도시로 발달하였다.

독일 육군장교학교는 그 역사가 19세기 말부터 시작하게 된다. 최초에는 작센왕국의 생도학교(Kadettenschule)로 출발하여 제1차 세계대전 이후에 해체되었다. 1926년에는 독일군 보병학교가 이곳에 세워졌으며 롬멜장군이 교관으로 근무하며 《롬멜 보병전술》을 집필하기도 하였다. 1935년에는 장교 전문 양성학교인 전쟁학교(Kriegsschule)로 개편되어 우수한 독일군 장교들을 교육했다. 그러나 2차대전이 끝난 후 소련군이 주둔하면서 전쟁학교는 해체되고 인민경찰학교로 활용되었다.

1990년 통독 이후 이 군사 시설들은 이용되지 않아 황폐화 되었다. 그러나 1997년 독일 육군장교학교가 하노버에서 드레스덴으로 이전하면서 다시 과거의 군사시설들이 활용되기 시작하였다. 현재 장교학교 및 기숙사로 사용하고 있는 건물과 부지는 예전 규모의 1/10에 불과하다고 하니 예전의 영광을 미루어 생각해 볼 수 있다.

드레스덴 독일 육군장교학교 정문

바다의 늑대!
독일 U-boat 박물관 답사기

독제자 히틀러의 희생양 잠수함 승조원들~

오대양을 주름잡던 U-boat 한적한 해변에 쓸쓸히 누워있다

1940년 10월 17일 07:00 경! 함장 하인리히 소령이 지휘하는 독일군 잠수함 U-48호. 어제밤 이 잠수함은 북대서양 연합군 수송선단에 뛰어들어 1만 톤급 유조선 1척과 상선 1척을 어뢰로 순식간에 격침시켰다. 유유히 수면 아래 깊숙한 곳으로 몸을 숨긴 바다의 늑대 U-48호 승조원들은 승전의 파티를 마음껏 즐겼다. 그리고 다음 날 아침 또다른 먹잇감을 찾기 위해 수면 위로 고개를 내밀었다.

아뿔사, "적기출현! 적기출현!"이라는 함교 견시병의 자지러지는 고함소리와 함께 3명의 당직병들은 짐짝처럼 선실 안으로 떨어졌다. 방수 헷치가 닫히기도 전에 영국 대잠초계기는 기다렸다는 듯이 2발의 폭뢰를 떨어뜨렸다. 어제 수송선을 격침시킨 이 늑대를 찾기 위해 초

계기들은 밤을 새워가며 교대로 바다 위를 감시하고 있었다.

순식간에 잠수함 선체는 크게 흔들렸고 실내전등이 꺼짐과 동시에 쌓아두었던 짐짝들이 와르르 쏟아져 내렸다. "긴급 잠항! 긴급 잠항!" "현재 심도 80m, 100m, 150m……200m… 바닥에 착지!"

음파 탐지병이 숨 넘어 갈 듯이 긴급하게 하인리히 함장에게 보고한다. "함장님! 초계기 연락을 받은 영국 구축함 수 척이 머리 위에 도착했습니다." 곧 이어 잠수함을 찾기 위해 구축함에서 쏘아대는 '핑-핑-'하는 소나 소리가 기분 나쁘게 함내에 울려 퍼진다. 벌써 안전 잠수심도 100m를 넘어선 잠수함은 금방이라도 찌그러질 듯이 '뿌지직- 뿌지직-' 거린다. 함장 입술은 바싹바싹 타들어간다. 바다 최저 수심에 납작 배를 깔고 붙어있는 U-boat는 더 이상 움직일 수도 없다.

간간히 주변에서 터지는 폭뢰로 선체는 금방이라도 깨질 듯이 좌우로 요동친다. 이윽고 입술을 지그시 깨문 하인리히 소령은 전 승무원들에게 드러누워 조용히 취침할 것을 명령한다. 이미 잠수함 내부의

독일 키일항의 U-보트 박물관

공기는 탁해지면서 질소 농도가 위험 한계치에 근접했다. 승무원들의 의식은 몽롱해져 가고 있었다.

그러나 잘 훈련된 장교들은 산소통을 들고 수시로 자리를 옮겨가며 승무원들을 격려하며 의식 상태를 확인한다. 가장 두려운 것은 폭뢰 충격으로 선체에 조그마한 균열이 생기는 것이다. 그러면 이 잠수함은 수심 200m의 엄청난 수압으로 산산조각이 나는 것이다.

이런 극한 상황에서도 하인리히 소령과 승무원들은 무려 10여 시간 이상을 버티었다. 부하 승무원들의 평균 연령은 불과 19세! 영국 대잠 초계기와 구축함들도 초인적인 U-boat 승무원들과의 버티기 시합에 결국 굴복하고 잠수함 수색을 포기하고 말았다. 오늘 날 까지도 제2차 세계대전 잠수함 전투사에서 U-48 승무원들의 이야기는 전설처럼 인용되고 있다.

이런 독일군 U-보트의 활약으로 제2차 세계대전을 통해 총 2,603척 1,350만톤의 연합국 상선과 175척의 군함이 바다속으로 수장되었다.

좁은 내부와 열악한 잠수함 생활, 참전 승무원의 75%가 전사·포로

독일 북부지역에 위치한 키일(Kiel)항! 이 도시는 독일 슐레스비히흘슈타인주의 주도(州都)이다. 함부르크에서 자동차로 약 3시간 정도 달려 U-boat 박물관에 도착했다. 바닷가에 전시되어 있는 잠수함은 옛날 강성했던 독일 제국을 상징하듯 웅장했다. 그러나 주변은 너무나 황량하고 찾는 관광객도 거의 눈에 보이지 않았다.

1, 2차 세계대전 기간 동안 U-boat는 연합군을 공포에 떨게 하며 맹활약을 했다. 그러나 오늘날 전범 국가의 잠수함이라는 오명을 뒤집어 쓴 탓인지 U-boat 조차도 숨을 죽여 가며 말없이 갯벌에 누워

있다. 계단을 통해 잠수함 내부로 들어갔다. 흡사 거인 나라의 큰 통조림 깡통 안으로 들어가는 기분. 실내 구조도 비교적 단순하다. 함장실, 잠망경실, 조타실, 승무원 침실겸 어뢰실 그리고 엔진실 등으로 구성되어 있었다.

다른 국가의 잠수함 박물관과는 다르게 독일 해군의 구체적인 활약상이나 전승 기록 등은 어느 곳에서도 찾아 볼 수 없다. 하기야 독일군 활약상을 홍보한다는 자체가 전쟁 피해국가 입장에서는 정말 기분 나쁜 일이 될 것이다. 마침 견학을 온 독일 꼬마는 승무원들의 일상사를 기록해 둔 전시물을 유심히 지켜본다. 이런 잠수함을 견학하며 이 아이는 무엇을 생각할까? 자기 선조들의 과거의 영광을? 아니면 전쟁 중에 겪었을 선조들의 고통을?

전쟁 중 독일 U-boat의 활약상을 보여주는 좋은 사례가 있다. 1940년 대 부터 유럽 인근 대서양에서 주로 작전을 하던 독일 잠수함들이 1942년대에는 북미와 남미대륙에 까지 작전 영역을 확장했다. 미국 동해안의 경우에는 7척의 독일 잠수함이 숨어 있었다. 1942년 1월과 2월

승무원 침실겸 어뢰보관실

에 이 7척의 잠수함들이 무려 130척의 연합군 선박을 격침시켰다.

또한 제2차 세계대전 중 독일은 일본 잠수함과 협력이 가능한 동아프리카와 인도양까지 U-boat 작전범위를 넓혔다. 말라카 반도 페낭에 독일 · 일본 연합 잠수함 기지를 건설했다. 1942년 중순 U-boat는 북미 동해안에 21척, 멕시코 만에 15척, 카리브해에 12척, 서인도제도에 11척, 북대서양에 8척, 대서양 중앙에서 15척이 작전했다. 1942년 1년동안 독일 잠수함이 격침시킨 연합군 선박은 총 1,160척으로 630여 만 톤에 달했다.

명예를 인정받지 못하는 전범국가 참전자들의 서러움

1, 2차 세계전쟁을 통해 수많은 독일 잠수함 승무원들이 전사했다. 특히 2차 대전 초기에는 독일 육군과 공군의 화려한 전격전으로 인해 히틀러는 해군의 중요성을 인정하지 않았다. 독일군은 해군을 '서자(庶子)'처럼 다루었다. 더구나 해군 내에서도 잠수함대는 그 가공할 잠

스칸디나비아 대륙행 크루즈선

재력에 비해 합당한 대접을 받지 못했다. 그 원인은 잠수함이 독일 해군 전함 비스마르크나 순양함 샤른호르스트처럼 위풍당당한 모습을 보여주지 못했기 때문이다. 따라서 제3제국(나치독일) 군대의 위용을 온 세상에 과시하고 싶은 히틀러의 눈에 차지 않았다.

그러나 걸출한 해군제독 되니츠의 활약으로 나중에 히틀러는 U-boat를 100척까지 늘려주기로 약속했다. 그리고 되니츠는 뒤이어 '늑대떼 전술'을 개발하여 연합군의 수송전단에 치명적인 타격을 입히게 된다. 후일 되니스 제독은 "만약 200척의 U-boat가 있었다면 영국대륙으로 가는 수송선을 완벽히 차단할 수 있었고, 300척이 있었다면 이 전쟁을 승리로 이끌 수도 있었다."라고 술회했다.

오늘날 암흑 같은 바다 속에서 목숨을 걸고 사투를 벌였던 U-boat 승무원들의 공적을 기리는 흔적은 어느 곳에서도 찾아보기 어렵다. 단지 전쟁사를 연구하는 일부 역사학자나 군사 매니아들만이 간간히 그들의 투혼을 책이나 영화로 전하고 있을 뿐이다.

U-boat 박물관에서 멀지 않은 곳에 1, 2차 세계대전 전몰자 추모탑이 덩그렇게 솟아 있다. 마침 키일(Kiel)에서 출항하여 스칸디나비아 대륙으로 항해하는 대형크루즈선이 수시로 이 박물관 근처로 지나고 있었다. 동행한 J소령 말에 의하면 "많은 독일 청년들의 꿈이 틈틈이 저축하여 모은 돈으로 저 크루즈선을 타고 밤새도

제1 · 2차 세계대전 전몰자 추모비

록 즐겁게 놀면서 스칸디나비아 국가로 여행가는 것"이라고 하였다. 반세기 전, 수많은 그들의 선조들이 처참한 전쟁에서 안타깝게 목숨을 잃은 역사를 기억하는 후손들은 거의 없는 것 같았다.

'어뢰에 맞아 처참하게 불타는 수송선, 곧이어 소리소리 지르며 달려오는 구축함, 폭뢰, 물속 깊은 곳으로 숨을 헉헉거리며 도망치는 U-boat!…' 잠수함 밖으로 나오면서 이런 상념들이 머릿속을 스쳤다. 진정으로 이런 참혹한 전쟁의 역사가 두 번 다시 이 지구상에서 일어나지 않기를 바라는 간절한 염원과 함께 발길을 돌렸다.

냉전의 증인
베를린 체크 포인트 박물관

목숨 걸고 탈출한 동독인들의 생생한 사연

공산 치하를 탈출한 동독인들의 피눈물 나는 사연

베를린 중심부를 걷다보면 시내 분위기와는 전혀 어울리지 않게 성조기나 구 소련기를 들고 있는 군인들의 모습이 간간이 보인다. 냉전시대 자유진영과 공산진영이 첨예하게 대치했던 현장이 바로 이곳 베를린이었기 때문이다. 이미 통독이 된지 20년이 훌쩍 넘었다. 1945년 제2차 세계대전이 끝난 이래 독일은 약 45년간 분단국가였다. 그로 인해 생긴 처절한 사연들을 박물관이나 사건 현장에서 사진, 조형물로 쉽게 볼 수 있다.

동·서독 분단역사를 실감있게 재현한 곳이 바로 Check Point 찰리검문소 박물관(Haus am Checkpoint Charlie)이다. 현지에서는 통상 '체크포인트 찰리'로 통한다. 이곳은 과거 동·서베를린 통행로상의 미군검문

소련군과 미국군의 기수복장을 하고 베를린 중심부에 서있는 전경

소였다. 한국의 판문점과 비슷한 곳이다.

　박물관 전시물은 독일 분단과 통일 과정 등을 상세하게 설명한다. 그리고 공산치하의 동독인들이 기발한 방법으로 서독으로 탈출한 사건들에 대해 각종 전시물과 함께 증언하고 있다. 예를 들면 탈출 수단으로 두 가족이 함께 탄 열기구, 모터를 단 거대한 연, 자동차 엔진룸 개조 심지어 쇼핑백까지도 이용했다. 숨 막히는 공산체제하에서 자유를 갈망하는 동독 주민들의 처절하고 절박했던 심정을 생생하게 느낄 수 있다.

　이곳을 방문하면 제2차 세계대전 이후 지구 곳곳에 소련이 뿌려 놓은 공산주의 악령이 얼마나 많은 사람들에게 고통과 절망을 주었는지 금방 깨달을 수 있다. 따라서 1945년 한반도 분단 이래 현재까지 북한 주민들이 공산체제에서 어떤 수난을 받고 있는지도 익히 짐작할 수 있다.

체크포인트 찰리 박물관 입구 전경

동독인이 엔진룸을 개조하여 탈출 수단으로 사용한 자동차

소련 서베를린 봉쇄 대응 필사적인 서방국가의 공수작전

1946년 이후 패전국가 독일의 미래에 대한 미국 · 소련을 포함한 연합국 외무장관 회의가 수차례 열렸다. 흡사 해방정국에서 한반도 미래에 관한 모스크바 3상회의나 서울 미 · 소 공동위원회 개최와 너무나 유사했다. 그러나 이미 냉전과 동시에 이념을 달리하는 소련과의 회담은 합의점을 찾을 수가 없었다.

1948년 런던 외무부장관 회의가 결렬되자 소련은 서독과 서베를린의 통로를 막았다. 소련 봉쇄정책에 대항해 서방연합군은 매일 60~100톤의 물자를 서베를린으로 공수했다. 생필품 수송은 주로 민간 항공기에 의해서 이루어졌고 연합군은 안전한 운항을 위해 공군기를 동원하여 호위했다. 좁은 공역과 소련군 위협에 조종사들은 목숨을 걸어야 했다. 당시 서베를린 시민들은 서방 항공기들을 '자유의 종(Liberty Bell)'이라고 불렀다.

소련의 서베를린 봉쇄작전(The Berlin Blockade)은 1948년 6월 24일부터 1949년 5월 12일 까지 장장 322일 간 계속된다. 자유진영 국가들과 서베를린 주민들을 경제적 · 정치적으로 굴복시키려고 소련은

서방 항공기에 대해 열광하는 서베를린 시민들

서베를린의 모든 육로와 해로를 봉쇄했다. 그러나 서베를린 시민들은 결코 소련의 야만적인 행동에 굴복하지 않았다.

미국을 포함한 서방국가들은 엄청난 항공기를 동원했다. 매 1분 간격으로 2대의 항공기가 서베를린 공항에 착륙했다. 이 작전기간 중 70명의 항공승무원과 8명의 지상근무요원이 목숨을 잃었다. 결국 소련은 봉쇄작전을 시작한지 322일 만에 서방국가에 무릎을 꿇었다.

역사적 교훈을 잊지 않는 베를린의 냉전시대 박물관

1953년 6월 17일, 동독 701개의 도시와 마을에서 공산정권에 반대하는 저항운동이 일어났다. 시위자들은 노동자들에게 부과되는 과중한 생산목표반대와 정치범 석방을 요구했다. 또한 그들은 공산정권 교체, 자유선거, 독일통일을 주장했다. 소련은 이 저항운동에 비상계엄 선포로 대처했다. 그리고 탱크와 경찰력으로 무자비하게 시위대를 진압했다. 이 비상계엄은 동독지역에서 오랫동안 계속 되었다.

1950년대 체코, 헝가리, 폴란드 등 많은 소련 위성국가에서도 이같은 반소(反蘇) 운동이 수시로 발생하여 세계 언론을 집중하게 만들었

1953년 6월 동독주민들의 반공시위 모습

다. 박물관 전시물은 소련 강제수용소의 인권탄압 사례를 다음과 같이 생생하게 전하고 있다.

제2차 세계대전이 끝나자마자 소련 비밀경찰과 동독 인민위원회는 점령지역에 특별 수용소를 설치하고 엄청난 수의 독일인들을 수감했다. 이런 수용소는 과거 유대인 수용소를 활용하기도 하고 일부는 전범 수용시설을 이용했다. 수용자 일부는 왜 소련군에게 체포되었는지도 모르는 경우가 허다했다. 수천 명의 사람들이 적절한 식료품 공급이나 의료 시설도 없는 곳에 수용되어 고통을 받았다.

1945년에서 1950년 사이, 약 123,000명의 수감자 중 43,000명이 목숨을 잃었다. 이 수감자들은 독일 · 백러시아 · 우크라이나 · 폴란드 · 헝가리 · 리투아니아 · 에스토니아 등 다양한 국적의 사람들이 포함되어 있었다. 이와 같은 강제 수용소에서의 참상을 폭로하고 인권 보장을 요구하는 '반인륜 반대단체(Action Group Against Inhumanity)'에서 900,000여 통의 항의서한을 1950년대 말까지 소련에 발송했다(출처: 체크포인트 찰리 박물관 German Red Cross 전시물).

1945년 한반도 분단 이후 북한의 소련군 군정 상황과 똑같아

1945년 8월 한반도는 일제 치하에서 해방되었으나 38선을 중심으로 남북이 분단된다. 당시 북한은 소련군정 치하에 있었고 김일성은 스탈린의 꼭두각시 노릇을 하며 공산정권을 수립했다. 숨 막히는 공산 정권에 반대하는 수많은 반공인사들은 체포되어 소련 수용소로 끌려갔다. 독일 패망 후 동독 정치 상황은 당시 북한과 너무나 흡사했다.

한반도에서 소련군과 공산정권에 반대하여 신의주 학생 의거 등 수

많은 북한의 민중운동이 있었다. 그러나 소련 전투기와 탱크에 의해 무자비하게 진압되었다. 또한 체포된 반공인사들은 대부분 소련 수용소로 끌려가 현재까지 생사를 알 수가 없다. 지구 반대편 동유럽 지역에서도 공산주의자들의 만행은 판에 박은 듯 똑같았다.

냉전체제 붕괴 이후 베를린에서는 과거 공산주의자들의 악행이 명명백백히 들어나 Check Point 찰리 박물관에 수많은 증거들이 제시되어 있다. 베를린을 여행하는 많은 한국의 여행객들도 이곳을 방문하고 있다. 그러나 참혹했던 한반도 냉전상황에서의 역사 교훈을 깨닫는 한국인들은 많지 않은 듯 했다.

왜냐하면 최근 한국 역사교과서 현대사 분야 논쟁을 보면 금방 알

통독에 열광하는 동서독 시민들

수 있다. 즉 역사교과서에서 해방정국 당시의 소련이나 공산주의자들의 만행을 적나라하게 언급하는 것은 철저하게 금기시 하는 것이 불문율로 되어 있다. 복잡한 이념 문제를 따지자고 하는 것이 아니다. 이런 박물관에서 역사적 사건을 확인하면 공산주의자들이 인류사에 끼친 수많은 반인륜적인 해악에 대해 상식을 가진 사람들은 금방 깨달을 수 있다.

그럼에도 불구하고 아직도 한국에서는 공산주의자들의 역사적 만행을 비판하면 '수구 골통'으로 매도되는 사회적 분위기를 필자는 도저히 이해할 수가 없다. 더구나 지구 반대편 냉전이 해체된 독일조차도 과거 역사를 이렇게도 생생하게 전하고 있지 않은가?

100만 대군이 휴전선을 중심으로 첨예하게 이념적으로 대치하고 있는 한반도!

공산주의 악령이 지배하고 있는 북한에서의 소련의 과거 만행을 역사적 교훈 차원에서도 신세대는 기억하고는 있어야 할 것이다. 그러나 해방정국에서 공산주의자들의 잘못을 입도 벙긋 못하게 재갈을 물리는 대한민국 역사교육이 과연 정상이라고 할 수 있는가?

찰리(Checkpoint Charlie) 박물관 설립 유래

1961년 베를린 장벽이 세워진 뒤 베를린의 동·서를 왕래하는 외국인들은 미군 검문소 체크포인트 찰리를 지나야 했다. 이 검문소는 1989년 베를린 장벽이 무너질 때까지 동베를린을 탈출하려는 사람들에게 자유를 상징하는 곳이 있다. 동독을 탈출하려는 많은 사람들이 동독 국경수비대의 총에 맞아 목숨을 잃었다. 이 박물관은 1962년에 처음 문을 열어 베를린 장벽이 낳은 갖가지 비극과 동독 경비대의 만행을 자료로 모아 전시했다. 특히 이 박물관을 처음 세운 사람은 라이너 힐데브란트(Lainer Hildebrandt)라는 여성인데 그의 남편은 제2차 세계대전 시 나치에 저항하다가 수용소에 1년 반 동안 수감되어 있었다. 전쟁 후 그의 남편은 또 다시 동독의 독재정권에 맞서기 위하여 현 박물관 근처에 방 2칸을 얻어 전시 공간을 확보하였다.

이렇게 출발한 박물관은 통독 이후 베를린의 관광 명소로 자리 잡으면서 1년에 약 60만 명 이상의 사람들이 방문하고 있다. 1989년 베를린 장벽이 철거될 때까지 약 30년 동안에 베를린 장벽을 넘어 탈출에 성공한 동독인은 약 5천여 명에 이른다. 또한 탈출 간에 경비병의 총에 맞아 숨진 인원도 약 200여 명으로 알려져 있으나 정확한 숫자는 아니다. 체크포인트 찰리 박물관 앞에는 어른 키 높이의 십자가 1,065개가 서 있다. 이 십자가들은 동독을 탈출하다가 희생된 넋들을 기리고 있다.

베를린 유대인 학살박물관

참회하고 또 참회하는 독일인들!

┌─ **Trip Tips** ─────────────────────────────────

 베를린의 어느 한국인 민박집. 이런 민박집은 한국음식이 제공되고 실질적인 여
 행정보도 쉽게 얻을 수 있어 여행객들에게 인기가 좋다.
└───

　베를린에는 꽤 많은 한인 민박집들이 있다고 한다. 마침 이곳에서 아르바이트를 하고 있는 한국계 독일청년을 만났다. 한국어는 약간 어눌하다. 개인의 가족사를 묻는 것이 실례가 될 것 같아 화제를 다른 곳으로 돌렸다.

　그 청년은 독일군 현역병사로 9개월 복무한 경험이 있었다. 전차부대에 근무하였으며 한국군에 대해 많은 관심을 가지고 있었다. 일반적으로 독일 젊은이들은 현역 복무보다 사회봉사요원 근무를 대체로 선호한다. 그러나 구 동독 출신 청년들은 대부분 현역 입영을 희망한단다. 과거 공산 체제의 군인 우대정책 영향인 것 같았다. 현역 복무

베를린 유대인 학살박물관 전경

자들은 제반 의식주를 국가에서 제공하기 때문에 사회 봉사요원보다 월급이 절반 정도 밖에 되지 않았다(2010년 기준 현역은 월 400 유로, 사회봉사요원은 월 800 유로 수준). 물론 지금 독일의 병역제도는 모병제다.

이 청년 역시 과거 독일이 제2차 세계대전을 일으켜 전 인류에게 씻을 수 없는 상처를 주었다는 역사를 너무나 잘 알고 있었다. 전쟁박물관에 가고 싶다고 하니 주저 없이 유태인 학살 박물관과 베를린 지하땅굴 방문을 권유한다. 어렸을 적부터 역사 반성교육 과정 차원에서 관련 박물관을 수차례 방문한 경험이 있었다고 한다.

민박집 여주인까지 대화에 끼어들면서 자연스럽게 열띤 미니 역사세미나가 개최되었다. 제2차 세계대전 후 독일은 전범 국가로서 철저하게 잘못된 역사 과오의 내용을 후손들에게 교육시키고 있다. 심지어 전쟁이 끝난 후 법적으로 '히틀러'라는 성씨 자체를 쓰지 못하도록 했다. 아울러 전후 70여 년이 지나 유대인 학살피해자 보상 법적 시효가 끝났음에도 불구하고 누락자가 있는 지 재차 파악하여 독일 정부차원에서 그들에게 추가 보상을 하고 있다.

이에 비해 일본은 독일과 똑같은 전범 국가이지만 자신들의 역사까지 왜곡 하며 과거의 잘못을 변명하기에 급급하다. 이런 사례를 독일과 비교해 가며 동석했던 한국인들은 일본의 파렴치성에 대해 다 같이 분노하기도 했다. 그러나 인류 역사는 강자에 의해서 만들어지며 약소국은 그저 강국의 눈치만 보아야 한다. 단지 힘없는 나라들은 마음속으로만 억울한 분노를 삭이는 것이 과거나 현재나 마찬가지

베를린 중심부의 유대인학살박물관 (좌우 건물)

인 것 같다.

베를린 중심부에 선조들의 죄상을 적나라하게 제시

　베를린 지하철 6호선 코치스트라세(Kochstrasse) 역 부근에는 유대인 학살 박물관(Judisches Museum Berlin)이 있다. 그 박물관은 2개의 큰 건물로 분리되어 있다. 제1관은 2,000여 년의 독일 유대인 역사를 한 눈에 알아 볼 수 있는 기념관이며 제2관은 전쟁 중 학살된 600만 유대인의 추모공간이다. 왜 히틀러는 그렇게도 광적으로 유대인들의 학살에 매진했을까? 또한 당시 독일인들은 유대인, 집시, 동성애자 등을 학살하는 일에 아무런 죄의식을 느끼지 않았을까?

　그 이유는 라퐁텐의 이런 우화에서 독일인들의 심리를 알 수 있을 듯 하다.

동물나라에 오랜 가뭄이 들자 회의가 열렸다. 이 가뭄의 이유는 여러 동물들이 잘못을 저질렀으니, 각자 자신의 죄를 참회하기로 하였다. 제일 먼저 맹수의 왕인 사자부터 자신이 저지른 커다란 잘못을 고백했다. 그 뒤로 힘이 센 동물 순서대로 참회했다. 모두 그럴 수 있다며 서로를 위로해 주었다. 하지만 맨 마지막에 당나귀가 너무 배가 고파 다른 동물의 건초를 훔쳐 먹었다고 하자, 동물들의 태도가 달라졌다. 동물나라 흉년의 원인이 당나귀 때문이라고 외쳐 댔다. 그리고 당나귀는 그들의 희생양이 되었다.

이 우화에서 히틀러 시대의 독일 분위기를 상상할 수 있다. 제1차 세계대전의 패전으로 독일 사회는 피폐했고 국민들의 욕구 불만은 폭발 직전 이었다. 이때 히틀러를 비롯한 독일 상류층이 유대인 때문에 독일 경제에 문제가 발생했다고 말하자, 대다수 중하층민은 유대인을 학살하는 행동대원이 되었다. 그 당시 많은 독일 사람들은 유대인이 생산적인 일을 하지 않고 상업에 기생하면서 돈을 번다고 생각했다.

그러나 당시 유대인들은 어떤 나라에서도 오래 살지 못하고 계속 쫓

개스실 입구와 학살자 해골을 형상화한 전시물

겨나서, 생산적인 일을 맡을 처지가 되지 못했다. 이런 이유로 인하여 유대인들은 유럽의 많은 나라에서 배척당하고 끝내 히틀러에 의해 수백만 명이 학살당하는 비극적인 운명을 맞이하게 되었다.

박물관의 홀로코스트 타워(Holocaust Tower)에 들어서면 숙연한 분위기에 관람객들은 자연스럽게 옷깃을 여미게 된다. 24m 높이의 석탑 사이로 빛줄기만 내리고 인공조명은 물론 난방이 되지 않아 을씬스러운 느낌을 준다. 49개의 사각기둥이 질서정연하게 늘어서 있다. 기둥 사이사이를 천천히 걸으며 인간의 사악한 본성과 대중의 우매함을 관람객 스스로 생각하게 만든다.

더구나 통로 옆에 전쟁과 폭력으로 희생된 이름 모를 유대인들의 얼굴 형상이 만여 개의 금속으로 만들어져 바닥을 가득 채우고 있다. 그 통로의 끝 부분에는 개스실을 형상화 해 두었다. 전쟁 당시 개스실 입구에서 죽음의 공포에 떨어야 했던 유대인들의 고통을 잘 나타내고 있다.

이 박물관이 도시의 중심부에 건립될 당시 일부 베를린 시민들은 반대했다고 한다. 독일정부가 전력을 다해 과거사를 속죄하고 피해보상을 해 왔는데 또다시 이런 추모시설을 만들어야 하는가에 대한 논란이었다. 그러나 독일 정부는 진정성 어린 과거의 잘못된 역사를 결코 되풀이하지 않겠다는 의지를 표명하는 차원에서 이 추모 시설은 만들었다고 한다.

독일과 일본의 역사인식은 하늘과 땅 차이

전사적지 답사를 하다가 가끔씩 전쟁사에 관심이 많은 독일인과 일본인들을 만나기도 한다. 이들과 함께 독일과 일본의 과거사에 대해 이야기를 나누면 역사인식의 차이를 확연하게 느낀다. 교양 있는 독일인 대부분이 히틀러와 선조들의 전쟁 책임을 100% 인정한다. 또한 과거사에 대한 반성을 주저하지 않는다.

그러나 대부분의 일본인들! 원래부터 이들은 사악한 본성을 가졌는지 아니면 어린 시절부터 철저하게 왜곡된 역사교육을 받았기 때문인지는 모르겠다. 일본 여행객들 중 주변 아시아 민족에게 저지른 자신들의 선조 과오에 대해 속 시원히 반성하는 사람을 단 한사람도 보지 못했다. 심지어 전쟁사를 수십 년 동안 연구했다는 일본 대학교수 조차도 한심하기는 마찬가지였다.

예들 들면 그는 1937년 12월, 중일전쟁 당시 남경 대학살을 이렇게 주장했다.

남경시민 사망자는 국제사회가 주장하는 30만 명이 아니라 12,000여 명에 불과하다. 그것도 일본군이 시민들 속에 섞여있는 중국군 패잔병과의 혼전 중

유대인 수용소에서 연합군에게 구조된 수감자들 모습

에 일어난 불가피한 상황이었다. 당시 잘 훈련된 일본군들은 최대한 남경시민들을 보호하려고 노력했다. 이런 사실은 자신이 직접 수많은 남경전투 참전군인 면접조사에서 확인한 사실이다.

　지나가는 소가 듣고도 웃을 일이다. 명색이 전쟁사 교육의 세계 최고의 권위를 자랑하는 영국 런던 킹스 칼리지(King's College) 교환교수로 있는 일본인의 역사인식이 이 지경이니 무슨 말을 하리요. 또한 일부 박물관에서 만난 일본 학생들은 아시아지역의 과거사에 대해 대부분 무관심하다. 따라서 왜 한국·중국 그리고 태평양 전쟁 참전국들이 일본의 과거사를 신랄하게 비판하고 있는지를 전혀 이해하지 못하는 듯 하였다.

　더구나 일본 최고의 명문대학에서 교육받은 아베 수상의 최근 일본군 위안부 망언을 지켜보면 과연 정치적 목적에서 저런 말을 할까? 아니면 진심으로 그의 역사인식을 표출하는 것일까? 궁금하기도 하다. 추정컨대 이미 아베 수상이 어렸을 때 교육과정에서 철저하게 왜곡된 일본 역사교육을 받았을 것이다. 따라서 수시로 일제침략 및 위안부 망언 등 한국인들의 염장지르는 소리를 자기 확신을 가지고 이야기하는 것 같은 느낌을 지울 수가 없다.

　그러나 답사 중 얻은 단순한 결론 하나! "어떤 국가든 만약 어쩔 수 없이 전쟁에 휘말리게 되면 수단·방법 가리지 않고 일단은 이겨 놓고 잘잘못을 따져야 한다."는 것이다. 만약 제2차 세계대전이 당시 히틀러의 야망대로 '천년의 제3제국'을 이루었다면 과연 독일인들이 이처럼 유대인 학살 문제를 철저하게 회개할 수 있었을까?

정예 독일군 장교는
어떻게 만들어지는가?

최강의 군대, 정예 장교단이 만든다.

　함부르크(Humburg) 외곽 숲속안의 고색창연한 옛 건물과 현대 시설이 어우러진 독일 연방군 지휘참모대학. 한국군 위탁교육생 J소령과 함께 학교 구석구석을 돌아보았다. 한국 합동군사대학교와 비교시 시설규모는 그리 크게 느껴지지 않았다. 그러나 독일인들답게 튼튼하고 실용적으로 모든 시설이 건축되어 있다. 수백 년 전에 지어진 고색창

독일연방군 지휘참모대학 전경

연한 학교본부, 현대식 교실, 독신장교 숙소, 대형 식당, 수영장, 울창한 수목이 우거진 주변 환경!

학교본부 건물 안 복도 벽면에는 수백 년 전 프러시아군을 유럽 최강의 군대로 만들기 위해 고심했던 독일 유명 군사사상가, 군사개혁가들의 초상화가 즐비했다. 특히 독일은 지정학적 위치가 유럽의 한가운데 위치하고 있다. 또한 자연적 경계선이 별로 없는 지형 특성으로 최근 수백 년 동안 숱한 전쟁을 경험해야만 했다.

19세기 초, 나폴레옹에 의해 독일은 처참한 패배를 당했다. 이에 당시의 프로이센은 강군 육성으로 프랑스에 대한 복수와 조국통일을 실현하고자 하는 열망이 끓어 올랐다. 이런 국민적 여망과 군사개혁가들의 열정으로 가장 먼저 '정예 장교단을 통한 강한 군대만들기'에 국가역량을 집중했다.

결국 한 군대의 강하고 약함은 군 간부들의 질적 우수성에 의해 결정된다는 것은 동서고금을 막론한 불변의 진리다. 따라서 독일은 당시 젊은 청년들 중 가장 우수한 계층을 장교단으로 최우선적으로 영입하도록 각종 군사제도를 개혁했다. 또한 이미 장교로 선발된 인원들 중에서도 'Elite 중의 Elite'를 또다시 선발하여 군 지휘관 도우미 역할을 하는 '장군참모(Generalstab)'라는 독특한 제도를 만들었다.

이런 독특한 인재선발 시스템을 독일군이 도입한지 200여 년이 지났다. 이 장군참모제도는 몰트케(Moltke)와 쉴리펜(Schlieffen) 등과 같은 유명 장군들에 의해 더욱 체계적인 제도로 발전되었다. 지난 20세기, 독일은 이 제도를 바탕으로 강력한 군대를 육성하여 세계를 상대로 두 번이나 전쟁을 일으켰다. 즉 조기 인재선발과 소수정예주의 원칙에 따라 선발된 Elite장교들은 집중적으로 강도 높은 지휘참모교육을 받았다. 이들은 각급 야전부대에 배치되어 여단급 이상 지휘관에 대해 책임지고 부대운용을 자문하고 또한 훌륭한 전투부대 지휘관으로서 역량을 발휘하였다.

또한 독일군은 우수한 장교단 육성 이후에는 '임무형 전술(Auftragstaktic)' 개념을 만들어 독일 고유의 전투방식을 발전시켜 왔다. 이런 독일군의 전투방식은 현재 세계 각국의 지휘통솔 교육에도 수시로 거론되는 개념이다.

장군참모 자격 장교는 우선 진급

전문 직업군인은 완벽한 생활보장보다 구체적인 독일군 장교선발 및 교육체계는 다음과 같다. 장교후보생은 국방부 장교선발본부에서 과학적 방법으로 대상자들의 능력과 적성을 파악하여 선발한다. 군 간부의 획득을 국방부에서 통합 관리함으로써 홍보활동의 효율성을 높이고 있다.(한국군의 경우에는 각 군별로 참모총장 책임 하 선발한다).

또한 장교후보생으로 선발된 인원은 군사교육과 학위과정을 분리 교육한다. 최우선적으로 하는 군사교육은 병 신분에서 시작한다. 즉 병사 신분에서 출발하여 이론과 야전실습을 병행하고 부사관 신분을

장교후보생들은 다양하고 실전적인 훈련을 경험하게 된다

거쳐 1년 이상 군사교육에 집중시킨다. 최소 분대장 수준의 교육을 수료한 이후 장교후보생들은 연방군대학에 입교하여 학사−석사학위 교육을 받는다. 물론 방학기간을 최소화하면서 약 3년 반에 걸친 대학생활을 경험하며 석사과정을 마친다.

그 이후 또다시 장교학교(드레스덴에 위치)에 입교하여 약 4개월의 군사교육과 각 병과학교에서 1년간 추가적인 전문과정을 거친 후 최종적으로 석사학위를 가진 독일연방군 소위가 탄생한다. 결론적으로 장교후보생으로 선발된 이후 약 6년간의 교육을 통해 정식으로 장교로 임관 된다(한국군 장교 역시 일반학과와 군사학 교육과정이 최소 3−5년 정도가 되나 질적인 면에서 많은 차이가 있다). 따라서 독일군 초급장교들의 임관 연령은 대부분 25~26세에 달해 병사들보다는 훨씬 많다. 이처럼 독일은 전통적으로 정예 장교단 육성을 위해 엄청난 예산을 투자하여 인재를 육성하고 있다.

독일군 장교들의 경우에는 단기복무자를 제외하고는 30세 전후에 또다시 전원 참모장교 기본교육과정(SOL: Stabsoffizierlebrgang)을 거치면서 최우수자 15% 내외가 장군참모교육(LGAN: Lehrgang

야외훈련 중인 독일연방군 장교후보생들

Generalastabgang) 대상으로 선발되어 2년간 추가적인 교육을 받게 된다. 그 인원은 육군 40명, 해군 10명, 공군 15명 수준이며 장군참모 자격(IG: Im General stabsdienst, 별도 견장을 부착 신분을 표시)을 취득하면 대부분 대령 이상의 진급을 보장받는다. 물론 이 과정에 선발되지 못한 일반 장교들도 틈틈이 다양한 과정의 보수교육이 계속된다.

혹자는 이런 의문을 가질 것이다. "일부 선발된 장군참모자격 장교들과 일반 장교들과의 위화감을 어떻게 해소할 것인가?"하는 문제이다. 독일군은 이런 점에서 별 문제가 없는 것이 특징이다. 대략 군 생활 10년간의 공개된 고과평정 결과, 본인이 납득할 만한 객관적인 각종 자료, 자신의 인생 가치관 등이 상급자와 충분한 토의를 거쳐 장군참모 교육대상이 선발된다. 결국 약 85%의 독일군 직업장교들은 완벽하게 보장된 '안정된 생활'을, 약15%의 장교들은 힘든 군 생활을 통한 '진급과 명예'를 추구하게 된다. 물론 일반 장교들 중에서도 상당수가 대령 진출을 하기도 하며 일부는 장군까지 진급하기도 한다.

이렇게 선발된 장군참모교육 입교자들은 함부르크에 있는 연방군 지휘참모대학에서 세계 각국의 최우수 외국군장교들과 2년간에 걸쳐 다양한 교육을 받는다. 1957년 창설된 이 학교는 UN회원국, EU, NATO 등에서 온 많은 장교들이 독일군과 함께 기거한다. 따라서 흔히 이곳을 '작은 UN'이라고 부르기도 한다. 이 대학은 UN기구, 일반 기업, 행정기관과도 다양한 교류를 한다. 미래 군사지도자들이 편협된 사고를 갖지 않도록 일반 사회와의 심포지움, 공동 학술연구 등을 통해 국민속의 군대임을 장교 들이 잊지 않도록 하고 있다.

또한 이 학교는 여유 있는 2년간의 교육기간으로 단순한 전술교육 차원을 떠나 세계정세, 과학, 사회, 경제, 정치 등 폭넓은 분야까지 다

룬다. 아울러 세계 각국의 전사적지 답사(이 과정을 참모여행이라고
칭함)를 통하여 '인류역사가 전쟁의 역사임'을 생생하게 보여주는 현
장학습을 강화한다. 이 학교의 부대캠프 명칭은 세계적으로 알려진
독일 군사사상가의 이름을 따 클우제비츠 캠프(Clausewitz Camp)』라
고 불린다. 흔히 한국의 주요 군사교육기관 위치를 화랑대, 충성대,
상무대…』 등으로 부르듯이.

현역은 작전과 훈련에 전념 전투근무 지원은 민간인력이 담당

최근 모병제로 전환한 독일군 병력은 약 17만 명. 그러나 출퇴근이
보장되는 직업군인제도의 뒷받침을 위해 5만 5천여 명의 민간 인력이
전투근무 지원분야에서 일하고 있다(현재 한국군은 현역 65만 명, 민
간지원 인력 약 3만 명 수준). 물론 독일 정부는 과거 징병제에서는 많

눈덮인 독일군 병영. 제설작업은 민간인력이 담당

은 병사들이 이 분야의 업무를 담당했기 때문에 국방 예산은 그만큼 절약할 수 있었다. 그러나 모병제 전환 이후 현역 군인들은 최대한 전투업무에 집중토록하고 나머지 지원분야는 엄청난 예산을 들여 민간회사가 업무를 대행한다(미군의 경우에도 현역 병력이 약 145만 명, 민간 지원인력이 70만 명 수준임).

그러나 유럽 안보환경은 근본적으로 한반도 상황과는 너무나 다르다. 우리나라의 경우에는 휴전선을 중심으로 남·북한 100만 대군이 첨예하게 대치하고 있다. 더구나 북한은 핵무기를 포함한 생화학무기 등으로 우리의 생존을 위협하고 있다. 유럽 각국은 집단안보체제 구성과 핵무기(프랑스, 영국, 러시아 등)에 의한 실질적인 전쟁억제로 재래식 전력에는 큰 의미를 두지 않는다. 유럽 군대의 목적은 PKO 활동과 테러예방 등에 주안을 두고 있다. 이에 비해 한국군은 세계에서 그 유례를 찾아 볼 수 없는 독특한 여건속에서 군간부 육성과 징집 병력관리를 해야만 하는 실정이다.

따라서 독일군 간부 양성제도를 그대로 한국군에 적용하기에는 한계가 있다. 그러나 독일이 정예 군간부 육성을 위해 국가적으로 얼마나 투자를 하고 관심을 갖는지는 눈여겨 보아야 할 것이다. 또한 한국인들이 진정으로 자신의 생존과 강군 육성에 관심이 있다면 세계 평균수준의 국방비는 과감하게 투자해야 할 것이다. 최근 한국 국방비의 GDP 부담률은 1980년대 4%, 1990년대 3%, 2000년대 2.5% 수준으로 계속 축소되고 있는 추세이다(세계 각국의 평균수준은 3.5%). 결국 제한되는 우리의 국방예산으로는 과감한 무기체계 개선이나 획기적인 간부 정예화는 불가하다.

혹자는 한국군은 전력증강 예산 낭비 방지나 고급 간부 인력 축소 등으로 자구책을 강구해야한다고 주장한다. 물론 군 내부도 불요불급한 예산절감이 필요한 부분도 있을 것이다. 심지어 한국 국방비가 북한의 30배가 넘는데도 불구하고 북한 군사력을 제압하지 못하는 것은 국방 당국자의 무능 때문이라는 황당한 논리를 제시하기도 한다. 이는 근본적으로 자본주의와 북한 경제시스템, 사회수준의 차이를 모르고 하는 주장이다.

예를 들면 북한의 토지는 전부 국가소유이다. 그리고 북한군 대좌(대령) 급여가 한국군 병장 봉급보다 낮은 수준이다. 수년 전 북한 옹진반도 부근의 대규모 상륙정 발진항구가 불과 6개월 만에 완공된 적이 있다. 이때 투입된 인력은 거의 무임금의 북한건설부대와 주민들로 추정되었다. 반면 약 1조원 이상의 예산이 투입되는 제주도 강정 해군기지 건설과정을 보자. 최초 해군기지 건설계획은 1990년 초에 시작되었다. 무려 20여 년이 지났지만 아직도 꼭 필요한 해군기지 한 곳 완공하지 못하는 나라가 대한민국의 실정이다. 더욱 가슴 아픈 것은 대통령 후보까지 지낸 정치가도 국가 생존을 위한 군사기지 건설 반대에 동참하기도 하였다. 이로 인한 국방예산 낭비는 눈덩이처럼 불어 나기만 했다.

근본적으로 문존무비(文尊武卑) 사상에 깊게 젖어 있는 한국사회! 이런 사회적 분위기 속에서 강군육성을 위한 과감한 국방비 투자확대 주장이 과연 국민들의 마음을 움직일 수 있을까? 최근 우리 사회의 화두는 단연코 '무상급식, 무상보육, 무상교육' 등이다. 이미 '자주국방, 강군육성, 상무정신'은 국민관심 밖으로 밀려난 지 오래이다.

더더욱 한심한 것은 정략적으로 부르짖던 '국방개혁 2020, 병영생활 혁신' 등은 예산(약 600조원 내외)의 뒷받침 없이 그저 구호성 행사만으로 반복해서 끝나고 있다. 오히려 무리한 군복무 단축과 병력감축을 위한 각종 부대 해체, 시도 때도 없이 터져 나오는 병영사고 등은 정말 한국군 전력이 증강되고 있는지 많은 국민들이 의문을 가지고 있는 듯 하다. 따라서 현 시점에서 미래 통일한국을 위해 정예 강군 육성이 필요함을 우리 국민들이 진정으로 느낀다면 독일군 간부정예화 과정에 대해 한번쯤 관심을 가지는 것이 필요하다고 필자는 생각한다.

화급하게 프랑크푸르트 공항역에 잘못내리며 여행 자료를 분실하다.

> **Trip Tips**
>
> 독일의 군사교육기관을 탐방한 후 드레스덴역에서 고속열차(ICH)를 타고 룩셈부르크를 향해 출발했다. 열차내의 좌석은 여유가 있다.

동행한 P군은 이곳 저곳 좌석을 옮겨 다니며 창밖의 경치를 즐긴다. 마침 맞은 편 좌석에 앉은 노신사와 대화를 나누기 시작한다. 그 사람은 의외로 한국에 대해 너무나 잘 알고 있었고 낯선 여행객에게도 친절했다. 대체로 독일인들은 '독일 병정!'이라는 이미지로 인하여 무뚝뚝할 것이라는 선입관을 가지고 있다. 그러나 그 노신사는 한국의 경제 발전과 역동적인 한국인들의 삶에 대해 극찬을 아끼지 않았다. 또한 자신이 근무하고 있는 회사가 한국 기업과 거래하고 있다고 했다.

창밖에는 하얀 눈으로 덮여 있는 광활한 평원이 펼쳐진다. 드레스덴에서 프랑크푸르트 까지 쉬임없이 달리는 이 기차로도 약 5시간 정도 소요된다. 다소 지루한 느낌이 있어 2층 형태의 객실 안을 오르락 내리락 하기도 하고 잠깐씩 눈을 붙이기도 했다. 대략 프랑크푸르트역이 가까워 진다는 것을 느끼며 P군과 함께 룩셈부르크에서의 일정에 대해 의논했다. 탁자 위에 여행정보 자료들을 펼쳐 놓고 숙소, 전쟁기념관을 포함한 주요 명소 등에 대해 이야기를 나누다 두 사람 모두 잠깐 잠이 들었다.

　이 때 갑자기 "프랑크푸르트! 프랑크푸르트!…"라는 안내 방송이 튀어 나왔다. 졸다가 화닥짝 놀라서 깬 장닭처럼 두 사람은 벌떡 일어났다. 다소 떨어진 곳의 배낭을 챙기기 위하여 자리를 옮겼고 곧 이어 정차하는 열차에서 황급히 내렸다. 얼떨떨한 기분에 두사람 모두 눈을 비비며 역사 표지판과 시계를 보니 다소 이상한 느낌이 들었다. 우선 도착 예정시간인 17:50분 보다 약 5분정도 일찍 목적지에 도착했고 역내의 표지판도 〈Frankflut Airport〉라고 쓰여 있었다.

　순간적으로 혼란에 빠졌다. 분명 안내 방송은 "프랑크푸르트…"라고 방송을 한 것 같았는데. 지나가는 사람들에게 물으려 했으나 주변에는 아무도 없었다. 이미 기차는 요란한 호각 소리와 함께 움직일 준비를 한다. 다시 열차 탑승구로 달려가 문 앞에 매달려 있는 역무원에게 다급하게 물었다. "Excuse me! Is here Frankflut station?" 콧수염을 길게 기른 전형적인 독일병정 스타일의 역무원은 눈만 껌벅껌벅 거릴 뿐 대답을 하지 않는다. 다음 역에서 바로 룩셈부르크행 기차로 바꾸

독일고속열차 옆의 P군

어 타야 하는 우리들은 절박한 심정으로 역무원에게 애원하다시피 되물었다.

 냉혹한 역무원! 맞다, 아니다 대답도 없이 기차 문을 꽝 닫고 안으로 사라지고 열차는 떠나 버렸다. 닭 쫓던 개 모양으로 우리들은 멍하니 플랫폼에 서 있을 수 밖에 없었다. "아뿔싸!" 정신을 차리고 살펴보니 기차의 탁자 위에 각종 여행정보 자료를 몽땅 두고 내렸던 것이다. 특히 다음 목적지에서의 숙소 전화번호와 그 동안 기록한 여행 메모지의 분실은 우리들을 난감하게 했다. 이곳은 프랑크푸르트역 직전의 '프랑크프르트 공항역' 이었다. 즉 서울역에서 내려야 할 것을 영등포역에서 내린 셈이다.

적극적인 한국 청년 P군 김치로 독일 역무원을 제압하다

그러나 혹시나 하는 심정으로 서둘러 지하철역으로 달려가 프랑크푸르트 본역에 최대한 빨리 가기로 하였다. 거의 20분 정도 걸려 본역에 도착하니 이미 룩셈부르크행 기차는 사라지고 말았다.

하는 수없이 다음 열차를 타려고 창구직원에게 사정을 설명했다. 기존 열차표를 제시하며 룩셈부르크행 티켓을 요구하니 120유로(약 20만원)를 내고 또다시 열차표를 사야 된다고 한다. 그 여자 역무원은 "On time! On time!"만 부르짖는다. 드레스덴에서 출발한 열차는 정시에 프랑크푸르트에 도착했으니 제반 책임이 우리들에게 있단다. 하기사 틀린 말은 아니다. 다시 거금을 주고 기차표를 끊으려니 너무 아까운 기분이 든다.

이 때 대한의 청년 P군이 득달같이 나선다. "분명 우리는 공항역에서 역무원에게 본 역인지 공항역인지 물었다. 그 사람의 인상착의는 길게 콧수염을 기르고 있었다. 그 콧수염을 찾아 달라. 그로 인해 우리는 늦게 룩셈부르크시티 도착한다면 숙소에도 가지 못할 형편이다.” 그러나 차가운 인상의 여자 역무원은 대답도 없이 고개를 돌렸다. 아무 상관도 없는 이 여자는 “그것은 당신들 사정이요!” 하는 투다.

 그러나 이때 갑자기 이 역무원은 코를 싸매고 괴로운 인상으로 우리를 다시 쳐다 보았다. 주위를 살펴보니 P군이 메고 있는 배낭에서 지독한 김치냄새가 났다. 추측컨대 비상시 사용할 반찬으로 가져왔던 ‘종갓집 김치팩’이 기차 스팀에 부풀어 올라 배낭 안에서 터졌던 것이다. 인상을 찌푸리던 그 역무원은 도저히 괴로움을 참지 못하고 다음 기차표 2장을 얼른 끊어 우리들에게 내밀었다. 조금 전의 태도와는 180도 달라져 ‘제발 이 자리에서 빨리 사라져 달라’는 애원하는 표정을 짓고 있었다. 여행 중 김치 때문에 기차표를 공짜로 얻는 희안한 경험을 프랑크프르트역에서 하게 되었다.

스위스

Switzerland

영세중립국 스위스의 평화! 그 뒤에 숨겨진 땀과 눈물.

영세중립국 스위스, 그들의 생존비결!

여행객 버킷 리스트(bucket list) 제1순위 스위스! 알프스 구릉 속에 점점이 박혀있는 그림 같은 집과 아름다운 호수. 집집마다 꽃으로 장식하고 요들송을 부르며 스위스인들은 수시로 축제를 즐긴다. 인구 850만, 국토면적 4.1만 Km²(한반도 1/5)에 불과한 이 작은 나라의 국민개인소득은 연 85,000달러.

그러나 그토록 아름답게 보이는 이 나라의 역사 뒷면에 생존을 위한 눈물겨운 피땀이 숨겨져 있다는 것을 아는 사람은 드물다. 제1·2차 세계대전 시 전 유럽이 전화에 휩싸였지만, 유일하게 스위스만은 중립을 유지했다. 동으로는 오스트리아, 서는 프랑스, 북은 독일, 남은 이탈리아와 국경을 접한 국가다. 하지만 전운이 감돌 때마다 전 국민이 총을 잡았고 험악한 알프스산맥은 요새로 변했다. 더구나 주민은 독일계 65%, 프랑스계 18%, 이탈리아계 10%, 기타민족 7%로 사용언어도

4종류다. 이런 복잡한 정치·사회적 배경 속에서도 일단 유사시에는 필사항전의 의지로 전 주민이 일치단결했다. 결국 영세 무장중립국 스위스는 때로는 단호한 군사적 대응으로, 필요시에는 유연한 외교로 약 200년 동안 전쟁 없이 강대국들 사이에서 살아남을 수 있었다.

거리 곳곳의 무장 예비군과 현역군인

스위스 관광명소 취리히(Zurich)의 지하철역 금요일 저녁. 소총과 큰 군용 백을 짊어진 많은 군복청년들을 쉽게 볼 수 있다. 관광대국 스위스와는 전혀 어울리지 않는 모습이다. 이들은 예비군훈련을 마치고 귀가하는 청년들이다. 예비군은 전역 후 35세까지 연 3주의 훈련을 받는다. 전투장구류와 총기는 자신의 집에 보관하고 실탄은 현역부대에 비치한다. 스위스의 웬만한 가정에는 전시 대비 지하대피시설까지 완비되어 있다.

기차 안에서 만난 사울러(Saulre 30. 예비역 소위)는 20일 간의 동원훈련을 마치고 귀가 중이었다. 그는 "매년 반복되는 훈련으로 다소 생업에 지장은 있다. 그러나 대신 나라를 지켜줄 사람은 아무도 없지 않느냐?"며 오히려 반문한다.

그러면서 취리히에서 기차로 약 3시간 거리의 아이로로(Airoro)요새를 소개했다. 그 곳을 방문하면 어떻게 스위스 국

예비군훈련을 마치고 개인전투장구를 가지고 귀가하는 사울러 예비역 소위

민들이 수백 년 동안 평화를 구가할 수 있었는지를 알 수 있을 것이라고 한다.

험산 · 협곡 속의 지하요새 · 보석전시관

스위스는 해발 수천 m의 산과 그 틈사이의 깊은 계곡, 호수로 어우러진 나라다. 이런 지형을 극복하면서 거미줄 같은 전국의 철도는 건설되었다.

> **Trip Tips**
>
> 특히 수많은 터널은 기차 통과시간이 대부분 10분 이상 걸릴 정도로 길었다. 아이로로역에서 100번 시내버스를 타고 한참 산정으로 올라가니 고개 마루턱에 아름다운 호수가 펼쳐졌다.

이곳은 군사요새지역을 관광 명소로 바꾸어 많은 여행객들을 끌어들이고 있다. 호수 옆 지하요새 관광매표소에는 이미 많은 사람들이 줄지어 서 있었다. 터널입구에서 요새 안으로 한참을 들어가니 실내 전쟁역사전시관이 있다. 1940년대 건설된 이 터널은 대부분 인력으로

역사관에 전시된 아이로로 지하요새 요도

공사를 했다. 착암기로 암벽을 뚫고 다이너마이트로 폭파했다. 갑자기 안내원이 관람객들에게 방한복을 건네준다. 깊숙한 동굴 안은 한기를 느낄 정도로 추웠고 천정에서 물방울이 뚝뚝 떨어지기도 한다. 개방형 케이블카로 한참을 오른 후, 본격적인 요새 투어가 시작되었다. 포신을 외부로 내밀고 있는 화포진지, 탄약고, 무기수리공장, 장병생활관 등이 미로로 연결되어 있다. 영상물을 보니 포병관측 팀은 동굴외부 산 정상 곳곳에 배치되어 화력을 유도했다.

요새 내부에는 전혀 어울리지 않는 보석전시관까지 있었다. 조명 불빛에 반짝이는 대형 크리스탈 원석이 컴컴한 동굴 안에서 자태를 뽐낸다. 터널공사 간 예상치도 않았던 보석광맥이 발견되었던 것이다. 생존을 위해 몸부림치는 스위스인들에게 주어진 의외의 선물이었다. 내부기념관에서 각종 크리스탈 장신구들이 높은 가격으로 팔리고 있다. 스위스 전국에는 이런 요새가 대형 20개소, 중형 25개소, 소형은 수백 개 있단다. 이 곳에는 과거 약 600여 명의 병력이 주둔했다. "자유는 공짜가 아니다!"는 만고불변의 진리를 일찍이 터득했던 스위스

지하요새 보석박물관 전경

산악 지하요새 입구의 매표소 전경

지하요새 안의 이동 통로

지하요새를 건설 전경

인들! 그들은 자신들의 생존을 위해 스스로 피땀을 흘리기를 이처럼 주저하지 않았던 것이다.

도움의 손길을 내민 스위스 아주머니

그저 관광대국으로만 알고 있었던 스위스의 새로운 면을 보고 다시 버스정류소로 왔으나 주변 주차장이 텅 비어 있다. 17:00가 마지막 버스 출발시간이란다. 멀리 산 아래 시내까지 걸어가려니 막막하다. 하는 수 없어 근처 기념품상점 아주머니에게 도움을 요청했다. 딱한 사정을 들은 그 분은 이곳저곳으로 분주히 전화를 한다. 마침 자기 친구가 가게 문을 닫고 산 아래로 내려간단다. 자동차를 가져온 페드리나(Pedrina. 여)는 여행객들에게 가끔씩 이런 일이 생긴다고 했다. 시내에 도착하여 감사 표시를 하려니 극구 사양한다. 대신 "한국에 가면 아이로로 요새를 널리 소개해 달라"며 손을 흔들면서 떠났다.

지하요새의 정상부근 화포

주변 강대국에 둘러싸인 한국의 지정학적 위치는 스위스와 너무
나 흡사하다. 따라서 스위스 역사유적의 일부를 볼 수 있다는 루체른
(Luzern)으로 가서 이 나라의 생존 비결을 더 알아보기로 하였다.

아는 만큼 보인다!

스위스는 상비병력 20,950명, 동원병력 144,270명, 향토방위군 74,000명을 보유
하고 있다. 또한 세계에서 가장 완벽한 민방위체제를 갖춘 나라로 알려져 있다. 전
국에 핵 공격 시 국민들이 수개월간 버틸 수 있는 축구장크기의 지하시설 35,000
개와 약 27만개의 일반대피소를 보유하고 있다.(출처: 2017년 Military balance)

스위스 용병! 그들의 슬픈 역사

 험악한 산악, 수많은 호수의 나라 스위스는 오랜 기간 가난에 시달렸다. 경작지는 부족했고 자연자원은 빈약했다. 따라서 많은 청년들이 높은 급료를 보장하는 유럽 각국의 용병에 지원했다. 1474년 처음 프랑스 용병으로 고용된 이래 수세기 동안 약 200만 명이 타국 군대에 취업했다. 심지어 스위스 용병들끼리 전쟁을 치루는 경우도 허다했다. 1848년 정부가 법적으로 용병취업을 금지시킬 때까지 약 50만 여명이 전투에서 목숨을 잃었다. 오늘날에도 80명의 스위스 용병이 치안경찰 신분으로 이탈리아 바티칸 성당을 지키고 있다.

빈사의 사자상과 용병의 슬픈 사연

 루체른(Luzern)은 스위스에서 가장 아름다운 수려한 도시로 해마다 수많은 관광객들이 몰려온다. 하지만 아름다운 도시경관과 어울리지 않게 시내 바위절벽 '빈사의 사자상'은 스위스의 슬픈 역사를 전해주고 있다. 이 조각상은 프랑스 부르봉 왕가 문장이 새겨진 방패를 창에

인터라켄 주변호수 옆의 스위스 시골마을

찔려 고통스럽게 죽어가는 사자가 머리와 발로 끝까지 지키고자하는 형상이다.

1792년 8월 10일, 파리 튈르리궁으로 혁명군과 시민들이 몰려왔다. 왕궁수비대는 도망가고 루이 16세와 왕족들만 남았다. 혁명군은 왕실 경호 스위스 용병들에게 항복을 요구했다. 프랑스 국왕도 더 이상 저항의 의미가 없음을 알고 용병대장에게 투항을 권고했다. 그러나 "만약 우리가 살기 위해 도망간다면 후대의 우리 형제 · 자식들에게 누가 용병을 맡길 것인가?"라며 그들은 끝까지 왕족들과 최후를 같이하고자 했다. 결국 용병들은 혁명군과 처절한 사투를 벌리다 786명이 전멸했다. 이런 사연이 얽힌 사자 조각상을 사람들은 "세상에서 가장 슬프고도 감동적인 바위"라고 이야기 한다. 이 사건을 통해 스위스 용병들은 가난했어도 자신의 고용주에 대한 신의를 결코 저버리지 않는 전통을 만들었다. 또한 세계인들에게 "스위스인에게는 모든 일을 믿고 맡길 수 있다."는 인식을 심어 주었다. 오늘 날 스위스 비밀은행에 대한 절대적 신뢰도 이런 전통에 영향을 받았다고 한다.

2차 세계대전 시 주변국 위협에 단호하게 대응

스위스 국방정책은 전통적으로 평시 소수 상비군을 보유하되, 유사 시 동원예비군을 중심으로 국토를 지키는 것이다. 현재도 군사장비는 주변국에 비해 수량은 적지만 첨단 신예장비를 보유하고 전쟁비축물자 또한 충분히 확보해 두고 있다.

제2차 세계대전 시 스위스는 가장 심각한 국가적 위기를 맞이했다. 1940년 6월 22일, 히틀러가 프랑스의 항복을 받은 후 수시로 이 나라를 위협했다. 국내에서는 나치전위조직과 간첩들이 유언비어를 퍼뜨리고 독일과의 통합을 요구했다. 그러나 스위스정부는 단호했다. 경

루체른 바위절벽에 있는 빈사의 사자상

찰은 이들의 본거지를 급습하여 100여명을 체포하여 일부는 처형했다. 전쟁이 장기화되자 당시 인구 400만 중 50여만 명은 입대했고, 20만 명은 지역 방위대로 편성되었다. 또한 연합군과 독일공군기들이 수시 영공을 침범하자 퇴거 경고 후, 불응하면 공중전도 불사했다. 전쟁기간 중 250대의 항공기들이 스위스에 비상착륙하거나 격추되었다. 아울러 스위스군은 많은 대공포를 수도 베른에 배치했다. 폭격기 엔진소리가 들리면 의도적으로 사격하여 폭발 섬광이나 폭음을 추축국 외교관들이 보거나 듣도록 했다. 대공방어의 완벽함과 저항 의지를 과시하려는 목적이었다.

세계 최고의 기량을 가진 스위스 공군

스위스를 찾는 여행객들이 빠지지 않고 들리는 알프스의 지붕 융프라우! 그곳으로 가는 등반 열차 출발지인 인터라켄(Interlaken) 역에는

스위스 도심지에서 흔히 만나는 현역병사들

한국 단체 여행객들이 매일같이 북적인다.

이곳에서 우연히 스위스 공군소령 워커(H. Walker. 관제병과)를 만
났다. "깊은 계곡속의 짧은 활주로에서 뜨고 내리는 스위스 공군파일
럿 기량이 세계 최고다."라고 자신 있게 이야기 한다.

이 작은 나라에도 다양한 군사전시관과 공개된 전쟁관련 시설이 곳
곳에 있다. 공군박물관은 취리히에서 전철로 30분 거리의 교외 비행
장에 있었다. 크지 않은 건물에 제1 · 2차 세계대전 시 스위스 공군활
약상, 알프스산맥 대공포대 모형, 각종 항공기가 전시되어 있다. 특

스위스 공군박물관 항공기 전시실

히 이 박물관은 항공기에 탑승하여 1시간 내외 알프스 상공을 돌아보는 프로그램을 운영하고 있다. 탑승요금은 1인당 300 스위스 프랑(한화 340,000원). 가족들과 함께 만년설 절경을 하늘에서 내려다본다는 기대에 아이들은 신이 난다. 관광용 항공기 구조도 특이하다. 동체 창문은 널찍하고 일부 탑승객들은 비행기 천정위로 고개를 내밀기도 한다. 오늘날 스위스를 이처럼 풍요롭게 만든 것은 결국 선조들의 피눈물 나는 투쟁의 역사가 있었기 때문이라는 것을 대부분의 이 나라 후손들은 잘 알고 있는 듯 했다. 다음 여정은 18, 19세기 세계 최강국 오스트리아의 흥망사 자료를 전시한다는 비엔나(Vienna) 군사역사박물관을 찾아가 보기로 하였다.

히틀러가 스위스 침공을 포기한 이유

나치 독일의 스위스 침공계획은 수 차례 구체적으로 검토되었다. 그러나 결국 실행을 포기했다. 그 이유가 명확하게 밝혀진 것은 없지만 전쟁역사학자들의 대체적인 분석은 다음과 같다.

첫째, 스위스의 결사항전 의지를 독일은 무겁게 받아 드렸고

둘째, 스위스 비밀은행에 맡겨진 독일의 약탈자산 활용이 필요했고

셋째, 양면전쟁으로 인해 독일군은 심각한 전력 부족에 시달렸으며

넷째, 스위스를 연합국과의 협상 채널로 활용하려는 의도가 있었으며

다섯째, 스위스 점령에 따른 기대이익이 별로 없었다. 즉 석유·철강자원이 전무했고, 침공 시 막대한 인명 피해를 감수해야만 했기 때문이다.

(출처: 스위스의 무장중립정책과 위기관리, 2014)

오스트리아

Austria

유럽의 부국 오스트리아,
전쟁 폐허를 극복하다

신성로마제국의 후예 오스트리아! 15−16세기경 이탈리아·네덜란드·스페인·헝가리·프랑스 지역 일부까지 석권했던 국가다. 그러나 19세기 초부터 프로이센 전쟁, 이민족 독립운동으로 국력이 쇠퇴하기 시작한다. 하지만 1867년 프란츠 요제프 1세가 오스트리아−형가리제국을 만들어 나름대로 유럽강국 지위를 계속 유지했다. 제국의 심장 비엔나(Vienna)에는 화려하고 웅장한 궁전이 세워졌고, 주변국은 황제에게 머리를 조아렸다. 그렇지만 20세기에 들어서면서 오스트리아는 전쟁에서 연전연패했고, 결국 손바닥만 한 국토를 가진 영세중립국으로 전락하고 말았다.

1856년 오스트리아군 병영 전경. 앞부분 건물이 군사역사박물관이다

제국의 흥망사를 기록한 군사역사박물관

Trip Tips

비엔나 중심가에서 지하철을 타고 교외로 한참을 나갔다. 박물관 부근 역에서 내려 쭉 뻗은 대로를 따라가니 수목이 우거진 도심공원이 나타났다.

대각선 지름길을 따라 숲속을 지나니 멀리 고색창연한 황갈색건물이 보였다. 바로 이곳이 대제국 오스트리아 영광의 역사와 쇠락과정을 적나라하게 보여준다는 비엔나 군사역사박물관(Military history museum)이다. 1856년에 완공된 이 웅장한 건축물은 한때 병영과 무기고로도 사용되었다.

군사박물관으로서는 세계에서 가장 오래 되었다는 이곳에는 합스부르크왕조 흥망사와 1945년까지의 오스트리아 역사관련 사진·전쟁유물로 꽉 차 있다. 1층에는 제1·2차 세계대전과 대제국 해체과정이, 2·3층에는 중세시대 역사가 주로 전시되어 있다.

제1차 세계대전 신호탄 '사라예보의 총성'

근·현대 전쟁역사실에서는 제1차 세계대전 불씨가 된 '사라예보 사건'을 이렇게 설명한다. 1914년 6월 28일, 황태자 페르디난드

오스트리아 비엔나 군사역사박물관 입구 전경

오스트리아 황태자 부부 피습 당시 탑승했던 실제 자동차

부부가 보스니아 수도 사라예보에서 세르비아 독립주의자 총탄에 저격당했다. 이날 황태자 부부는 시내에서 1차 수류탄 공격을 받았지만 계획된 일정을 전부 소화했다. 그러나 사건 당시의 부상자 문병을 위해 피습당한 동일 통로로 이동 중, 암살단의 2차 공격으로 결국 목숨을 잃었다. 이 사건을 두고 오스트리아는 세르비아와 한 달간 옥신각신하다 결국 1914년 7월 28일 전쟁을 선포했다. 전쟁의 불꽃이 점화되자마자 러시아·독일·프랑스·영국이 마치 기다렸다는 듯이 동원령 선포와 동시에 전쟁터로 뛰어 들었다. 이어서 오스만터어키·이탈리아·일본·미국 등 수많은 나라들이 다양한 명분으로 이 전쟁에 끼어들었다. 황태자 암살사건은 최초 오스트리아·세르비아 양국 간의

비엔나 시내의 쉔브른 궁전 전경

문제였다. 그러나 주변국들은 수십 년간 쌓인 민족 갈등, 과거 전쟁에 대한 설욕 등으로 내심 증오의 칼을 갈고 있었다. 1918년 11월 11일, 제1차 세계대전은 군인 940만 명, 민간인 1900여만 명의 사망자를 내고 끝났다. 완벽한 KO패를 당한 패전국 오스트리아의 영토는 1/8, 인구는 1/6로 바람 빠진 풍선처럼 쪼그라들고 말았다.

패전국 국민들의 처참한 삶의 이야기

전쟁이 끝난 후 오스트리아 국력은 극도로 쇠잔해졌다. 뒤이어 1938년 독일에 강제 합병되면서 망국의 길을 걷는다. 히틀러는 이 나라를 '오스트마르크'라는 독일 한 지역으로 분류해 버렸다. 설상가상 1939년 9월, 제2차 세계대전이 일어나자 국민들은 독일군에 징집되어 연합군에 대적해야만 했다. 지난번 세계대전에서의 KO패로 정신조차 차리지 못한 오스트리아는 이번에는 아예 권투 링 밖으로 내동댕이 쳐졌다.

전쟁말기인 1945년 4월, 소련군 공격으로 화려했던 수도 비엔나는 초토화 되었다. 점령군은 시내의 모든 시설을 접수했고 부르주아·지식인은 처단 대상이었다. 오죽하면 시민들이 안경 끼는 것조차 금기시 했을까? 소련군의 베를린 점령 시 약탈·강간은 이미 한 달 전 비엔나 180만 시민들을 대상으로 저질러진 잔학행위의 반복이었다. 그들은 이 나라 국민들을 슬라브족을 열등인간으로 취급했던 게르만인의 일부라고 인식했다. 병사들의 적개심은 하늘을 찔렀고, 장교들은 이들의 짐승 같은 행동을 만류했다. 그러나 "독일군이 내 어머니와 누이를 어떻게 했는데요?"라는 항변에 더 이상 제지할 명분이 없었다. 오늘날까지도 비엔나 시민들은 너무나 수치스럽고 처참했던 당시의 경험을 입에 올리기를 꺼려한다.

조국을 부활시킨 강인한 오스트리아 여인들

　박물관 마지막 전시실은 전쟁폐허에서 오스트리아가 어떻게 부활했는지를 보여준다. 1945년 5월 8일, 유럽전쟁은 끝났다. 또 패전국으로 전락한 오스트리아는 연합군과 소련군이 갈가리 찢어 나누었다. 10년 신탁통치가 끝난 1955년, 결국 이 나라는 영세중립국으로 유럽 한구석으로 조용히 밀려났다. 전쟁복구 작업은 오스트리아 여인들과 아이들의 몫이었다. 전쟁 통에 대부분의 남정네들은 전사하거나 불구의 몸으로 돌아왔다. 지금의 깔끔한 비엔나는 당시 억센 이 나라 여인들이 거의 다 재건했다. 예나 지금이나 결정적 순간에는 남자보다 여자들이 더 강한 힘을 발휘한다. 웬만한 나라였더라면 거듭된 전쟁패배로 지구상에서 벌써 소멸되었을 것이다.

　오늘 날 오스트리아 국토면적은 8.4만 Km^2, 국민 개인 연소득은 5.4만 달러로 세계 정상급 수준. "부자는 망해도 3대는 먹고 산다."는 말처럼 다행히도 오스트리아는 선조들로부터 많은 문화유산과 수려한 자연경관을 물려받았다. 또한 오스트리아 국민들에게는 천년제국의 후예라는 강한 자부심이 있었다. 즉 자신들의 선조가 과거에 이룩했던 찬란한 역사와 전통을 결코 잊지 않았다.

　Trip Tips

비엔나 시내의 웅장한 왕국, 미술관, 대성당, 시내를 관통하는 운하에는 오늘도 외국인 관광객들로 북새통을 이룬다. 한때 유럽 최고의 중심도시였던 비엔나에는 지금도 아트 갤러리를 포함해서 약 160여개의 박물관이 있다.

잘츠부르크성! 단 한 번도 적에게
점령당하지 않았다

　오스트리아 이미지는 평화, 따스함, 여유, 그리고 '음악'이다. 훌륭한 음악가들이 태어나고 활동한 나라이며 그러한 전통을 잘 보존하고 있다. 사계절 내내 클래식 음악소리가 끊이지 않고 자연경관 역시 수려하다. 그러나 의외로 '음악의 대가'로 불리는 모차르트 고향 잘츠부

시내에서 본 잘츠부르크 성채 전경

르크(Salzburg)에는 700년에 걸쳐 만든 난공불락의 요새가 버티고 있다. 이 성은 외적의 침공에 단 한 번도 함락되지 않았다.

영화 〈사운드 오브 뮤직〉과 잘츠부르크 성채

오스트리아 비엔나 다음으로 관광객이 많이 찾는 도시 잘츠부르크! 이곳은 영화 〈사운드 오브 뮤직〉 촬영지로도 유명하다. 1938년 독일과의 합병에 반대하며 끝까지 오스트리아 군인으로 남고자 하는 해군 대령과 일곱 자녀의 이야기이다. 물론 영화 내용은 50% 실화이고 50%는 픽션이다. 오스트리아인의 애국심과 음악을 주제로 한 이 영화는 불후의 명작으로 손꼽히고 있다.

또한 해발 542m 산위의 잘츠부르크성 역시 이 도시의 대표적인 관광명소다. 이 성은 AD 1077년 최초 건설하기 시작하여 수백 년에 걸친 단계적 확장으로 방어력을 보강했다. 악조건을 극복하고 완공한 이 웅장한 요새는 유럽 중세시대 성채 중에서 가장 규모가 크다.

산꼭대기 성곽축성을 위한 건설 자재는 어떻게 운반했을까? 적에게 포위당해 장기전 돌입 시 필요한 식수공급은? 이런 의문점은 성채박물관 전시물이 풀어 준다. 엄청난 축성 물자는 산정상과 하단부간 로프를 연결하여 산위에서 말들이 도르래형 연자방아를 돌려 끌어 올렸다. 채찍을 맞아가며 쓰러질 때까지 뱅뱅 돌아야하는 그림 속의 말들이 안쓰럽다. 식수는 성안 대형 물탱크에 빗물을 받아 유사시를 대비했다. 그 결과 적에게 포위된 숱한 전투에서 식수부족으로 어려움을 겪은 적은 단 한 번도 없었다.

천 년 전 로프로 각종 화물을 끌어 올렸던 구간에 지금은 관광객이 탑승한 전동차가 쉴 새 없이 오르내린다. 이외에도 시내 낮은 구릉에는 100-200여 년 전에 만든 보조 성곽들도 많았다. 오늘날 이런 성채

산 정상에서 자재를 끌어올리는 연자방아형 도르래

잘츠브르크 성채로 올라가는 관광객 수송용 전동차

들은 더 이상 전술적 가치는 없어졌다. 그러나 선조들이 남긴 피땀 어린 호국유산은 현재 엄청난 관광객을 끌어 모으는 효자노릇을 톡톡히 하고 있다.

히틀러 협박과 원치 않은 오스트리아 강제 합병

잘츠부르크성에서 내려오면 대성당, 콘서트홀, 기념품 가게들이 오밀조밀 붙어 있다. 근처에는 눈에 잘 띄지 않는 작은 도시역사기념관이 있다. 이곳에 전시된 기록사진들은 1930년대 잘츠부르크 사회상과 당시의 오스트리아 시대적 상황을 이렇게 증언하고 있었다.

1936년 3월, 히틀러는 제1차 세계대전 종전협상의 약속들을 과감하게 내팽게쳤다. 즉 프랑스–독일 비무장 완충지대인 라인란트에 독일군을 전격 배치했다. 히틀러 폭주와 맞서기를 두려워했던 유약한 프랑스는 이 문제를 국제연맹에 제소했고, 영국은 오히려 독일을 옹호하고 나섰다. 이 독재자는 위험천만한 도박이 멋지게 성공하는 것을 보고 더욱 자신감을 가졌다. 다음 차례는 자신의 모국 오스트리아 합병이었다.

주변국들이 주눅 들자, 히틀러는 당시 오스트리아 수상 슈쉬니크를 자신의 별장으로 불러 무섭게 몰아붙였다. "독일제국은 국경 밖의 게르만 민족을 돌볼 의무가 있다. 나라를 내놓지 않으면 끔찍한 대가를 치를 것이다."라고 협박했다. 수상은 두려움에 떨면서 협정문에 서명했다. 그는 귀국 후 최후 수단으로 이 문제를 국민투표에 붙이고자 했다. 그러나 이미 오스트리아 나치당은 국내여론을 장악했고, 국내혼란 수습을 명분으로 독일군 지원을 요청했다. 1938년 3월 12일, 드디어 독일군은 당당하게 비엔나로 들어왔고 오스트리아는 세계지도에서 사라졌다. 뒤이어 광기서린 나치당원들의 이민족 탄압, 반나치 서적소

각, 강제징집 등에 오스트리아 국민들은 시달리기 시작했던 것이다.

Trip Tips

이 기념관 옆 게트라이데(Getreidegasse) 상가거리는 개성을 살린 독특한 모양의 철제세공 간판들이 인상적이다. 중세 시절 글을 읽지 못하는 사람들에게 무슨 가게인지를 알아 볼 수 있도록 만든 표식이었다. 지금은 독창적인 아이디어와 자인들의 예술적 감각까지 느껴지는 이 간판들이 거리상징이 되어 관광객들을 매료시키고 있다.

할슈타트 마을과 인류 최초의 소금광산

이 도시 방문 후 빠지지 않는 여행코스는 아름다운 호수와 소금광산으로 유명한 할슈타트(Hallstatt)다.

Trip Tips

잘츠부르크에서 버스·기차·선박으로 3시간 내외 걸린다.

그곳으로 가는 시외버스는 중앙역 버스터미널에서 출발한다. 차창

잘츠부르크 구시가지의 게트라이데 상가거리

밖의 시골전경은 스위스와 비슷하다. 그림 같은 시골주택 창가에는 빠짐없이 아름다운 꽃으로 꾸며져 있다. 오스트리아인들의 여유와 풍요로움이 느껴진다. 알프스산속의 넓은 호수 옆 할슈타트는 마을과 주변지역 모두가 세계문화유산이다. 날씨가 좋으면 마을풍경이 호수에 비치기도 한다. '할슈타트'이름 자체가 '소금의 성'을 의미하며 마을 뒤편에 3000년 역사를 가진 세계 최초의 소금광산이 있다.

　이 마을 향토역사관은 수천 년 전의 오스트리아 지형변화, 소금채취 발전과정을 소상하게 보여준다. 원래 바다였던 이 지역은 지각변동으로 육지로 변했다. 1846년에는 이 마을에서 수천 년 전에 매장된 2000기의 무덤이 발견되었다. 놀랍게도 염분이 많은 토양의 보존력으로 각종 작업도구, 옷조각, 심지어 시신까지 온전한 상태였다. 고고학적 측면에서도 당시 인류생활상을 엿볼 수 있는 귀중한 유물이었다. 이처럼 오스트리아는 수많은 문화유산과 아름다운 자연경관으로 얻는 관광수익이 국가의 부를 계속 창출하고 있는 듯 했다.

알프스호수 옆의 할슈타트 마을 전경

벨기에

Belgium

참혹한 독가스전 현장,
벨기에 이프러 전장터!

    벨기에는 유럽 강대국 프랑스와 독일 사이에 위치한 국가로 강대국 간의 국익이 충돌하면 항상 약소국인 벨기에가 가장 먼저 전장터로 변했다. 흡사 중국과 일본이 충돌하면 억울하게도 한반도가 전장터로 변한 것처럼. 특히 제1·2차 세계대전을 통해 가장 참혹한 전쟁피해를 입은 국가가 바로 중립국 벨기에였다. 따라서 유럽지역의 전사적

독일군 독가스공격을 당한 벨기에군의 처참한 모습

벨기에 브뤼셀의 군사박물관 전경

박물관 내부 전시물

지가 빼곡히 밀집된 곳이 바로 이 지역이다.

수시로 전장터로 변한 유럽의 중심부 벨기에의 비애

벨기에는 대부분의 국토가 평원이며 프랑스, 독일, 룩셈부르크, 네덜란드와 국경을 접하고 있다. 인구 1,000만 명, 국토는 3.3만Km²에 불과하여 우리나라 경상남북도 정도의 크기를 가진 작은 국가이다. 주변 강대국에 둘러 싸여있는 벨기에는 역사적으로 항상 중립을 표명하여 왔지만 제1·2차 세계대전 간 전쟁의 참화에 가장 먼저 휩싸이는 비운을 가졌다. 유명한 나폴레옹의 워털루 전장터 외에도 숱한 유럽의 전사적지가 대부분 벨기에에 집중되어 있다.

제1차 세계대전이 터지면서 독일 군대가 국경을 넘어 쏟아져 들어왔다. 독일은 벨기에가 중립국이니 만큼 반격하지 않으리라 생각했다. 그러나 불굴의 벨기에인들은 국왕 알베르(Albert) 1세의 지휘 아래 용맹하게 싸웠다. 왕 자신도 꿋꿋하게 최전선에서 장병들을 이끌었다. 그들은 충분한 시간을 벌어 영국군이 서부 해안에 상륙할 수 있도록 도왔다. 결국 수십만 명의 병사들이 이프러(Ypres) 주변의 플랑드르(Flanders) 평원에서 전사했다. 그 중 수만 명은 대규모로 진행된 처참한 독가스전에서 목숨을 잃게 된다. 플랑드르 벌판은 피로 얼룩진 진흙탕이 되었고 역사가 깃든 도시 이프르는 폐허로 변했다.

이프러(Ypres)의 독가스전 인간의 잔인성을 그대로 드러내

1914년 8월, 제1차 세계대전 발발 이후 독일의 서부전선은 쌍방 간의 치열한 진지 공방전이 전개되면서 기관총과 중포, 박격포, 철조망, 지뢰가 대량으로 투입되었다. 공격부대는 이러한 실상무기 앞에서 전진을 주저하게 되었고 막대한 인원 손실만 초래했다. 피해를 최소화하기 위하여 독일군과 연합군 진지는 모두 강력한 요새지로 보강되었다.

1915년 4월 18일, 독일군은 드디어 전선교착 타개를 위하여 최초로 영국군에게 염소가스 공격을 감행한다. 독일군의 가스통은 철제 강판으로 만들어 내부에는 고농도의 염소가스를 고압으로 충전하였다. 적진지 근처에서 풍향을 고려하여 밸브를 열면 염소가 기화하면서 독가스를 뿜어내도록 설계했다.

낙하산형 신호탄이 전선 상공에 터지면서 영국군 전방에 약 6Km 폭으로 독가스가 기습적으로 살포되었다. 갑자기 질식성 독가스가 몰아닥치자 영국군 진지는 형언할 수 없는 충격에 휩싸였다. 참호 내의 병사들은 손수건을 얼굴에 갖다 댈 사이도 없이 가스는 계속 밀려왔다. 많은 영국군이 목과 가슴을 쥐어 뜯으며 순식간에 쓰러졌고 일부 병사들은 참호 밖으로 뛰쳐나가 무조건 달렸지만 불과 몇 걸음 가지 못해 맥없이 쓰러졌다. 독일군 공격부대는 총알 한방 쏘지 않고 영국군

이프러 시내의 제1차 세계대전 전몰자 추모비

이프러전선의 영국군　　　　　　　　　이프러 지역 주민들의 조잡한 방독면

진지 종심 4Km를 간단하게 점령했다.

대비하지 않았던 독가스전, 가용한 응급책은 모두 동원

염소가스의 냄새는 파인애플과 후추를 섞어놓은 것과 같았고, 겨자가스(phosgene)는 썩은 생선 냄새와 같은 불쾌한 악취를 풍겼다. 하지만 모두 무서운 살상력을 발휘했다. 이와 같은 독가스에 오염된 일부 병사들은 12시간이 되기까지는 분명하게 효과가 나타나지 않기도 하였으나 시간이 경과하면서 피부가 썩기 시작했다. 온 몸에 물집이 생기면서 눈에 극단적인 통증이 왔고 욕지기와 구토가 시작되었다.

더욱 나빴던 것은 독가스가 기관지의 점막을 벗겨냈다는 점이다. 그 고통은 거의 참을 수 없는 지경이었고, 결국 환자들을 침대에 묶어 놓아야 했다. 프랑스군의 최초 대응책은 군의관들을 파리로 급파하여 징발할 수 있는 여성용 생리대를 전부 가져 오는 것 이었다. 즉 오줌을 적신 탈지면으로 병사들의 코와 입을 가리고 생리대로 얼굴을 싸도록 했다. 오줌의 암모니아가 염소를 중화시키는데 다소 도움이 되기도 하였다.

"이에는 이! 눈에는 눈!"으로

즉각적인 연합군의 보복 독가스전

국제사회는 독일의 야만적인 독가스 사용에 대해 규탄했고 영·프랑스군은 즉각적으로 보복수단을 강구했다. 즉, 프랑스는 후방의 모든 부녀자들을 동원하여 조잡한 급조 방호구를 만들어 단 이틀 만에 전군에 보급시켰다.

영국군 또한 1915년 9월 25일 독일군 진지에 대한 대규모 독가스 공격을 감행한다. "이에는 이! 눈에는 눈!"라는 복수의 논리에 따라 제1차 세계대전은 수단과 방법을 가리지 않는 무제한적인 국가 총력전으로 변했다.

그러나 아이러니컬하게도 독일군의 히틀러 상병이 이 전쟁에서 독가스에 중독되어 구사일생으로 살아난다. 훗날 그는 독일의 독재자로 변신하여 제2차 세계대전을 일으켜 패전의 위기에 몰리게 된다. 당시 독일은 상당량의 화학무기를 보유하고 있었으나 독가스전의 참혹함을 직접 체험한 히틀러는 마지막 순간까지 사용지시를 내리지 못

전선에 방치된 전사자들의 시신

했다. 물론 연합군의 강력한 응징 보복을 히틀러는 두려워했다. 현재 100여 년 전의 염소가스보다 훨씬 더 강한 독성을 가진 화학무기를 북한은 약 5,000톤이나 보유하고 있다. 과연 우리는 제1차 세계대전 이후에도 세계의 여러 전장에서 수차례 일어났던 이런 참혹한 화학전의 실상에 대해 얼마나 관심을 가지고 있을까?

이프르의 인 플랑드르 필드 박물관(In Flanders Fields Museum) 내부에는 전쟁 발발배경부터 1918년 11월 종전까지의 과정과 영국군·벨기에군의 열악한 참호생활 등을 생생하게 보여준다. 특히 종전 후의 이프르시 전경은 흡사 깨진 어금니처럼 처참하게 파괴된 건물 잔해들만 볼 수 있다. 그러나 실제 이프르 시내를 걷다보면 모든 건물들이 수백 년 전의 건축양식을 가진 것처럼 느껴진다. 더구나 골목길의 반질반질한 자연석 보도블록은 고전미를 더해준다. 전쟁 후 벨기에 정부와 시민들의 피눈물 나는 노력으로 거의 완벽하게 대부분의 건물들을 전쟁전의 건물 양식으로 재건축하여 이프르는 유럽에서 가장 아름다운 도시로 거듭나게 되었다.

100년이 지나도
전쟁의 상흔은 남아 있었다.

벨기에 플랑드르 평원의 100년 전 전쟁 상흔!

상상을 초월하는 제1차 세계대전의 피해

1914년 여름 유럽의 사라예보에서 세르비아 청년이 울린 총성 한발이 기폭제가 되어 유럽의 많은 나라들이 제1차 세계대전에 휘말리게 된다. 전쟁이 4년 이상 지속되면서 인류사회에 엄청난 변화를 초래했다. 이 전쟁은 군대만의 전쟁이 아니라 사회 전체와 긴밀하게 얽혀 있는 최초의 국가 총력전이었다.

전쟁이 끝난 후 모든 참전국들은 엄청난 빚더미에 올라섰다. 프랑스 국민들은 참혹한 전쟁 피해로 인해 비관주의와 불안감에 짓눌려 지냈고 전쟁 전 강력한 제국이었던 영국마저 재정이 파탄 나고 말았다. 영국 재무부는 1965년 말까지 미국에 진 빚을 갚기 위해 세수의 1%를 따로 떼어놓아야 했다. 그러나 이 전쟁 덕분에 미국과 일본은 •265

오늘도 계속 발굴하고 있는 플랑드르 평원의 전쟁잔해

프랑드르 평원의 개인 전쟁발물관

최전선 투입을 대기하는 영국군

큰 혜택을 보았고 세계의 강대국으로 새롭게 부상하게 된다.

약 7,000만명 이상의 쌍방 군인들이 총검, 기관총, 독가스, 전차, 잠수함, 비행기 등 동원할 수 있는 모든 살상 수단을 가지고 진흙탕 속에서 뒤엉켜 피 터지도록 싸웠다. 그 결과 940만명이 전사했고, 1,540만명이 부상을 당했다. 종전 후 수십 년이 지난 후에도 정상적인 가족의 삶을 되찾지 못한 가정들이 많았다.

독일에서만 전쟁 미망인이 50만명을 넘었고, 프랑스의 시골 마을은 평균적으로 청년 다섯 명 중 한 명을 전쟁터에서 잃었다. 한동안 길거리는 '실의에 빠진 얼굴(Broken face)'로 뒤덮혔고, 많은 가정들이 '파괴된 남자'들의 눈치를 봐야 했다. 세 명 중 한 명의 군인만이 그나마 멀쩡한 몸으로 귀향했기 때문이었다. 이프르(Ypres) 플랑드르 평원에서는 아직도 100여년 전의 불발탄과 전쟁잔해들이 수시로 발견된다. 가끔씩 벨기에군 불발탄 처리반이 제1차 세계대전 당시의 포탄과 지뢰를 수거하여 폭파시키기도 한다. 전쟁이 끝난 지 수세대가 지났지만 이곳은 아직도 수류탄, 단추, 버클, 단검, 인간의 두개골, 물병, 소총, 때로는 탱크까지 땅 속에서 통째로 발견되기도 한다.

장교들의 낡은 군사사상이 수백만의 병사들을 사지로 몰아넣다.

1914년경 독일이나 영국 · 프랑스군 장교들의 전쟁 개념은 나폴레옹 전쟁과 그 이전 시대의 기억에 바탕을 두고 있었다. 그들은 특히 기병이 수행하는 명예로운 돌격을 열망했다. 기술 혁명으로 도래한 상황에 대처하는 최상의 수단으로 보병과 기병을 숭배했다.

전쟁 기간 내내 많은 장교들이 전쟁 방법이 철저하게 바뀌었다는 사실을 받아들이지 못했다. 제1차 세계대전이 발발하기 전에 많은 군사저술이 이루어졌지만, 대부분이 계속해서 일종의 군사적 '정신주의'

만을 강조했다.

예들 들면 1893년 아프리카 마타벨레 전쟁(Matabele war)에서 영국군은 최초로 맥심 기관총을 사용한다. 한 차례의 교전에서 영국군 50명이 불과 4정의 맥심 기관총으로 마타벨레 전사 5,000명을 격퇴할 수 있었다. 영국군은 기관총의 가공할 만한 성능을 알았음에도 불구하고 엄청난 사상자가 단지 흑인의 열등함을 알려주는 증거일 뿐이라고 치부했다. 또한 유럽의 장군들은 러·일 전쟁과 보어전쟁의 교훈을 깡그리 잊었다. 두 전쟁 모두 보병 화력의 새로운 발전과 참호 구축의 필요성을 예시해 주고 있었다. 이와 같은 낡은 군사사상은 곧 수백만의 병사들을 의미없이 사지로 밀어 넣어 목숨을 잃게 하는 참극을 초래하고 말았다.

1916년 7월 1일 이프르 근처에서 일어났던 전투 상황이다. 영국군 8사단의 2개 연대 전체가 독일군 기관총 사수들에게 몰살당했다. 2시간 만에 이 사단은 장교 300명 중 218명을, 사병 8,500명 가운데 5,274명을 잃었다. 독일군은 단지 300명 미만의 병력을 잃었을 뿐이었다. 특히 제10웨스트요크셔와 제7그린하워드의 두 대대 전원이 위치를 잘 잡은 단 한 정의 독일군 기관총 앞에서 거의 완벽하게 몰살당했다. 영국군은 무인지대 수백 미터를 횡단하는 과정에서 710명이 쓰러졌다.

이 모든 참극은 끊임없이 반복되었다. 영국군의 공격작전 시 1개 사단 당 3일 동안의 평균 사상자 수는 장교 101명에 사병 3,320명이었다. 1916년 8월에서 11월까지 계속된 이프르 3차 전투 기간에 거듭된 공세에서 영국군은 24만 5천여 명의 사상자를 내었다.

한국문화에 매료된 호텔 종업원

┌─ **Trip Tips** ────────────────────────────
│ 이프르 외곽의 전적지 답사를 위해서 많은 여행자들이 자전거를 이용한다. 도시
│ 주변이 대부분 평탄한 지형이며 자전거 전용도로까지 잘 구비되어 있다.
└──

단지 가끔씩 내리는 가랑비가 문제가 된다. 시내 호텔의 자전거 대여점 종업원은 의외로 필리핀 여성이었다.

수년 째 이곳에서 일하고 있으며 한국인에 대해서 대단히 우호적이다. 한국 드라마를 즐겨보며 한국 연예인 몇 사람의 이름까지 꿰고 있다. 아버지는 필리핀 공군 조종사 출신이며 현재는 전역하여 연금 생활을 하고 있단다.

복귀 시간을 약속하고 힘차게 자전거 페달을 밟으며 개인이 운영한다는 이프르 62고지 전쟁유물 전시관을 찾아 도시 외곽으로 나갔다. 도심을 막 벗어나는 순간 자동차 선전 간판이 눈앞에 나타났다.

유명 한국 자동차 회사의 간판이 조그맣게 옆에 메달려 있는 일본회사 광고물을 당당하게 압도한다. 10여 대의 한국 자동차까지 대리점 앞에 나란히 주차해 있다. 이런 유럽 시골도시까지 한국의 국력이 뻗어 나와 일본과 어깨를 겨루고 있다는 사실에 더없이 기분이 좋았다.

아는 만큼 보인다!

제1차 세계대전의 양상을 바꾼 맥심 기관총 (Maxim Machine gun)

미국의 발명가 하이럼 맥심은 1885년 세계 최초의 자동 송탄식 기관총을 발명하여 영국 육군 앞에서 시현해 보였다. 맥심은 각 탄환의 반동 에너지를 이용해 소비된 탄약을 방출하고 다음 탄약을 집어넣는 방식을 채택했다. 이 기관총은 1분에 500발까지 발사할 수 있으며 소총 100정의 화력에 맞먹는다는 것이 입증되었다. 영국 육군은 1889년에 맥심 기관총을 채택한다. 다음해 오스트리아, 독일, 이탈리아, 스위스, 러시아 육군도 맥심 기관총을 구입했다.

참혹했던 제1차 세계대전의
참호전 실상

3대째 이어가는 62고지 개인 전쟁유물 전시관

이프르(Ypres) 근교에서 제1차 세계대전의 흔적을 가장 실감나게 보여주는 곳이 62고지 전쟁유물 전시관이다. 주변 지형을 고려 시 해발 62m의 고지는 전쟁 당시 전술적으로 상당히 중요한 역할을 한 듯 했다. 거미줄 같이 얽혀 있는 시골도로에서 지도에 의존하여 62고지를 찾아가는 것이 쉽지는 않았다. 더구나 5-6개 정도의 도로가 갈라지는 교차로에서는 어느 방향이 맞는 지 헷갈리기

할아버지가 전사한 전적지를 방문한 영국인 후손

도 했다. 결국 적십자 표시로 미루어 짐작컨데 병원으로 추정되는 건물로 들어가 길을 물었다. 근무 직원이 친절하게 약도까지 그려가며 목적지에 대해 알려 주었다. 병원으로 생각했던 이곳은 시골의 노인 요양원이었다. 규모는 크지 않았지만 몸이 불편한 어르신들이 쾌적한 시설 속에서 여가를 활용하고 있었다. 벨기에 사회복지 시스템의 한 단면을 보는 듯 했다.

100년 전의 전쟁 상황을 그대로 재현하다

마침내 'Hill 62'이라는 대형 간판이 멀리서 눈에 띄었다. 조그마한 목조건물은 펍(Pub)을 겸하고 있었고 인접해서 영국군 묘역이 조성되어 있다. 외부에는 전쟁 당시의 옛날 화포와 마차 등이 전시되어 있다. 안으로 들어가니 거대한 몸집의 전시관 주인이 카운터에 버티고 앉아 있다. 얼핏 보아 몸무게가 140Kg 이상은 충분히 되어 보인다. 별로 크지도 않은 전시관은 시골 벌판에 있었으나 관람객들이 제법 많았다. 입장료가 17,000원 정도이다. 지나치게 비싼 느낌이 들어 주인에게 물었다.

제1차 세계대전이 끝난 직후 자신의 할아버지가 위험을 무릅쓰고 전쟁잔해를 발굴하여 이 시설을 만들었고 자신은 현재 아버지의 뒤를 이어 이곳을 운영한다고 했다. 각종 유적과 전시물 보존을 위해서는 다소 비싼 입장료를 받을 수밖에 없단다. 실내에는 연합군과 독일군 복장, 무기, 각종 생활용품들이 꽉 차 있다. 특히 오랫동안 땅 속에 파묻혀 있다가 발굴된 흔적이 역력한 빨갛게 녹슨 장구류들이 대부분이다. 하루 종일 카운터의 큰 의자에 앉아 돈 버는 즐거움에 푹 빠진 주인은 자신의 몸을 제대로 관리할 시간이 없었던 것 같았다. 속으로 '저 많은 돈 벌어 언제 쓸 건가?' 하는 쓸데없는 생각이 들기도 했다.

현지에 그대로 재현된 1차대전시의 교통호

　건물 외부 62고지에는 약 100여년의 세월이 흘렀음에도 양철판으로
옹벽을 보강한 긴 교통호와 물이 고인 탄흔들이 많이 남아 있었다. 너
무나 보존이 잘되어 있는 야외 유적지에 대한 의문점을 그에게 다시
한번 물었다. "혹시 아무도 보지 않는 야간에 무너진 교통호와 포탄
웅덩이 보수작업을 은밀히 하지 않느냐?"라고. 결단코 그런 일은 없
었으며 이 유적들이 제1차 세계대전 당시의 야외 참호선 그대로의 원
형이라고 당당히 주장한다. 진실 여부를 떠나 과거의 참혹한 전장현
장을 보존하여 후손들에게 평화의 소중함을 전해주고자하는 대를 잇
는 전시관 주인의 가풍이 존경스럽게만 느껴졌다.

고착된 전선, 지루한 참호전에서 병사들의 열악한 야전 생활

　북해의 수면보다 다소 지세가 낮은 이곳 플랑드르 평원은 땅을 60-
90cm만 파고 들어가도 예외 없이 물이 솟아 나온다. 전선의 참호생활
은 물과 진흙에 맞서 벌리는 끝나지 않은 고통의 연속이었다. 영국군

은 진흙과 끊임없이 무너져 내리는 참호에 맞서 투쟁을 벌렸다. 그러나 결국 참호의 나머지 부분은 모래주머니로 두껍게 벽을 쌓아 축조하였으며 잦은 비는 참호 속의 병사들을 더욱 괴롭혔다.

물에 흥건이 젖은 군화 속의 양말을 자주 갈아 신을 수 없는 병사들에게 필연적으로 찾아 온 질병은 바로 '참호족(Trench foot)'이였다. 증상은 동상과 아주 흡사했고, 처음에는 동상으로 오인되기도 했다. 발의 신경이 마비되면서 피부가 빨갛거나 파란색으로 변했다. 심한 경우에는 괴저가 생기기도 했다. 이럴 때에는 발가락이나 발 전체를 절단해야만 했다. 전쟁 중에 영국군은 74,711명이 참호족 혹은 동상으로 프랑스 병원에 수용되었다.

처참한 전선의 참호 생활을 기록한 참전용사 일기장

1917년 이프르 전선의 영국군 참전용사 채프먼씨의 증언록이다. "우리는 원시인으로 전락했다. 세수는 물론 면도도 못했다. 생리적 욕구는 가까이 있는 가장 깊은 포탄 구멍에서 되는대로 처리했다. 어쩌다가 금속제 양동이가 지급되기도 했다. 양동이가 가득 차면 야간에 참호 밖으로 기어나가 내용물을 버리곤 하였다. 배설물처리 보다 더 심각한 것은 임시 처리한 전사자들의 시신이었다. 많은 병사들이 쓰러져 죽은 곳에 바로 매장 되었다. 새로운 참호를 파다보면 십중팔구 지표 바로 아래 묻힌 채 썩어가던 상당수의 시신이 발견되곤 했다.

이런 시신과 더불어 참호의 여기저기 버려진 상당량의 음식 찌꺼기를 쥐들이 놓칠 리가 없었다. 쥐들은 엄청나게 컸으며 자신을 방어할 수 없는 부상병의 상처를 뜯어먹기도 했다. 설상가상으로 쥐의 번식력은 왕성하여 한 쌍의 부부 쥐가 1년에 880마리의 새끼를 낳았다. 특히 쥐들이 가장 좋아 하는 것은 시체의 눈과 간이었다. 죽은 병사들의 시신을 파먹기 위해 쥐들이 뚫어놓은 참호 옹벽상의 작은 구멍들이 발견되는 것은 흔한 현상이었다.”

60여년 전, 한국전쟁 당시 야전에서 적과 장기간 대치했던 많은 참전용사들의 증언도 위의 내용과 비슷하다. 만약 현재의 휴전선에서 이와 같은 유사 상황이 생긴다면 우리는 어떻게 대처해야만 할 것인가?

방치된 독일군 묘비 패전국 군인은 죽어서도 서럽다

야외 전시장 답사를 마치고 나오면서 내팽게쳐져 있는 돌비석들을 유심히 살피고 있는 여행객을 만났다. 이름을 알 수 없는 독일군 병사들의 비석들이란다. 어떻게 이곳에 독일군 비석이 있는지는 모르지만 인근 지역의 깨끗한 정원에서 정성스럽게 관리되고 있는 영국군 묘비들과는 너무나 대조적이다. 이끼가 잔뜩 끼어있는 패전국 군인들의 묘비들은 사람들의 발길에 짓밟힐 수도 있는 오솔길 옆에 아무렇게나 방치되어 있다. 전쟁에서 진 군인들은 죽어서도 서럽다. 결국 역사는 승자의 손으로 기록되고 만약 어쩔 수 없이 어떤 국가가 전쟁을 치루어야 한다면 반드시 이겨야만 전사한 군인들조차도 편히 쉴 수 있을 것 같았다.

단 하루도 빠지지 않은
80년 간의 전몰용사 추모행사

벨기에 이프러시의 전몰용사추모관(Last Post)

Trip Tips

매일 저녁 8시 벨기에 이프르시 전역에는 요란한 소방서의 사이렌이 울린다. 라스트포스트(Last Post) 기념관이 있는 중심 거리는 일제히 모든 차량이 멈춘다. 이 사이렌은 제1차 세계대전 시 이프르 전선에서 숨진 25만 명의 연합군 전몰장병들을 위한 추모행사를 알리는 신호이다.

1928년 이프르 시민들의 성금으로 건축한 무명용사 기념관 앞에서 이 행사는 처음 시작되었다.

군목기도, 추모시 낭송, 1분간 묵념, 추모곡 연주, 벨기에 애국가 합창…. 80여 년 동안 단 하루도 빠지지 않고 진행되어 온 시민단체 주관의 전통의식이다. 매일 저녁 반복되는 교통 통제로 많은 시민들이 불편을 겪기도 한다. 그러나 이 추모행사에 대해 불만을 제기하는 시민은 단 한사람도 없다고 한다.

THE LAST POST

Every evening at 8 pm, a deeply moving ceremony takes place under the vast arch of the Menin Gate: the traffic stops and buglers from the local fire brigade play 'The Last Post'. The ceremony was begun in 1928 and the buglers have performed it faithfully ever since, although they were banned from playing during the German occupation of 1940-44. Brookwood Barracks in England took over the ceremony during the war, but the tradition was immediately

라스트 포스트(Last Post) 기념관 전경

특히 1940년 6월, 제2차 세계대전 시 독일군은 이곳을 점령하자마자 이 의식을 중지시켰다. 그 즉시 영국의 브록우드 병영(Brookwood Barracks)에서 매일같이 동일한 시간에 이프르 전몰용사 추모행사는 계속되었다.

1944년 9월, 이 도시를 연합군이 해방시키자마자 그 날 저녁 당장 이 장엄한 추모의식은 라스트포스트 기념관 앞에서 재개된다. 이와 같은 전통으로 54,896 명의 무명용사 명단이 빼곡이 적혀있는 라스트포스트(Last Post) 기념관은 수많은 유럽 관광객들과 참전용사 후손들이 끊이지 않고 모여드는 벨기에 제일의 관광명소로 일찍이 자리잡았다(www.lastpost.be 참조).

만약 서울 광화문 사거리에서 한국전쟁 당시 대한민국의 자유를 위해 목숨을 바친 수만 명의 UN군 전몰장병들을 위한 비슷한 형태의 추모행사를 매일 저녁 개최한다면 우리 국민들의 반응은 어떨까?

무엇이 전쟁터의 병사들을 용감하게 만드는가?

인류의 전쟁사에 있어서 잔인하고 참혹하지 않았던 전장터는 단 한 번도 존재하지 않았다. 피와 살이 튀기고 금방 옆에서 농담을 주고받던 전우가 순식간에 처참한 시체로 변하는 것을 다반사로 경험해야 하는 전장터의 병사들이 받는 심리적 스트레스는 우리의 상상을 초월한다. 특히 수시로 적군과 총검을 맞대며 자신의 생명을 지키기 위해 상대의 목숨을 빼앗아야만 하는 말단 병사들의 마음을 상상해 보자.

그러나 의외로 제1차 세계대전 시 서부전선에서 생활했던 영국군의 경우에는 무척이나 과묵하고 인내심이 강했다. 당시 중대장이었던 캠벨 대위는 이렇게 말했다.

"중대원들은 명랑하다. 비가 오든, 추운 밤이든, 배가 고프고 지쳤든, 지금 당장 진흙과 물속에 잠겨있든 그 모든 역경에도 불구하고 그들은 쾌활하다. 힘든 시기에 그들은 놀라운 자질과 능력을 보여준다. 진흙 속에서도 웃고, 물속에서도 마냥 농담을 주고받는다. 가끔씩 중대원들에게 '춥지 않나?', '옷이 젖지 않았나?'라고 물으면 언제나 그들은 '춥지 않습니다' '별로 안 젖었습니다'라고 씩씩하게 대답하곤 하였다."

끈끈한 전우애, 신뢰받는 지휘관, 자기 부대 자부심이 병사들의 버팀목

이프르 전선에서 네 아이를 둔 영국군 병사가 독일군 저격병의 총탄에 맞아 전사했다. 그 순간 켐벨 대위 중대원들은 분노로 오열했고 그들은 복수의 기회를 노리며 개인 참호에서 꼼짝하지 않았다. 전우에게 죽음을 안긴 독일군을 개인적인 적으로 여기는 듯했다. 그리고 적을 죽이겠다며 독일군 진지 습격작전에 중대원들은 앞 다투어 지원했다. 동료들에게 필요할 경우 자신의 마지막 담배, 마지막 먹을 것, 심지어 자신의 생명까지도 내던지는 그것이 참호속의 전우애였던 것이다. 이렇게 잔혹하고 타락한 삶에서 유일하게 고결한 것은 오직 전우애 뿐이었다.

또한 지휘관이 소임을 감당할 능력만 있다면 휘하 부하들은 어디서고 따를 준비가 되어 있었다. 많은 경우에 병사들은 생명의 위험을 무릅쓰고 부상당한 장교, 심지어 시신까지도 무인지대에서 회수해 왔다. 병사들과 똑같은 위험을 감내할 준비가 되어 있었던 장교들은 모두 이렇게 깊은 존경을 받았다. 결국 전·평시 군 간부의 중요성이 이런 실전 상황에서 여실히 나타나는 것이다. 모든 군대에서 연대의식, 곧 소속 부대에 대한 최고의 자부심과 충성심도 병사들의 전투의지에 큰 영향을 미쳤다.

영국군 장교회식 석상의 토론에서 훈련, 리더십, 무기성능 등에 대해서는 서로 이견은 많았지만 "장병들의 연대에 대한 자부심이 유능한 전투 부대로 유지해주는 강력한 요소"라는 점은 모두가 동의했다. 특히 병사들의 경우 사단 범위를 벗어나 다른 부대에서 근무할 기회가 없었기 때문에 자기 부대의 전통에 대해 더 많은 관심이 있었다.

쏟아지는 비속에서 자전거를 완벽하게 수리해 준 이프르의 노인부부

교외 전적지를 돌아보고 시내로 들어올 즈음에 짓궂은 가랑비가 더 강하게 쏟아졌다. 급한 마음에 자전거 속도를 더 높였고 자동차들을 피하기 위하여 인도로 올라갈 수밖에 없었다. "아뿔사!" 성급한 핸들 조작으로 앞바퀴가 인도의 턱에 걸리며 자전거가 넘어지고 말았다. 길 가던 행인들이 몰려왔고 절뚝거리며 겨우 자전거를 일으켜 세웠다. 창피한 마음에 얼른 자전거를 끌고 가려는데 수많은 톱니 위에 체인이 뒤엉키어 움직이지 않는다. 자신의 능력으로는 어떻게 조치할 방법이 없다. 최선의 방안은 비를 맞으며 자전거를 어깨에 메고 호텔까지 가는 수밖에 없다.

물끄러미 사고 현장을 쳐다보던 어떤 노인부부가 자전거를 낚아채더니 거꾸로 뒤집어 놓고 기어에서 빠진 체인을 능숙한 솜씨로 정리한다. 할아버지의 손은 새까만 기름으로 뒤범벅이 되었고 할머니는 우산을 받쳐 들고 계신다. 체인이 벗겨진 경우 자전거를 뒤집어 놓고 수리한다는 것을 처음 알았다. 내가 할 수 있는 일이라곤 그저 감사하다는 말과 손수건을 꺼내어 할아버지의 손을 닦아드리는 것 뿐이었다. 자전거를 완벽하게 고친 그 부부는 빙긋이 웃으며 손을 흔들고 가셨다. 6·25전쟁 때 아무 조건 없이 우리를 도와준 벨기에 군인들처럼 말없이 여행객의 어려움을 해결해 주신 그 어르신의 얼굴이 아직도 눈에 선하다.

세계 최대의 요새!
벨기에 에반에말을 찾아서

1940년 5월 10일 새벽, 독일군 공수부대의 기습공격으로 시작된 비극의 전투현장 벨기에 에반에말 요새(Fort Eben-Emale)! 답사를 위해 아침 일찍 브루쉘(Brussel)을 출발하여 네덜란드의 작은 도시 마스트

에반에말 요새 입구

리히트(Maastricht)역에 도착하였다.

에반에말에 대한 네덜란드 할아버지의 70년 전 기억

1940년 5월 10일 새벽, 독일군 공수부대의 기습공격으로 시작된 비극의 전투현장인 벨기에 에반에말 요새(Fort Eben-Emale) 답사를 위해 아침 일찍 브루쉘(Brussel)을 출발하여 네덜란드의 작은 도시 마스트리히트(Maastricht)역에 도착하였다.

요새로 가는 길을 주민들에게 물으니 복잡한 버스 노선을 알려준다. 시내버스를 타고 다른 정류소로 이동하여 또다시 벨기에행 시외버스를 타야한다. 즉 지형상 벨기에→네덜란드→벨기에(에반에말)를 거쳐야 갈 수 있었다. "닥쳐올 일에 대해 염려하지 말라!"는 격언을 상기하며 버스를 탔건만 제대로 목적지를 찾아갈 수 있을지 은근히 걱정이 된다.

그러나 낯선 동양인이 계속 "에반에말"을 되풀이하는 것을 유심히 지켜보던 점잖은 노신사 한 분이 자기 집이 에반에말 요새 길목에 있

에반에말 요새 부근의 뮤즈강

으니 걱정말고 따라오란다. 천군만마의 원군을 얻은 기분이다. 이 지역은 벨기에, 네덜란드, 독일 3개국의 국경이 만나는 전략적 요충지로서 역사적으로 수많은 전투가 일어났던 곳이다.

버스종점에 오니 두 사람만 남게 되었고 자연스럽게 그 분은 여행 안내자가 되었다. 연세는 80세가 넘어 보였으나 걸음걸이가 너무나 당당하고 힘이 넘쳐 보인다. 젊은 시절 네덜란드 해병대에서 근무하였으며 아주 어렸을 적에 독일군의 에반에말 공격작전을 직접 목격하였다고 한다. 제2차 세계대전이 일어나기 전에는 고향 마을 에스덴(Eysden)에서 뮤즈(Meuse)강을 건너 벨기에산 대형 초코렛을 자주 사 먹기도 했단다.

특히 1940년 5월 10일, 자신의 마을 근처에서 많은 독일군들이 몰려와 뮤즈(Meuse)강에 부교를 설치하던 모습을 생생히 기억했다. 당시

알베르운하 옆의 아름다운 주택 전경

많은 친구들과 강둑에서 군인들의 부교 설치 광경을 정말 인상깊게 보았단다. 그러나 강 건너편의 에반에말 요새에서 어떤 일이 일어나고 있는지 네델란드의 마을 사람들은 아무도 알지 못했다고 하였다.

강대국 침공에 대비하는 약소국 벨기에의 몸부림

1871년 보불전쟁 결과 승전국 독일제국의 출현에 벨기에를 포함한 유럽의 약소국들은 불안에 떨 수밖에 없었다. 역사적으로 프랑스와 독일의 틈바구니에서 벨기에는 원하지 않는 전쟁의 소용돌이에 자주 휘말렸다. 프랑스와 독일의 전쟁은 필연적으로 벨기에가 쌍방의 공격 통로로 이용되곤 하였다.

특히 1887년 벨기에 장군 브리알몬드(Brialmont)는 미래 독일침공을 대비하여 네델란드와 독일 국경지역에 강력한 방어진지 구축을 정부에 요구하였다. 그러나 국방예산 삭감으로 그 뜻을 이루지 못했다. 브리알몬드 장군은 "전쟁에 대비하여 벨기에가 지금 견고한 요새진지를 만들지 않는다면 곧 국민의 피눈물을 대신 바쳐야 할 것이다."라고 절규하였다. 결국 그 장군의 예언대로 벨기에는 1914년 독일의 침공으로 수십만의 벨기에 젊은이들은 피눈물을 흘리며 전장터에서 목숨을 잃게 된다.

전쟁 양상 변화를 읽지 못한 구태의연한 벨기에군

1930년대 점증하는 유럽의 전쟁발발 가능성에 대해 벨기에는 에반에말을 포함한 12개의 대형 요새진지를 개축하거나 신설했다. 특히 독일침공을 대비한 에반에말 요새는 인공 장애물 알베르 운하를 끼고 1,200여명의 장병들이 거주하는 단일 규모로서는 세계 최대의 지하진지였다.

이 요새는 1932년에서 1936년까지 약 4년간의 공사를 거쳐 완성하였으며 500명 단위의 포병을 2그룹으로 나누어 1주 단위로 갱도와 외부주둔 교대근무를 했다. 즉 비번포병은 요새로부터 7Km 정도 떨어진 야외병영에 주둔했으며 추가적으로 약 200여명의 기술·행정 지원 요원들은 요새 입구의 바깥 병영에 거주하였다.

에반에말 요새에는 사거리 17.5Km의 120mm 화포 2문, 사거리 8Km의 75mm 화포 16문과 많은 기관총 및 대공화기 등의 무기와 지하 50m 아래에 수 Km에 달하는 터널이 거미줄처럼 얽혀 있다. 갱도 내부에는 전투지휘소, 탄약고, 생활관, 식당, 교회, 병원, 샤워장, 전사자 안치실, 감옥 등 장기간 고립전투가 가능하도록 제반 시설이 완벽히 준비되어 있었다.

그러나 아쉽게도 요새 외곽에는 근접전투를 위한 교통호나 광범위한 철조망, 지뢰지대 등은 구축하지 않았다. 또한 화포운용은 전선부대의 요청에 의해 지원사격이 이루어지도록 되어 있어 요새 자체의 관측과 사격능력은 많은 제한을 받았다. 더구나 변화하는 전쟁 양상

지하 요새내의 장병 생활관

에 벨기에군은 둔감하여 공중으로부터의 항공기 강습착륙 대비책은 전혀 상상하지도 못했다.

특히 요새지대의 상단 초원에는 넓은 축구장을 마련하여 갱도 근무 장병들의 사기앙양을 위해 운동을 즐기도록 장려하는 실정이었다. 오랫동안 전쟁을 준비해 온 교활한 히틀러가 벨기에군 요새의 이런 약점을 간과할 리 없었다.

에반에말 요새는 벨기에 청소년들의 상무정신 함양 교육장으로 변신

제2차 세계대전 후 오랫동안 일반인들의 출입이 금지되어 오던 에반에말 요새는 1988년 1월 15일부터 관광객들에게 내부갱도와 외부 지역 전체가 공개되고 있다. 벨기에 재향군인회에서 관리를 맡고 있으며 주출입구 근처에는 70여 년 전의 외부 병영막사 벽 곳곳에 뚫린 총탄자국을 그대로 안고서 아직도 남아있다.

벨기에 교사의 청소년 상무정신 교육(에반에말)

필자가 방문한 당시에도 많은 청소년들이 엉성한 군복을 입고 포복과 약진자세를 연습하고 있었다. 흡사 오래 전 자신들의 선조들이 이곳에서 독일군에게 당했던 수모를 잊지 말자는 의미에서 의도적으로 선생님들이 학생들을 교육시키는 것처럼 보였다.

4년 동안 축성한 요새! 단 하루만에 무너지다

1940년 5월 10일 04:30분! 벨기에 에반에말 공격의 독일군 공수부대 벤첼(Wenzel) 원사는 글라이더가 요새 지붕에 착륙하자마자 글라이더의 내벽을 군화발로 힘껏 걷어찼다. 우지끈하며 글라이더의 벽이 떨어져 나감과 동시에 대원들은 볼록 솟은 관측소와 화포진지 벙커를 향해 돌진했다.

사실 이 날을 위해 벤첼 원사와 80여명의 부하들은 1939년 9월, 폴란드와의 전쟁이 끝난 후 부터 거의 7개월 동안 하루도 빠지지 않고 요새의 화포포상 및 관측소와 똑같은 모형을 만들어 두고 맹훈련을 반복했다. 마지막에는 에반에말 요새지형과 흡사한 독일의 스톨베르그(Stolberg)에서 실탄 사격과 실제 폭탄을 사용하는 예행연습까지 완벽하게 마무리 지었다.

죽음의 사신이 하늘에서 올 줄을 아무도 몰랐다

1940년 5월 10일 04:30분! 벨기에 에반에말 공격의 독일군 공수부대 벤첼(Wenzel) 원사는 글라이더가 요새 지붕에 착륙하자마자 글라이더의 내벽을 군화발로 힘껏 걸어찼다. 우지끈하며 글라이더의 벽이 떨어져 나감과 동시에 대원들은 볼록 솟은 관측소와 화포진지 벙커를 향해 돌진했다.

사실 이 날을 위해 벤첼 원사와 80여 명의 부하들은 1939년 9월, 폴란드와의 전쟁이 끝난 후 부터 거의 7개월 동안 하루도 빠지지 않고 요새의 화포포상 및 관측소와 똑같은 모형을 만들어 두고 맹훈련을 반복했다. 마지막에는 에반에말 요새지형과 흡사한 독일의 스톨베르그(Stolberg)에서 실탄사격과 실제폭탄을 사용하는 예행연습까지 완벽하게 마무리지었다.

작전에 참가하는 공수부대원들은 독일청년들 중 가장 우수한 자질을 갖춘 최정예 인원들로 엄선되었다. 이들의 존재는 철저하게 비밀에 붙여졌고 훈련기간 중 외부연락은 일체 허용되지 않았다. 이로 인해 본의 아니게 여자 친구와 헤어진 장병들이 몇 명이나 되는지는 아무도 모른다.

작전용 글라이더는 분해되어 엄격한 도로통제가 이루어진 가운데

독일군 특수폭약에 뚫린 벨기에 요새 모습

독일군 최고의 전사 공수부대원 모습

심야에 수백 대의 포장트럭으로 발진기지인 쾰른 비행장으로 운반되었다. 심지어 비행기지 사령관조차도 이 특수작전에 참가하는 공수부대의 존재를 알지 못했다. 더구나 에반에말 요새건설에 참여한 독일회사로부터 지하 설계도면을 입수하여 독일군은 이미 내부구조까지 훤히 알고 있었다. 따라서 작전요원들은 눈을 감고도 요새내부로 통하는 통풍구나 총안구, 하수구등을 남김없이 찾아낼 수 있었고 이 작전을 위해 독일육군 병기국은 특수

폭탄까지 개발했다.

벨기에군도 나름대로 전쟁전야에 완벽한 대비태세를 유지하고 있었다. 독일군이 어떤 방향으로 오더라도 집중포화를 퍼부을 수 있도록 모든 화포진지는 명령만 기다렸다. 그러나 모든 방향들 중에는 공중으로부터의 공격은 포함되어 있지 않았다. 오로지 요새지대의 벨기에군은 알베르 운하 건너편의 독일군 공격을 기다리는 사이에 죽음의 사신들이 자신들의 머리위에 천천히 내려앉고 있다는 사실을 전혀 짐작하지 못하고 있었던 것이다

복잡한 지휘체계, 통신수단 미비 멍터구리 요새로 변한 에반에말

작전 당일 새벽에 11대의 글라이더가 요새지대에 착륙을 시도했으

나 결국 9대만 목표 지역에 도달했다. 그와 동시에 수십 대의 글라이더에 탑승한 300 여명의 독일군들이 알베르 운하상의 교량 점령을 위해 주변 강둑과 평원지대에 기습적으로 착륙했다. 특히 에반에말 요새지대 상단부에 개미떼처럼 달라붙은 독일 공수부대원들은 구멍이란 구멍에는 특수폭탄을 쑤셔 박았고, 신형 성형작약탄도 강철로 만들어진 진지 돔이나 벙커 벽에 수십 개나 설치하였다.

지휘자 벤첼 원사의 신호에 맞추어 요새지붕 위에서 수차례의 동시폭파를 시작했다. 환기구에서 폭발한 폭탄은 요새내부로 무시무시한 화염과 함께 엄청난 유독성 매연을 불어 넣었다. 수Km나 뻗쳐있는 긴 지하통로를 따라 시뻘건 화염이 휩쓸고 지나갔고 이 폭발에서 이미 수백 명의 벨기에군은 숯덩이가 되어 버렸다.

화염방사기를 멘 대원들은 기관총 사격에도 아랑곳하지 않고 벙커 총안구로 달려 나갔다. 화염방사기의 불길이 총안구에 닿는 순간 화염은 저절로 벙커내부로 빨려 들어갔다. 처참한 벨기에군의 비명소리와 함께 끝까지 저항하던 기관총좌는 하나 둘씩 침묵했다.

더구나 벨기에군의 일부 화포는 포탄발사 순간에 외부관측용 잠망경에 주변 먼지와 흙덩이가 달라붙어 더 이상 조준사격이 불가능했다. 일부 용감한 병사들이 요새 밖으로 나가 오물 제거를 시도했지만 곧바로 독일군에게 사살되었다.

또한 요새 내·외부간의 통신미비로 갱도내의 전투지휘소에서는 전반적인 상황파악에 상당한 애를 먹었다. 결국 실전 상황에서의 요새 기능을 철저하게 점검하지 못했던 1,200여명의 벨기에 요새 수비군은 불과 36시간 만에 정예 독일 공수부대원 80여명에게 항복하는 수모를 당하고 말았다.

요새지대 위의 평원 뒤늦게 옥수수밭으로 변하다

갱도 내부에는 다양한 격실로 구성되어 있었다. 흡사 한국도시에서 흔히 볼 수 있는 지하상가의 구조와 비슷하다. 특히 갱도 안에서의 화포사격시 소음처리를 위해 지하 수십미터 깊이의 쌍굴을 뚫어 과학적으로 포격음를 분산시키는 시설도 완비되어 있었다. 독일군이 내부 침투를 위해 폭파했다는 시뻘겋게 녹쓴 지하철문은 부서진 채 방치되어 있다.

안내자 설명에 의하면 벨기에군은 갱도 내부전투를 전혀 대비하지 않았기 때문에 병사들의 무장도 빈약하였다. 예를 들면 1개 화포를 운용하는 10여명의 병사들 중 포반장 정도만 총기를 소지했고 나머지는 비무장이었다. 설마 독일군이 요새내부로 들어올 수 있다고 상상한 벨기에 군인은 아무도 없었던 모양이다.

내부관람을 마치고 요새지붕인 산등성이로 올라갔다. 의외로 폭이 대략 2Km 내외 정도 되는 넓은 초원지대가 펼쳐져 있다. 또한 볼록 솟은 관측소와 벙커형 화포진지들이 띄엄띄엄 산재해 있었다. 경항공기나 글라이더가 착륙할 수 있는 충분한 공간이다. 현재는 초원지대의 대부분이 옥수수 밭으로 변해 있다.

1940년대 당시 독일군의 강습착륙 작전가능성을 벨기에군 중에서 단 한 사람이라도 착안했더라면 거부대책은 별로 어려울 것 같지 않았다. 초원지대에 축구장 대신 옥수수나 채소를 재배하는 경작지로 만들거나 지뢰지대 몇 곳만 설치하였더라도 글라이더의 안전한 착륙은 불가능했을 것이다. 전쟁이 끝난 지금에서야 새삼 요새지대의 지붕 절반을 옥수수 밭으로 만든 이유가 무엇인지 이해가 가지 않았다.

2차대전 죽음의 혈투장!
벨기에 아르덴느 숲

아르덴느(Ardennes) 삼림에서 반복되는 죽음의 혈투

> **Trip Tips**
>
> 독일의 트리어(Trier)⇨룩셈부르그(Luxembourg)⇨프랑스의 론그위(Longwy), 스당(Sedan)까지는 현재 철도가 놓여있어 마음만 먹으면 반나절 만에 도달할 수 있다. 자동차를 이용한다면 독일에서 출발하여 룩셈부르그와 벨기에를 거쳐 프랑스 스당의 뮤즈(Meuse)강에 이르는 양호한 도로도 사용할 수 있다.

　바로 이 곳이 1940년 5월, 독일군의 프랑스 침공로였던 벨기에의 아르덴느 삼림이며 지역내에는 급류인 뮤즈강이 흐르고 있다.

　아울러 벨기에의 시골도시 바스토뉴(Bastogne)도 아르덴느 고원에 있으며 1944년 12월, 연합군을 향한 마지막 독일군 공세작전이었던 발지(Bulge)전투도 이곳에서 벌어졌다. 잘 알려진 전쟁영화 〈밴드 오브 브라더스〉에서 '울부짖는 흰 독수리' 부대마크로 유명한 미 제101 공정사단 506연대 이지중대(Easy Company)도 바스토뉴에서 독일군

눈속에서 부상병을 치료하는 연합군 의무병

에게 포위된 채 수주일 동안 혈투를 벌렸다. 깎아지른 절벽, 계곡사이의 교량, 좁은 산길은 상식적으로 도저히 전차나 차량 통행은 불가능할 듯이 보였다. 그러나 히틀러는 바로 이런 상식을 깨고 잘 훈련된 독일의 기갑군단을 이곳 아르덴느 숲속으로 밀어 넣었다.

1940년 5월 10일 새벽 아르덴느 삼림 위를 프랑스 공군중위 호디는 정찰비행을 하고 있었다. 그 순간 달빛에 반사되어 희게 빛나는 도로를 따라 검은 뱀처럼 굼실굼실 움직이는 긴 띠를 발견했다. 엄격한 등화관제 아래에 있는 독일군 기갑군단 소속의 긴 차량행렬이었다. 호디 중위는 사령부로 즉시 보고했지만 돌아온 대답은 "그럴 리가 없다. 날이 밝으면 다시 한번 확인하라!"는 지시뿐이었다. 결국 '벨기에 아르덴느 삼림지대는 기갑부대의 통과가 불가능할 것이다'라는 상식을 깬 히틀러는 제2차 세계대전 초기작전 성공으로 벨기에 · 네덜란드 · 프랑스군의 항복을 받고 전쟁승리를 거머쥐었다.

벨기에 아르덴느 숲 전경

혹독한 추위와 끊어진 전장 보급 그러나 그들은 결코 절망하지 않았다

4년 6개월 전, 독일군들은 아르덴느 삼림지대의 바스토뉴 부근을 신명나게 통과했다. 바로 그 곳에서 1944년 12월 16일, 히틀러는 또 다시 반전을 기대하며 독일로 진격하는 연합군에게 대규모의 기습공격을 가하게 된다. 예상치 않은 독일군의 역습으로 미군들은 곧 큰 혼란에 빠졌다. 특히 독일군 공격로의 목젖과 같은 위치에 있는 작은 도시 바스토뉴에서 미 제101공수사단을 포함한 17,000여명의 미군이 독일군 3개 사단 45,000명에게 포위를 당했다. 동계장비를 지급받지 못한 미군들은 폭설로 인해 30cm 이상 쌓인 눈 속에서 혹독한 영하의 날씨와 차가운 바람에 시달려야 했다. 그들에게는 방한화도, 털양말도, 긴 내복도 없었고 게다가 불을 피우는 것도 금지였다. 끊어진 보급으로 인하여 미군병사들은 각종 질병과 부상으로 끔찍한 경험들을 하게 된다.

여러 질병들 중에서 제대로 먹지 못해 영양실조로 인한 참호구강염

(Trench Mouth)에 걸린 병사들은 엄청난 고생을 해야 했다. 잇몸에서 고름이 배어 나왔으며 잇몸이 너무 약해져서 혀로 밀면 이빨이 슬슬 움직일 정도였다. 또한 포탄 파편에 맞아 배가 터진 병사는 흘러나온 자신의 내장 일부를 손으로 받쳐 들고 나머지는 흙바닥에 질질 끌고 다니며 비명을 질렀지만 응급처치만 한 후 그대로 방치되었다.

이런 최악의 상황에서도 미군들은 결코 독일군에게 항복하지 않았다. 포위된 지 약 1주일 후인 12월 22일, 독일군 지휘관은 병사 4명에게 백기를 들려서 미군 메콜리프 장군에게 보냈다. '명예로운 항복을 택함으로써, 전멸위기에 봉착한 미국병사들의 목숨을 구하라!'라는 전갈이었다. 매콜리프의 답장은 'Nuts(꺼져! 닥쳐!)'였다. 결국 12월 26일 새벽, 패튼의 제4기갑사단이 독일군의 포위망을 짓뭉개고 바스토뉴에 포위된 미군진지에 도착해 그들을 구출했다.

이곳 아르덴느 숲속에서 영웅적인 전투를 했던 바로 101공정사단 506연대는 6여년 후 한국전쟁이 발발했을 때 한반도로 파견되어 공산군을 격파하는데도 유감없이 그들의 용맹성을 발휘하게 된다.

아르덴느 고원 곳곳에 전사적지 기념관 산재

벨기에의 아르덴느 산림에는 곳곳에 크고 작은 전쟁기념관들이 산재해 있다.

바스토뉴에서 멀지않은 룩셈부르크 디키르시(Diekirch) 군사박물관의 전시물 절반이 발지전투에 관련된 기록물과 전투장비들이다. 제2차 세계대전 말기에 패퇴하던 독일군이 마지막으로 약 30만 명의 병력, 1,000여 대의 전차·장갑차, 각종 화포 1,000여 문을 투입하여 아르덴느의 신화를 다시 한번 창조하려 했지만 결국 실패로 끝났다.

오늘날 밋밋한 유럽평원을 벗어나 많은 여행객들이 아름다운 경관과 맑은 계곡물이 넘쳐흐르는 이곳 아르덴느 고원을 찾아와서 캠핑을 즐기고 있다. 그러나 그 광활한 산림 속에는 전장터에서 산화한 수십만의 젊은 영혼들이 아직도 안식처를 찾지 못하고 구천에 떠돌고 있다는 것을 생각하는 여행객들은 많지 않은 것 같았다.

벨기에 생존권!
강국과의 군사동맹으로 지킨다

진취적인 한국청년 덕분에 현지인들의 도움을 받다

전사적지 답사에 동행한 충남대생 P군은 전쟁사에 관심이 많을 뿐만 아니라 자랑스러운 공군 조종장교 후보생이다. 씩씩하고 진취적인 P군 덕분에 프랑스·벨기에 현지 주민들의 많은 도움을 받았다. 신세대 젊은이답게 만나는 청년들과 쉽게 친해지고 필요시에는 주저없이 도움을 요청한다. 최근의 한류 열풍, 2002 월드컵 축구경기, 한국산 통신 및 전자제품의 대중화에 힘입어 유럽의 젊은 세대 대부분은 한국에 대해 대단히 관심이 많았다. 현지 청소년들이 사용하는 휴대폰이나 스마트폰은 많은 경우 한국 제품이다. 더구나 축구를 좋아하는 청년들은 2002년 월드컵이나 유럽의 유명 프로축구팀에서 활약하는 한국 선수를 화제로 올리면 이야기를 끝내기가 쉽지 않다. 물론 이런 현상은 바쁜 도회지보다 한산한 시골 지역일수록 뚜렷했다.

프랑스 스당(Sedan)에서 만난 프랑수와(Frasawir)는 프랑스인이면서 직장은 벨기에의 브뤼셀에 있었다. 그의 아버지는 스당시 경찰관이며 집에는 할아버지로부터 물려받은 2차 대전 관련 자료를 많이 소장하고 있었다. 그의 본가를 직접 방문한 P군은 일부 자료를 복사해 오기도 했다. 또한 시간이 있다면 직접 프랑수와의 아버지를 만나 스당전투에 대해 물어 볼 수도 있단다. 아쉽게도 빠듯한 일정으로 그의 부친을 직접 만나지는 못했다.

Trip Tips

대신 일요일 오후 스당에서 브뤼셀로 그 청년이 올라가니 일정이 맞으면 P군과 필자를 자기 승용차로 태워주겠다고 하였다. 사실 브뤼셀까지 가는 교통편을 알아보고 있던 참이라 주저없이 동승을 부탁했다. 여행 중 이런 장거리를 히치하이킹(Hitchhiking)하기도 쉽지 않다. 더구나 약 3시간 동안 아르덴느 삼림지대를 관통하여 가는 코스라 다시 한번 이곳 지형을 찬찬히 볼 수 있다는 것도 행운이었다.

해외 배낭여행객이 현지인 도움받기는 쉽지 않다

벨기에의 영광을 군사박물관에서 재현

브뤼셀의 중심부에 위치한 넓은 생캉트네르(Cinquantenaire) 공원에는 웅장한 개선문과 더불어 벨기에 왕립 군사박물관이 자리 잡고 있다. 사실 역사적으로 유럽의 강국들 사이에서 숱한 침략을 받아왔던 벨기에는 전쟁승리를 기념할 만한 사례는 많지 않아 보인다. 그러나 특히 제1·2차 세계대전에서 연합군에 가담하여 침략국 독일과 싸우면서 국토는 초토화되었고 수많은 국민들이 전쟁의 참화로 목숨을 잃었다. 그러나 결과적으로 벨기에는 전승국의 입장에서 전쟁을 마무리 지었다. 결국 불의에 끝까지 항거한 벨기에인들은 사실 이 공원에 세워진 개선문의 영광을 충분히 누릴 자격이 있는 국민들이 되었던 것이다.

군사박물관 내부로 들어가면 수십 개의 벨기에 국기가 각종 군사장비와 전쟁영웅들의 흉상 위에서 펄럭이고 있다. 순간적으로 관람객들을 모든 전쟁에서는 벨기에는 오직 승리밖에 없었던 것으로 착각하게 만든다. 박물관의 구성은 제1·2차세계 대전실, 공군 역사실, 벨기에군 소개관 등으로 되어 있으며 각 전시실에는 전투장비와 기록물로 꽉 차있다. 특히 제1·2차세계 대전실에는 일본군 참전역사와 군인 복장, 태평양 전쟁사도 소개되고 있다.

그러나 아쉽게도 한국전쟁의 벨기에군 참전사는 구체적으로 소개되지 않고 있었다. 단지 벨기에군 공정부대 전시물에 한국전 관련 약간의 언급만 있을 뿐이다. 약 600여명의 소수의 벨기에군이 한국전쟁에 참여해서 인지 박물관에서는 거의 비중있게 다루지 않았다. 오히려 벨기에가 아프리카 식민지 운영시 내전으로 위험에 빠진 자국민들을 공정부대가 투입되어 무사히 구조해 왔다는 역사적 사례들은 소상하게 다루고 있었다.

그러나 후손들에게 자신들의 조국을 지키기 위해 벨기에의 선조들이 어떤 무기를 스스로 개발했고 얼마나 많은 사람들이 목숨을 바쳤는지는 충분히 이해할 수 있도록 풍부한 사료를 바탕으로 구성해 놓은 훌륭한 군사박물관이었다. 박물관의 운영은 재향군인회에서 하며 운용예산을 벨기에 정부에서 지원해주고 있어 입장료 또한 무료였다.

대규모 청사로 신축되는 브뤼셀의 NATO 본부

브뤼셀 중심부에서 시내버스를 타고 약 30분정도 교외로 가면 수십 개국의 국기가 휘날리는 NATO(북대서양조약기구: North Atlantic Treaty Organization) 본부건물을 볼 수 있다. 넓은 부지는 차지하고 있지만 오래전에 지은 낡은 건물들이 밀집되어 있다. NATO는 1949년에 창설되어 2009년 기준으로 28개 회원국을 가지고 있다. 이와 같은

브뤼셀에 위치한 현 NATO 본부청사 전경

집단안보체제 덕분으로 제2차 세계대전 이후 벨기에는 첨예한 냉전 구도 속에서도 전쟁의 위협에서 벗어날 수 있었고 수많은 국제기구본부를 벨기에로 의도적으로 유치하였다. 현재 유럽연합(EU: European Union)의 주요 기구들도 마찬가지 벨기에의 수도 브뤼셀에 밀집되어 있다.

특히 NATO의 작전지휘권은 평시에는 각 회원국들이 가지고 있지만 전시에는 NATO군 사령관이 갖도록 하는 단일 지휘체제를 유지하고 있다. 많은 유럽국가들은 전쟁시 확실한 승리를 거두기 위해 어떤 군사지휘체제가 효율적이냐가 중요하지 민족감정을 앞세우지는 않았다. 더구나 구 NATO 본부 앞에 초대형으로 신축되고 있는 새로운 본부건물을 보고 벨기에를 포함한 NATO 가입국들이 자국의 국익을 위해 집단 군사안보체제를 더욱 공고히 하고 있다는 것을 느낄 수 있었다.

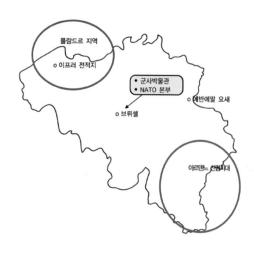

네덜란드

Netherlands

풍차 뒤에 가려진 네덜란드 전쟁 참화

바다를 육지로 만든 강인한 네덜란드인

기차 차창 밖의 끝없는 초원, 운하, 그리고 운하 옆의 깨끗하게 포장된 시원한 자전거길! 인구 1700만, 국토면적 4만Km², 국민 개인소득 50,000달러, 축구영웅 히딩크의 나라 네덜란드! 더욱 놀라운 것은 국토 절반이 바다보다 낮아 수백 년 간척사업을 통해 약 20%의 국토를 확장하였다.

또한 네덜란드는 6·25전쟁 당시 한국을 돕기 위해 800여명의 병력과 구축함 1척을 파병하여 전사상자 765명이 발생했고 참전 연인원이 5300여명에 달한다.

역사적으로 네덜란드는 주변 강국인 프랑스, 독일, 심지어 스웨덴의 침략까지도 수차례 받았다. 외적의 침공에는 끝까지 저항하는 강인한 국민성을 가진 네덜란드도 제2차 세계대전 발발직전 중립을 표명하면서 전쟁의 참화에서 벗어나려고 노력했다.

그러나 독일 침공에 4일 정도 저항하다가 결국 항복하게 된다. 약 5

암스테르담 시내의 운하

년간에 걸친 독일 점령 하에서 네덜란드는 25만여 명의 사망자, 33%의 국가재산 손실, 86개의 공장이 해체되어 독일로 강제 이송되는 등 엄청난 인적·물적 피해를 입었다. 빨간 튤립과 평화롭게 돌아가는 풍차의 뒷면에는 이처럼 참혹한 전쟁의 상흔이 숨겨져 있다.

세계를 제패했던 해양 강국의 상징 암스테르담 해양박물관

┌─ Trip Tips ─────────────────────────────────
│ 암스테르담 중앙역을 벗어나면 대형 운하 옆에 흰 대리석으로 지어진 깔끔한 3층 석조건물이 멀리 보인다. 그 곳이 바로 네덜란드의 역사를 한 눈에 알 수 있는 해양박물관이다.
└──

15-17세기, 세계의 바다를 제패해 온 해양강국답게 박물관에서는 해양탐험의 역사와 진보된 항해기술 등의 풍부한 자료를 소개하고 있다.

내부관람을 마치고 부두로 나오면, 16세기에 세계를 일주하며 인도네시아로 건너갔던 대형 범선 암스테르담호를 볼 수 있다. 내부 구조

독일군 공격으로 초토화된 도시

는 비교적 단순하나 즉각 외부 사격이 가능한 대포들이 가지런히 정돈되어 있었다. 3층 선체는 보기에도 튼튼한 목재로 만들어졌으며 장기간 항해에 대비한 엄청난 양의 화물적재가 가능한 공간도 있었다. 이런 범선들이 전 세계의 바다를 떠돌던 시기는 대략 한반도에서 이순신 장군과 거북선의 등장으로 임진왜란을 승리로 이끈 시점과 비슷하다.

선원 침실 겸 식당인 천정에 주렁주렁 달려있는 해먹(hammock:그물침대)을 살펴보며 이런 상상에 젖어 봤다. 만약 그 당시 조선에도 세계의 흐름을 읽을 줄 아는 유능한 정치지도자가 있어 우리의 훌륭한 선박 건조기술을 더욱 발전시키고 먼 대양으로 진출하는 탐험정신을 국민들에게 불어 넣어 주었더라면… 아마 인도네시아 근해에서 네덜란드 범선과 조선의 대형 함정이 서로 실력을 겨루는 초유의 사태가 일어나지 않았을까? 하는 부질없는 생각이 들기도 하였다.

해양강국 시대의 네덜란드 함선(해양박물관 옆에 계류)

도움의 손길을 애타게 기다렸으나 국제 사회는 냉담

1940년 5월 9일 22:00, 독일 주재 네덜란드 무관 야콥 대령은 독일의 침공첩보를 입수하여 다급하게 본국으로 무전기를 두들겼다.

"네덜란드 공격 7시간 전! 주변국에게 도움을 요청하라, 도움을 요청하라· · ·"

네덜란드는 즉각 각 부대에 전쟁준비명령을 하달하고 우방국들에게 도움을 요청하는 다급한 호소문을 날렸다.

다음날 새벽 5시! 수백 대의 독일 공군기가 북프랑스 연합군 기지에 맹폭격을 퍼붓고 동시에 약 4000여명의 독일 공수부대원들이 네덜란드의 주요 군사요충지에 뿌려졌다. 전통적으로 네덜란드는 외적의 침공 시에는 수백 개의 운하를 폭파시켜 적을 고립·격멸하는 전술을 구사해 왔다. "아뿔싸!" 네덜란드 공병들이 운하와 주요 교량폭파를 위해 달려가니 그 곳에는 이미 독일 공수부대원들이 여유 있게 손을 흔들며 환영하고 있지 않은가? 뒤이어 전차부대들이 밀고 들어오는 것을 보고 네덜란드군은 속수무책으로 손을 들 수밖에 없었다.

마지막으로 프랑스군의 지원을 애타게 기다렸으나 이미 프랑스는 네덜란드를 연합군 방어계획에서 빼놓고 있었다. 결국 연합군으로부터도 버림받은 네덜란드는 전쟁 발발 4일 후인 5월 14일에 항복했다. 그와 동시에 네덜란드 국민들은 히틀러의 폭정 아래 '사는 것이 차라리 죽는 것보다 못한 피점령국 국민의 서러움'을 톡톡히 맛보게 된다.

제2차 세계대전 최대 실패
비극의 마켓가든 작전!

독일 기갑부대 위에 떨어진 영국군 제1공정사단

1944년 9월 17일 새벽! 병력 3만5천여 명, 수송기 4천 대, 글라이더 2천5백 대가 도버 해협을 건너 네덜란드로 날아가고 있었다. 더구나 약 5천톤의 군수품과 1천9백대의 차량, 수백문의 화포도 탑재되어 있었다.

인류 전쟁사에 있어 이런 병력과 물자가 동시에 항공기로 이동한 경우는 '마켓가든'작전 이외에는 찾아볼 수 없다. 작전에 투입된 미 · 영 3개 공정사단 중 하나인 '붉은 악마' 영국군 제1공정사단은 네덜란드 아른헴(Arnhem) 상공에 도착했다.

그들의 임무는 약 100Km 정도 깊숙한 적진 가운데 있는 라인 (Rhine)강의 아른헴 대교를 신속히 점령하는 것이다. 교량 주변은 인구 밀집의 도시지역이라 착륙지점이 목표물에서 13Km 떨어진 들판이었다.

네덜란드 아른헴의 영국 공정부대 박물관 표지판

H-hour!

엄청난 수의 병력, 화물짐짝들이 글라이드와 낙하산으로 쏟아져 내리고 있음에도 불구하고 부근은 조용했다. 특히 제1낙하산여단 2대대장인 프로스트(John Frost) 중령은 대대원들이 집결하자마자 〈머나먼 다리(A Bridge Too Far)〉라는 영화로 유명한 아른헴 대교를 향해 거의 달리다시피 이동했다. 그러나 불행하게도 사전 정보 판단과는 달리 아른헴 시내 부근에는 독일군 제9SS기갑사단, 제10기갑사단이 주둔하고 있었다. 영국 제1공정사단 부대원들은 벌거벗은 상태에서 오직 맨주먹으로 호랑이굴 속으로 뛰어든 꼴이 되고 말았다.

영 · 독일군, 시민이 뒤섞인 유혈 낭자한 시가지 전투

아른헴 시내에서 약간 떨어진 오스터르베크(Oosterbeek)에 고색창연한 3층 건물의 하르텐슈타인(Hartenstein) 호텔이 있다. 마켓가든 작전시 제1공정사단 지휘소로 쓰였던 곳이며 현재는 영국 공정부대 기념관으로 운영되고 있다.

1978년, 주인은 네덜란드의 자유를 위해 희생한 영국군을 위해 이 호텔을 헌정했다. 전시물 대부분은 아른헴시의 경찰관과 지뢰 제거팀들이 수거했던 것들이며 당시 시민들의 생활상과 영웅적인 전투담들이 실증적인 사진들과 함께 제시되어 있다. 특히 1944년 9월, 시가지 전투 간에는 영·독일군, 일반 시민들이 뒤범벅이 되어 민간인들의 피해도 막심했다. 담하나 사이를 두고 쌍방이 교전을 벌인 경우도 허다했다.

이때 독일군이 던진 수류탄이 영국군과 함께 있던 피난민 가운데로 떨어지자 윌링햄(Albert Willingham) 소령은 자신의 몸을 던져 시민들의 목숨을 구하기도 했다. 이 군인에 대한 추모는 매년 아른헴 전투 기념행사시 시민의 이름으로 공식 순서에 반영되어 있다.

매년 9월 중순 대규모 전쟁 기념 재현행사 개최

Trip Tips

'마켓가든'작전에서 목숨을 잃은 미·영·캐·독·폴란드 군인들과 시민들을 위한 대규모 추모 및 기념행사가 매년 9월 중순에 아른헴시에서 열린다. 군수송기 지원 하에 수많은 공정부대원들의 낙하산이 꽃잎처럼 초원에 뿌려지고 다양한 행사들이 수일간 계속 된다.

구름같이 모여든 참전용사 후손들과 일반 시민들도 이런 행사를 통해 다시 한 번 전쟁의 비극을 알게 되고 자연스럽게 국방문제에 관심을 갖는다.

비슷한 시기, 한국에서는 '6·25전쟁 60주년 기념행사'가 진행 중이었다. 과거의 처절한 전쟁역사를 되새겨 미래전쟁을 예방하자는 것이 행사의 목적이다. 그러나 이런 사업에 꼭 필요한 최소 예산마저 확보하기 어렵다는 이야기를 듣고서 우리의 전쟁에 대한 인식이 유럽인들과 비교해서 너무 관심이 없는 것이 아닌가 하는 생각이 들었다.

아는 만큼 보인다!

마켓가든 작전(1944년 9월17일-9월25일)이란?

제2차 세계대전 당시 연합군이 대규모 공정작전과 지상부대 연결 작전으로 네덜란드의 아른헴과 라인강을 통해 신속히 독일본토로 공격하기 위해 계획했다. 여기서 "마켓(Market)"은 주요 교량, 도로를 확보하기 위한 공정부대를, "가든(Garden)"은 이 길을 따라 진격하는 지상 작전부대를 뜻하는 암호명이다.

"마켓"부대는 미 제82·101, 영 제1공정사단이며 "가든"부대는 영국군 제30군단으로 편성되었다. 그러나 정보오판과 "가든"부대의 진출지연으로 연합군은 약 2만여 명의 사상자를 내고 결국 작전은 실패로 돌아갔다.

전투가 끝난 후 파괴된 전차를 구경하는 시민들

〈머나먼 다리〉 아른헴 대교 공방전

〈머나먼 다리(A Bridge Too Far)〉 영화로 유명한 아른헴 대교

1945년 5월, 제2차 세계대전이 끝난 후 많은 전쟁영화들이 쏟아져 나왔다. 그 중 〈머나먼 다리(A Bridge Too Far)〉는 가장 기억에 남는 영화 중의 하나일 것이다.

영국 제1공정사단 제1낙하산여단 제2대대와 3대대 일부 병력 750여명이 아른헴 대교 확보를 위해 독일군에게 포위된 상태에서 약 4일간에 걸쳐 끝까지 항전하다 전원이 전멸한다는 내용이다. 물론 영화의 상업성 고려한다면 다소 과장된 면도 있을 것이다. 그러나 현지 기념관 자료, 주민증언 등을 종합하면 상상을 초월하는 불굴의 감투정신으로 공정부대원들이 전투에 임한 것은 사실인 것 같았다.

포위된 영국 공정대대원... '전멸'은 가능! 그러나 '항복'은 없다
1944년 9월 17일(D일)

낙하산으로 강하 후 2대대장 프로스트(Frost) 중령은 시가지의 일부

네덜란드의 운하, 교량, 풍차 전경

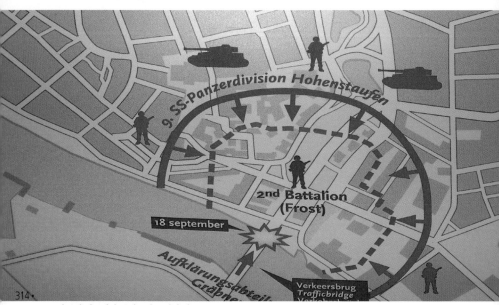

아른헴 대교에서 독일군에 포위된 영국군 요도

독일군을 소탕하고 간신히 아른헴 대교에 도착했다. 교량북단을 장악한 시간은 어둠이 깃들기 시작한 저녁. 높은 건물 꼭대기에 지휘소를 설치하고 교량 옆 약 20여개소의 민가에 부대원들을 배치했다.

9월18일(D+1일)

09:00경 지붕 위의 경계병이 소리쳤다.

"아군 전차들이 오고 있다!"

부대원들은 함성을 지르며 지붕 위로 올라갔으나 가까이 접근해 온 전차, 장갑차는 독일군이었다. 유일의 대전차 화기인 '피아트' 로켓포로 간신히 적 기갑부대를 막아냈다.

14:00경 영국군 증원부대가 또다시 낙하했다. 제2 대대와 합류하려 했지만 시가지 전투에서 증원부대는 분산되고 말았다.

9월19일(D+2일)

이틀 밤을 꼬박 뜬눈으로 지새운 제2대대 장병들! 탄약·식량이 거의 떨어졌다. 영국군의 아른헴 도착을 알게 된 시민들은 필사적으로 전투를 지원하려고 노력했다. 독일 기갑부대를 막기 위해 부녀자·어린이들까지 나와 도로 위에 흥건이 고인 피에 미끄러지며 시체로 바리케이드를 쌓았다. 오후 독일군 1명이 백기를 가지고 진지로 왔다.

존 프로스트 중령

"당신들은 완전히 고립되었소. 항복하시오!"

프로스트 중령이 답했다.

"방금 그 말, 내가 자네 지휘관에게

해주고 싶다고 전하게."

뒤이어 독일군 전차포가 20여 채의 민가를 향해 집중 포격했다. 전차포에 맞은 건물 속에서는 흡사 개미집을 들쑤셔 놓은 듯 숨어 있던 영국군들이 우왕좌왕 하는 모습이 다리 건너편 독일군 진지에서도 똑똑히 보였다.

9월 20일(D+3일)

"여기는 2대대, 사령부 응답하라!"

대대 통신병은 목이 터져라 사단본부를 호출했다. 그러나 바로 이 시간, 사단은 아른헴 대교를 포기하고 철수하라는 명령을 받았다. 간신히 연결된 사단과 2대대의 무전 내용.

"증원 병력을 언제 보내 줄 것입니까?"

"우리가 그리로 갈 수 없으니, 자네들이 이곳으로 올 수 없겠나?"

사단장은 눈물을 흘리며 답했다.

부상병들을 넘겨주면 치료해 주겠다는 독일군의 신사 제의로 격전 속에서 짧은 휴전이 성사됐다. 다시 한 번 항복 권유를 무시한 영국군에 대해 무자비한 전차포 집중 사격이 이루어졌다. 21일 아침까지 간간히 저항하던 잔존 영국군은 무너지는 건물더미에 깔려 전원 전사하게 된다.

아른헴 지역에 투입되었던 영국 제1공정사단 장병 10,005명 중 생존자는 단지 2,163명에 불과했다. 항복을 거부하고 끝까지 아른헴 대교를 사수하고자 했던 프로스트 공정대대를 추모하기 위하여 이 다리를 오늘날에는 프로스트 대교(Frost Bridge)라고 부른다.

살인적인 네덜란드 물가 그래도 밀려드는 관광객

Trip Tips

시골 도시 아른헴은 라인강을 끼고 있는 아름다운 곳이다. 그러나 시내에서 다소 떨어진 전쟁기념관, 유스 호스텔을 찾아가며 네덜란드의 높은 물가를 실감하게 되었다.

시내버스를 한번 탈 때 마다 약 4000원 내외의 버스요금을 지불했다. 다른 나라에서는 1시간 내에서는 기존 버스 티켓을 그대로 사용할 수 있다. 숙소 요금도 프랑스, 벨기에에 비해 약 2배 이상 비싸다. 그러나 어찌됐던 이런 시골 마을에도 단체 자전거 여행객, 참전용사 후손들을 포함하여 수많은 외국 관광객들이 밀려들고 있었다.

적에게 포위된 상황에서도 의연함을 잃지 않은 부대원

운하와 튤립이 어우러진 아름다운 네덜란드

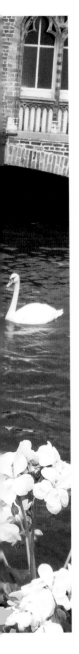

안네의 슬픈 전쟁일기와
암스테르담 레지스탕스 박물관

튤립, 운하, 풍차의 나라 네덜란드와 전쟁

네덜란드 국토 넓이는 한반도 1/5 정도에 해당하는 4.2만 Km². 남북 282Km, 동서 176Km로 자동차로 3시간이면 이 나라의 관통이 가능하다. 인구는 1,650만, 유럽에서 인구밀도 1위다. 이런 좁은 국토에 많은 사람들이 모여 살다보니 교통문제가 심각할 수 밖에 없다. 그러나 이에 대한 좋은 대안으로 자전거 도로가 전국적으로 훌륭하게 만들어져 있다. 더구나 국토가 평평해서 자전거는 더욱 유용하다. 시민들의 하루 평균 자전거 주행거리는 50Km 내외.

또한 튤립은 세계적으로 네덜란드의 꽃으로 알려져 있다. 튤립은 원래 천산산맥 구릉지대가 원산지다. 이 꽃은 터키를 거쳐 유럽으로 들어와 네덜란드에서 활짝 피어났다. 한때 한 송이의 값이 집 한 채와 맞먹었던 광기어린 투기의 주인공이 되기도 했다.

네덜란드는 세계 최대의 꽃 수출국이 되었다. 네덜란드 알스메어

(Aalsmeer)에서는 대규모 화훼 경매를 하는데, 이곳 거래량이 세계 꽃 거래량의 80%를 차지하기도 한다.

풍요의 땅 네덜란드의 가슴 아픈 전쟁역사

그러나 오늘 날 풍요의 땅 대명사로 불리는 네덜란드도 약 70여 년 전 너무나 참혹했던 전쟁의 참화를 겪었다. 1940년 5월 10일 나치가 선전포고도 없이 공격을 시작했다. 며칠 후인 5월 14일 최대의 항구 도시 로테르담이 독일 공군의 폭격을 당해서 초토화 되었다. 뒤이어 네덜란드는 곧바로 항복하고 빌헬미나(Wilhelmina) 여왕을 비롯한 왕실과 정부는 영국으로 피난가 임시정부를 구성한다.

독일은 처음에는 네덜란드에 대해 조심스러운 점령정책을 폈다. 이 나라를 같은 게르만계 형제 민족으로 취급하여 나치에 동조하리라 기대했기 때문이다. 결과적으로 이 정책은 전혀 먹혀 들어가지 않았다. 그 이유는 네덜란드인들의 태도가 전통적으로 관용적이어서 극히 배타적인 독일식 국가 사회주의는 이 나라와 맞지 않았기 때문이다.

독일은 제2차 세계대전 중 네덜란드에 대해 지독한 수탈을 했다. 군수품 생산을 위하여 모든 쇠붙이는 다 실어갔으며 심지어 교회의 종과 기차 레일까지도 파내어 갔다. 네덜란드 레지스탕스들은 독일군을 괴롭히려고 일부러 낡은 배를 운하에 집어 넣었는데 전쟁 이후 이것이 네덜란드 경제의 발목을 잡기도 하였다. 또한 1944-1945년의 겨울이 그 악명 높은 '기근의 겨울'이다.

세계적인 유명 영화배우 오드리 햅번도 바로 이 시기 네덜란드에서 유년기를 보냈다. 그녀는 안네 프랑크와 동갑내기였다. 1944년 겨울에 수많은 네덜란드 사람들이 굶주림으로 죽어갔다. 햅번도 다른 사람들과 마찬가지 튤립 구근과 밀가루를 섞어 만든 음식으로 연명했다.

햅번의 외사촌들은 그녀가 보는 앞에서 레지스탕스 일원으로 독일 군에게 체포되어 총살당했다. 그녀는 심한 영양실조로 빈혈과 부종에 시달렸다. 이와 같은 오드리 햅번의 경험은 그녀가 인생 말년에 유니세프 자원 봉사자로 가난한 나라의 아이들을 돌보는 계기를 만들기도 하였다.

『안네 전쟁일기』의 슬픈 사연과 독일 점령하의 네덜란드

1943년 11월 8일. 밤이 되어 침대에 누우면, 내가 엄마·아빠와 헤어져 홀로 지하 감옥에 갇혀 있는 것만 같은 느낌이 들곤 합니다. 때로는 길거리를 헤메기도 하고, 밤중에 군인들이 와서 우리를 잡아가는 장면이 떠올라 침대 밑에 숨고 싶을 지경이에요. 은신처에 사는 우리 가족 8명, 이 8명이 내게는 검은 먹구름에 둘러싸인 아주 작은 한조각의 푸른 하늘처럼 여겨집니다.

위의 내용은 『안네의 일기』의 일부이다. 유대인 안네의 가족이 독일군을 피해 숨어살던 프린센흐라흐트 263번지는 안네프랑크 하우스라는 이름으로 기념관이 되어 있다. 안네의 가족들은 아침에 멀리 이사 가는 척 하였다가 몰래 다시 집으로 돌아왔다. 그리고 책장으로 가려진 아주 작은 비밀 공간에서 이웃 도움으로 한동안 숨어 살 수 있었다. 결국 안네 가족은 독일 비밀경찰에게 발각되어 체포된다.

안네는 1945년 3월, 베르겐-벨젠 수용소에서 발진티부스로 14살의 나이로 죽었다. 또한 그녀가 사랑했던 페터는 1945년 5월 5일 마트하우젠 수용소에서 종전 사흘 전에 죽었다. 수용소에서 혼자 살아남은 아버지가 훗날 집에서 자신의 딸이 쓴 일기장을 발견한다. 바로 이것이 세계적으로도 유명한 『안네의 일기』라는 제목으로 책으로 출간되어 오늘 날 전쟁의 비극을 후세 사람들에게 생생하게 전해주고 있다.

암스테르담의 레지스탕스 박물관

제2차 세계대전 명화 〈머나먼 다리〉에서 전쟁영화 애호가들을 열광시킨 아른헴 전투 외에는 네덜란드 전쟁사는 별로 알려지지 않았다. 암스테르담 여행 안내소에서도 알고 있는 전쟁박물관은 시내의 레지스탕스 기념관 밖에 없었다. 나머지 군사박물관은 소규모로 지방에 일부 있다고 한다. 네덜란드는 1940년 5월 14일, 독일에 항복한 이후 나치가 지배한 여러 유럽국가 중에서 가장 늦은 1945년 5월 5일에서야 연합군에 의해 완전히 해방됐다.

결국 침공군에 대해 전쟁다운 전쟁 한번 제대로 치르지 못한 네덜란드는 영광의 승전기념관을 수도 암스테르담에 만들기는 어려웠을 것이다. 그러나 시내 중심부의 레지스탕스 기념관을 보고서 네덜란드인들의 국가수호정신을 다시 한번 깨닫는 계기가 됐다. 일반 가정집과 같은 평범한 건물인 기념관은 1940~1945년까지의 영웅적인 대독 저항활동을 주로 사진, 각종 데이터, 지도 등을 통해 상세히 알려주고 있다. 특히 기념관 안에서 세계적으로 유명한 『안네의 일기』의 슬픈 사연을 알게 되면 그 당시 유대인들과 네덜란드 국민들이 어떤 고통을 받았는지 생생하게 느끼게 된다.

동남아에서 일본군 포로가 된 네덜란드 시민 · 군인들의 참상

이 기념관은 태평양 전쟁 당시 네덜란드 식민지였던 인도네시아에서 있었던 일본군과의 전쟁역사를 각종 자료를 통해 알기 쉽게 설명하고 있다. 1941년 12월 7일, 진주만 사건 후 영국에 있던 네덜란드 망명정부는 즉각적으로 일본에 선전포고를 한다. 그 후 1941년 1월

PLANCIUS.

11일, 일본군이 인도네시아를 공격하자 네덜란드군은 주요 산업시설과 유전지대를 파괴하며 단계적으로 후퇴했다.

결국 1942년 3월, 네덜란드군은 일본군에게 항복했고 대부분의 네덜란드인은 포로수용소에 갇히게 된다. 특히 일본군 포로가 된 네덜란드 시민·군인들의 처참한 수용소 생활이 적나라하게 사진으로 제시되고 있다.

억류된 네덜란드 여성 중 일부는 강제로 일본군 종군위안부로 끌려가기도 했다. 앙상하게 뼈만 남은 처참한 포로 사진을 통해서도 일본군들이 네덜란드인을 얼마나 잔혹하게 다뤘는지 다시 한번 느낄 수 있었다. 일본정부는 이곳 점령지에서도 예외 없이 '대동아시아 제국(Great East Asian Empire)' 건설을 빙자해 자원수탈과 현지인 강제노역을 서슴치 않았다. 또한 수만 명의 네덜란드인이 일본군에 대한 저항 활동 중 목숨을 잃기도 했다.

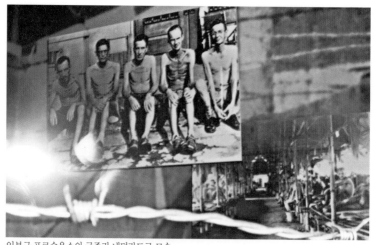

일본군 포로수용소의 굶주린 네덜란드군 모습

섹스 · 마약의 자유에도 흔들리지 않는 네덜란드 사회

네덜란드는 우리 시각으로 볼 때 섹스와 마약이 너무나 개방적이다. 딸이 초경을 하면 어머니는 즉시 성교육과 동시에 피임법을 숙지시킨 다음 피임기구를 챙겨준다고 한다. 특히 암스테르담의 드 발렌(de Wallen) 지역은 홍등가로 유명해서 관광코스의 하나로 각광받고 있다.

또한 섹스와 함께 자주 거론되는 것은 마약이다. 표면적으로 보면 네덜란드는 마약에 대해 분명 가장 관대한 나라이다. 마리화나를 가정에서 심지어 공공 공원에서 재배할 정도이지만 마약구매는 허용구역이 따로 있다. 합법적으로 살 수 있는 것은 소프트 드럭(Soft drug), 순한 마약이다. 네덜란드의 이런 마약 허용은 주변 유럽 국가들로부터 아직도 많은 비난을 받고 있다.

마약에 대해 억압적이기 보다 관대한 정책을 펼쳐 마약사범 수를 줄이겠다는 것이 네덜란드의 논리이다.

그 근거로 인구 1000명 당 마약사용자(junk) 수가 유럽 평균 2.7명에 비해 네덜란드는 1.6명으로 오히려 적은 편이란다. 글쎄! 그 통계역시 네덜란드가 내놓은 것에 불과하고 결코 한국인 정서에는 맞지 않은 것 같았다. 이런 사회적 분위기 속에서도 암스테르담 부근 스키폴(Schiphol) 공항으로 가는 기차 안의 많은 네덜란드 청소년들은 한결같이 외국인들에게 친절하고 예의바르다. 자유분망하면서도 적절한 자기 통제력을 가진 대표적인 건강한 사회가 곧 네덜란드인 것처럼 느껴졌다.

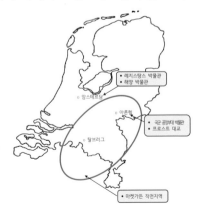

룩셈부르크
Luxembourg

천년을 짓밟힌 룩셈부르크 전쟁역사!

작지만 강한 나라 룩셈부르크 세계에서 가장 부유한 국민

룩셈부르크(Luxembourg)는 세계지도 상에서는 영어로 국가이름을 영토 안에 다 쓸 수 없을 정도로 작은 나라이다. 그래서 통상 Lux.로 줄여서 지도상에 표기한다. 제주도의 2배 크기 정도인 2,586 Km²의 국토면적과 인구는 약 50만 명 정도. 이렇게 작은 나라 룩셈부르크는 지리적 이점을 활용하여 외국 금융업자들의 구미에 잘 맞는 금융법과 세제법을 만들어 전 세계의 주요 은행들을 끌어 모아 국가의 부를 축적하였다.

또한 EU 의회가 있는 수도 룩셈부르크시는 1995년 '유럽의 문화도시'로 선정되면서 엄청난 관광객들을 유치하였다. 룩셈부르크 국민들의 연간 개인소득은 약 6만 불!

이런 생활의 여유로 "룩셈부르크인은 혼자 있을 때는 장미를 가꾸고, 둘이 모이면 커피를 마시고, 셋이 만나면 악단을 만든다"는 말이 있다. 경제 부국은 꼭 자연 자원이 풍부하고 넓은 국토를 가진 국가만

1000년 전쟁역사를 이야기하는 룩셈부르크 성채

천연적 요새구축이 가능한 룩셈부르크시 지형

이 가능한 일이 아님을 잘 보여주고 있다. 더구나 룩셈부르크는 한국과는 전통적인 우방국으로 벨기에, 네덜란드와 더불어 국제무대에서 항상 한국의 입장을 지지해 주고 있다.

이런 작은 나라에서도 한국전쟁 당시 1개 소대의 병력을 벨기에군 대대에 배속시켜 한반도에 파병하였다. 연 참전인원 85명 중 2명 전사, 15명이 부상을 당했으며 한국전쟁 관련 자료는 룩셈부르크 군사박물관에 상세하게 전시되어 있다.

전쟁의 역사를 이야기하는 룩셈부르크시의 성곽과 포대

룩셈부르크가(家)의 창시자 아르덴 백작 지크프리트는 AD 963년, 오늘날의 수도 룩셈부르크시에 성채를 구축하고 독립하였다. 그 이후 1,000여 년 동안 에스파니아 · 프랑스 · 오스트리아 · 프로이센 등의 숱한 침공과 지배를 당했으며 제1 · 2차 세계대전 간에는 독일의 점령국으로 또다시 수난을 당하기도 하였다. 특히 '북유럽의 지브롤터'이라고 불리는 언덕 위의 룩셈부르크 요새는 400여 년 동안 약 20여회 적군에게 포위되어 전쟁을 치렀지만 끝까지 민족의 정통성과 독립성은 유지하였다. 더구나 제2차 세계대전 시 연합군의 반격통로에 위치한 룩셈부르크는 본의 아니게 처참한 전쟁의 참화에 휘말려 전국토가 초토화 된다.

작은 도시 룩셈부르크시의 명물인 아돌프 다리에서 보면 가장 먼저 눈에 띄는 것이 시내 중심부의 깊은 계곡을 끼고 있는 웅장한 성채와 포대이다. 그 옆에는 제1차 세계대전 시 독일 침공군에 대항해 싸우다 전사한 룩셈부르크 전몰용사들을 위한 '황금의 여신상'이 위치하고 있다. 그러나 이 추모탑 역시 제2차 세계대전 당시 히틀러의 지시에 의해 철거되는 비운을 겪었다. 또한 세계 문화유산으로 지정 된 깎아지른 듯한 절벽위의 보크(Vock) 포대와 성곽은 룩셈부르크인들이 자신들의 생존을 위해 역사적으로 얼마나 노력해 왔는지를 쉽게 알 수 있다.

성벽 속의 견고한 화포진지 생존을 위한 피와 땀의 결정체

성벽 위나 포대진지에서 깊은 계곡을 내려다보면 지금도 발끝이 간질간질하게 느껴진다. 더구나 현대적인 건설기기가 없었던 당시에 이런 난공사를 위해 국민들은 거의 평생을 노역에 시달렸을 것이다. 그

견고한 요새구축으로 자신들의 생존을 유지한 역사유적

리고 틈틈이 군량미 확보를 위한 농경작업과 전쟁준비에 나머지 시간을 보내야만 했을 것이다. 그러나 이와 같은 선조들의 생존을 위한 피와 땀이 있었기에 작은 나라 룩셈부르크는 결과적으로 오늘 날까지도 존재할 수 있었던 것이다.

Trip Tips

아침 출근시간대의 룩셈부르크시 중앙역은 등교 길의 학생들과 출근시민들로 북새통을 이룬다. 작은 나라이지만 시골 마을들을 연결하는 간선 철도가 잘 발달되어 있다. 역무원에게 룩셈부르크의 전쟁기념관을 물으니 잘 모른다. 다른 직원을 통해 겨우 안 것은 정부가 운영하는 기념관은 없고 기차로 북쪽으로 약 2시간 정도 가면 디키르히(Diekirch)라는 작은 마을에 개인이 운영하는 사설 군사박물관이 있다고 알려주었다.

독일국경 부근 도시에서 만난 룩셈부르크 군인

룩셈부르크,
한국전 참전 경쟁률 10대1이었던 이유는?

군인 700명 국가의 생존전략.
힘 없는 중립은 무력하다

단 2시간 만에 독일에 항복한 700명 군대의 나라 룩셈부르크

중앙역을 출발한 기차는 아르덴느 숲속을 통과하며 북쪽으로 계속 달린다. 급하지 않은 완행열차라 시골 마을마다 기차가 서는 것 같았다. 약 2시간 후에 도착한 디키르히(Diekirch)역도 너무나 작은 시골역이다. 한적한 마을에 다니는 사람들도 많지 않았다. 그러나 우연히도 마을 골목길에서 룩셈부르크 장교 두 사람을 만났다.

그들의 말에 의하면 룩셈부르크군의 총병력은 약 700명이며 그 중 장교는 60여 명이란다. 전원 지원제이며 비록 작은 군대이지만 세계 분쟁지역에는 빠짐없이 PKO 요원을 파병한다고 했다. 특히 제2차 세계대전시 룩셈부르크는 중립국임에도 불구하고 독일 침공시 단 2시간

만에 항복하였단다. 많은 청년들이 조국을 탈출하여 연합군에 가담하여 싸웠으며 그들의 사연은 군사박물관에 가면 상세하게 기록되어있다고 하였다.

힘없는 명분상의 중립은 냉혹한 국제사회에서 웃음거리

독일 점령하에서 많은 룩셈부르크 인들이 독일군에 강제 징집되었으며 국내의 유대인들은 체포되어 죽음의 수용소로 끌려갔다. 전쟁이 끝난 후 룩셈부르크도 예외 없이 민족을 배반하고 나치에 적극 협력한 부역자들의 처벌로 사회는 심한 갈등을 겪는다. 그 후 '피에르 베르너'라는 걸출한 룩셈부르크 정치가 출현으로 단일 화폐사용을 통한 '유럽연합(EU: European Union)'의 기초가 만들어지게 된다. 이 유능한 정치가 덕분으로 작은 나라 룩셈부르크도 당당하게 EU 국가 대표국 역할을 맡기도 한다.

전국의 교통중심 룩셈부르크 중앙역

또한 제2차 세계대전 간에는 벨기에 · 네덜란드 · 룩셈부르크 3개국 모두 영국 런던에서 망명정부를 구성하고 있었다. 그 곳에서 이들은 약소국의 비애를 톡톡히 맛보기도 했지만 국가 경제발전 장기비전을 서로 협력하여 구상하게 된다. 결국 3개국은 상호관세를 철폐하고 동률의 수입관세를 부과하기로 합의하면서 베네룩스(Benelux) 3국을 출범시켰다. 아무런 힘도 갖추지 못한 명목상의 중립은 적국의 침공 앞에서 너무도 무력하다는 것을 이들은 제2차 세계대전을 통해 뼈저리게 체험했다. 결국 베네룩스 3국은 중립정책을 폐기하고 나토(NATO: 북대서양 조약기구)에 가입하여 자신들의 생존을 우방과의 동맹에 의존하게 된다.

개인열정과 자원 봉사자들이 만든 룩셈부르크 민간 군사박물관

Trip Tips

룩셈부르크의 민간 군사박물관장 로랜드(Roland.J.Gaul)씨는 한국에 대해서 너무나 잘 알고 있는 열렬한 친한파였다. 그는 이미 한국을 4번이나 방문하였다. 이 곳 박물관은 개인 사재로 설립했으며 각종 장비와 전시물은 외국 단체나 정부로부터 기증받았다. 직원들도 전원 자원봉사자들이며 제2차 세계대전·한국전 참전용사들의 도움도 많이 받고 있다.

특히 작은 규모의 전시 공간이지만 한국전쟁에 대해서 상당한 부분을 할애했다. 한국전쟁 참전용사 80여 명의 사진과 개인 공적사항, 한국정부로부터 받은 각종 훈장 · 부대수치 · 표창장 등이 빠짐없이 잘 정리되어 있다. 제2차 세계대전 시 혹독한 피점령국 국민의 설움을 맛 본 룩셈부르크 국민들은 미 · 영 연합군 덕분으로 자유를 되찾게 되었다.

그 후 1950년, 한반도에서 전쟁이 났을 때 미국·영국을 포함한 많은 자유

민간 군사박물관 외부 전경

오늘날의 룩셈부르크군 부사관들

진영 국가들이 참전하게 된다. 과거 룩셈부르크가 연합군으로부터 진 빚을 갚는다는 차원에서 자연스럽게 이 곳 청년들 사이 전쟁 참여열기가 솟구쳤다.

특히 1개 소대 규모의 소수 전투병력 파병이 결정되었을 시 많은 청년들이 한국전 참전을 지원하였다. 결국 약 10:1의 치열한 경쟁을 물리친 일부 청년들만이 한국에 갈 수 있었다고 박물관장 로랜드씨는 증언했다.

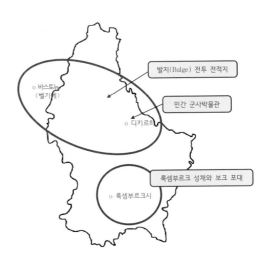

Northern Europe

북유럽

덴마크
Denmark

덴마크 중립선언!
단 4시간만에 무너지다

독일 북쪽 유틀란트 반도에 있는 덴마크는 대서양과 발트 해를 연결하는 전략적 요충지이다. 14세기 경 덴마크는 노르웨이·스웨덴·발트연안지역까지 지배했다. 그러나 그 이후, 거듭된 전쟁패배로 손바닥 만한 작은 나라로 전락하고 말았다.

북유럽에서의 덴마크

발트 해 강국으로 군림했던 덴마크 역사

오늘날 덴마크는 한반도 면적의 1/5 정도이고, 500여 개의 섬으로 이루어져 있다. 산은 거의 없고 평야가 많으며, 국토의 10%를 차지하는 숲은 대부분 인공조림이다. 특히 낙농업으로 유명하고 수산업, 철강, 기계공업 등이 발달했다.

1700년대 덴마크군 출전 전경

1397년 덴마크왕국은 스칸디나비아반도와 발트해 연안까지 지배한 강대한 국가였다. 그러나 1801년 나폴레옹 전쟁에서 프랑스와 함께 영국에 패함으로써 노르웨이를 스웨덴에게 양도했다. 뒤이어 1864년 프러시아와의 전쟁에서도 많은 영토를 빼앗겨 오늘날의 덴마크로 남게 되었다.

근위병 교대식 · 무기박물관에서 군사전통 재현

Trip Tips

덴마크 여왕과 왕족이 거주하는 코펜하겐 중심부의 아말리엔보리(Amalienborg) 궁전! 이곳에서는 매일 정오 성대한 근위병 교대식이 있다.

빼곡히 모여든 관광객 뒤편에서 카메라를 치켜들었지만 사진촬영도 어려웠다. 이때 어디선가 들려오는 한국여행객들의 탄성 소리. 유럽 관광명소에는 빠짐없이 한국인들로 붐빈다. 이들의 도움으로 겨우 사진을 찍을 수 있었다. 큼직한 곰털 모자와 흑 · 청색 유니폼의 근위병 행진은 강성했던 덴마크의 역사를 보여 주는 듯 했다.

코펜하겐 왕궁에서의 근위병 교대식

수백 년 동안 발트 해의 중심도시였던 코펜하겐에는 옛날 왕궁들이 많이 있다. 특히 크리스티안보리(Christiansborg)궁전의 왕립무기 · 군마 · 마차박물관에는 시대별 역사자료가 잘 전시되어 있었다. 또한 국립박물관, 카스텔레요새, 레지스탕스박물관, 유대인기념관에 가면 수백 년 동안의 덴마크 대외 투쟁사를 보다 생생하게 알 수 있다.

단 4시간 만에 무너진 '힘없는 중립외교'

1940년 4월 9일 아침, 잠자리에서 일어난 코펜하겐 시민들은 느닷없이 들이닥친 독일군들을 보고 깜짝 놀랐다. 분명 덴마크는 중립을 선포했고, 외국군 진입을 거부했다. 그러나 히틀러는 "연합군 침공으로부터 덴마크를 보호하기 위해서…"라는 황당한 논리로 불과 4시간 만에 전국토를 점령했다.

당시 덴마크군 병력은 15,000명. "덴마크가 저항하면 아름다운 코

무기박물관에 전시된 독일 침공군의 복장과 장비

펜하겐은 불바다가 될 것이다."라는 협박과 함께 40,000명의 독일군
은 전격적으로 이 작은 나라를 휩쓸었다. 독일군 수송선은 아무런 저
항 없이 코펜하겐 부두에 닻을 내렸고, 기계화 부대는 국경선을 넘었
다. 공수부대가 인근 비행장에 낙하하면서 산발적인 총격전 끝에 덴
마크 근위부대와 육군사령부를 제압했다. 그리고 저공으로 비행하는
수십 대의 공군기는 요란한 굉음으로 시민들의 저항의지를 완전하게
꺾어 버렸다. 그때서야 덴마크 국민들은 "힘없는 중립외교는 구두선
(口頭禪)에 불과하다!"는 것을 깨달았다.

확고한 집단 안보체제로 생존 보장

왕립무기박물관은 덴마크군 역사와 피점령국 백성들의 고통을 전시
물로 잘 보여주고 있다. 2차 세계대전 중 국가자산은 약탈되었고 경제
는 피폐했다. 아이슬란드조차 덴마크령에서 떨어져 나갔다. 1945년 5

PKO활동 후 귀국하는 장병들을 환영하는 시민들

월 5일, 독일군 압제에서 해방된 덴마크는 뒤늦게 군사동맹이나 집단
안보체제의 중요성을 뼈저리게 느꼈다. 결국 이 나라는 1949년 나토
(NATO) 회원국이 되었고, 세계 분쟁지역에 PKO부대를 수시로 파병
하였다. 심지어 아프간·이라크전쟁에 수백 명의 전투 병력이 참전했
다. 전시관 마지막 코너에 PKO장병 시가행진에 열광하는 시민들의 사
진이 오늘날 덴마크 국방정책을 말해 주는 것 같았다.

덴마크인 피땀이 녹아든 카스텔레 요새

┌ **Trip Tips** ─────────────────────────────
안데르센 동화에 등장하는 인어동상은 길이 80cm의 조그마한 조각상이다. 이 작
은 동상이 세계적인 유명세를 타면서 관광객들의 필수 방문코스가 되었다. 바로
이 인어동상 옆 별모양의 카스텔레 요새는 1662년 이후부터 코펜하겐을 방어하
는 견고한 성채였다. 넓은 성곽 내에는 수백 년 전에 건축된 황갈색 병영막사들이
아직까지 남아있다.

카스텔레 요새내부의 옛 병영 전경(현재도 일부 활용 중)

　　지금은 시민공원으로 탈바꿈했지만 이 요새 주변에는 전몰장병추모
동상 · 전승비 · 화포 · 기념관 등 많은 군사유적이 남아있다. 바다와
연결된 40m 폭의 해자, 높고 견고한 토성은 평소 전쟁에 대비하여 덴
마크인들이 얼마나 많은 피와 땀을 흘렸던가를 한 눈에 알아볼 수 있
었다.

아는 만큼 보인다!

오늘날의 덴마크는?

덴마크는 인구 558만 명, 국토넓이 4.3만 Km²(한반도 0.2배), 연 국민개인소득은
62,000불이며 수도는 코펜하겐이다. 군사력은 현역 17,200명, 예비역 53,500명
에 달하며 징병제를 유지하고 있다(출처: Military Balance 2015).

한국전쟁의 천사 병원선
유틀란디아호

덴마크인들은 결코 과거의 전쟁역사를 잊지않고 있었다. 또한 스스로 자주국방체제를 갖춘다는 것이 한계가 있음을 잘 알고 있었다. 따라서 적극적으로 우방국과의 군사동맹 강화를 통해 생존권을 유지하고자 하였다. 특히 전 국민들에게 "약사를 잊은 국민에게는 미래가 없다!"는 격언을 철저하게 교육을 하고 있는 듯 하였다.

뉘하엔 운하 거리의 살인적인 음식값

코펜하겐의 뉘하운(Nyhavn)운하는 바닷가에 가까운 서민적 분위기가 물씬 풍기는 곳이다. 1637년 개설된 이후, 항구노동자들의 선술집과 작은 집들이 많았다. 지금은 다양한 식당과 카페가 많이 생겼고, 특히 가난했던 안데르센이 이곳에서 집세를 내지 못해 방황하며 살았던 곳으로도 유명하다.

운하근처 야외식당에 들려 가장 서민적인 메뉴인 '피시 엔 칩스(Fish

and chips)'를 주문했다.

> **Trip Tips**
>
> 음식 값은 무려 110 덴마크 크로네(약 20,000원). 여기에 더운 물 한 잔을 시키니 5,000원이 또 추가 된다.

이런 살인적인 물가에도 불구하고 가까운 포구에 꽉 차있는 요트와 대형크루즈선은 덴마크인들의 높은 생활수준을 보여주는 것 같았다.

어린 청소년들의 전설 같은 저항운동

뉘하운 운하와 다소 떨어진 곳에 연합군전몰용사와 레지스탕스희생자 추모동상이 있다. 군대가 좋아 직업군인이 되었다는 덴마크군 키티(Kitty)중사를 이곳에서 만났다. 전쟁사에 관심이 많은 그는 덴마크 레지스탕스 운동은 어린청소년들로 부터 처음 시작되었다며 전설 같은 이야기를 전해 주었다.

독일군 시설물을 파고하고 도주하는 소년 레지스탕스

　1941년 코펜하겐에는 10대 소년들이 강인한 영국수상을 본 따 '처칠클럽'
을 만들었다. 처음에는 비밀뉴스 회보를 발간하다가, 무기를 확보하여 독일군
보급차량을 습격하였다. 결국 그들은 체포되어 수감되었으나 저항은 멈추지
않았다. 면회자가 전해준 줄칼로 유치장 창문철봉을 끊었다. 그리고 달아나는
대신 경찰서를 투쟁본부로 삼았다. 밤이 되면 창문을 넘어 몰래나가 파괴공작
을 하고, 날이 새기 전 은밀히 돌아왔다. 2개월 후, 이런 활동이 발각되어 그들
은 진짜 감옥으로 보내졌다. 이 소년들의 소문은 순식간에 전국으로 퍼졌고,
뒤이어 수십 개의 '처칠클럽'이 생겨났다.

덴마크 국왕까지 나선 유대인 보호운동

　제2차 세계대전 당시 독일점령국가의 많은 유대인들이 학살당했다.
그러나 유일하게 덴마크 유대인들은 90% 이상 살아남았다. 이런 역사
적 배경은 코펜하겐 왕립도서관 정원에 있는 유대인박물관에 잘 기록

왕립도서관내의 유대인박물관 전경

되어 있다.

1940년대 덴마크 유대인은 약 8,000여명. 이들의 구출작전은 마음 깊은 곳에서 우러나온 덴마크 민초들의 자발적인 행동 때문 이었다. 그들은 오로지 양심과 나치에 대한 혐오감으로 유대인들을 숨겨주었고, 중립국 스웨덴으로 가는 경비를 제공했다. 덴마크 국왕 크리스티안 10세는 '만약 나치가 유대인들에게 노란별을 달라고 한다면, 모든 국민들이 똑같이 노란별을 달겠다.

국가지도자의 이런 확고한 의지는 수천 명의 유대인 목숨을 구하는 결정적 역할을 했다. 전쟁 후 이스라엘은 덴마크인들의 이런 행동을 결코 잊지 않았고, 오늘날까지도 두 나라의 외교관계는 각별하게 돈독하다.

수많은 전상자를 치료했던 병원선 '유틀란디아"호

한국전쟁의 천사 덴마크 병원선 유틀란디아

덴마크 사람들의 따뜻한 인간애는 1950년 한국전쟁이 발발하자 또 다시 나타났다. 덴마크정부는 유엔 회원국 중 가장 먼저 의료지원 의사를 표명했고, 즉각 병원선 유틀란디아호를 파병했다. 4개의 수술실, 356개의 병상을 갖춘 이 선박은 최고의 첨단의료시설을 갖추었다. 필요한 간호사는 42명이었지만 4,000명의 지원자가 몰려들었다.

3년간의 전쟁 중 4,981명의 장병과 수만 명의 한국 민간인들을 치료했다. 특히 환자들에게 '치즈버거와 아이스크림'을 제공하여 인기가 더더욱 높았다. 오죽하면 병사들이 군번줄에 부상당하면 덴마크병원선으로 후송해 달라고 표시까지 하였다고 한다. 현재 참전의료진 630명 중 생존자는 단 16명. 이들의 숭고한 인류애를 기리기 위해 주덴마크 한국대사관 내 유틀란디아호 기념관을 설치해 두고 있다.

'역사에 관심 없는 민족'의 미래는?

유럽지역 군사박물관이나 전사적지에서 많은 외국인들을 만났다. 그곳에는 가끔 중국·일본인은 있었지만, 한국인은 단 한사람도 볼 수 없었다.

수년 전 동유럽 한인단체여행 중 폴란드 아우슈비츠 유대인수용소 근처를 지날 때의 경험이다. 안내자가 여행팀 전원이 원한다면 4시간 정도 시간을 내어 아우슈비츠기념관에 들릴 수 있다고 하였다. 절반의 여행객들은 찬성했지만, 한 무리의 여성들이 한사코 반대했다. 기념관 방문 의미를 설명하면서 양해를 구했지만 반응은 싸늘했다. 돌아온 것은 "우리는 전쟁이나 끔찍한 것 싫어해요!"라는 매몰찬 대답뿐. 더욱이 쇼핑센터에서 시간 부족을 탓하는 그들의 모습을 보고 씁쓸한 기분을 금할 길 없었다.

카스텔레 요새 입구의 2차 세계대전 전몰용사 추모동상

스웨덴
Sweden

스웨덴 고슴도치전략으로
전쟁 참화 막다

북유럽에서의 스웨덴

19세기 초 스웨덴은 스칸디나비아 반도를 지배한 유럽강국이었다. 그 후 주변국과의 전쟁 패배로 많은 영토를 잃었다. 그러나 제1·2차 세계대전 시에는 강력한 군사력건설과 결사항전 의지과시로 중립을 유지하여 전쟁참화를 막을 수 있었다.

왕궁근위대 시가행진은 스웨덴 자부심

섬과 운하로 이루어진 스웨덴 수도 스톡홀름! 주변 호수와 발트 해, 그리고 14개의 섬으로 이루어진 이 도시는 '북유럽의 베네치아'로 불린다.

Trip Tips

시내 중심부와 가까운 작은 섬 안의 군사유적지로 가고자 택시를 탔다. 정오가 가까워지면서 갑자기 한동안 교통이 통제되었다. 왕궁근위병 교대식을 위한 시가행진이란다.

우렁찬 군악대 연주와 늠름한 병사들의 행진에 관광객·시민들이 환호한다. 매일 이루어지는 이 행사는 벌써 수십 년째 계속된다. 운전기사에게 교통체증의 불편함을 넌지시 물어보니 "근위병들의 시가행진! 스웨덴 국민들의 자랑입니다."라는 대답이 돌아왔다.

히틀러 야심을 와해시킨 스웨덴 중립정책

1940년 4월, 히틀러는 일순간에 스칸디나비아반도를 손에 넣고자 하는 야심을 숨기지 않았다. 특히 노르웨이 연안은 전략물자를 선적

스웨덴 왕궁근위대 교대식(매일 12시 정각에 행사함)

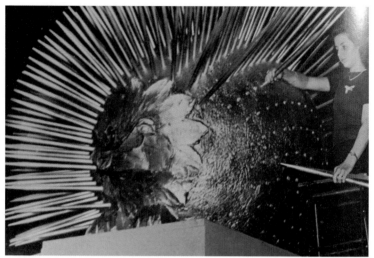

고슴도치 비늘을 꽂으며 국방성금을 기부함

한 독일화물선이 출발하는 항구들이 많았다. 히틀러는 중립을 선언한 스웨덴에게 독일군의 자유로운 영토통과 권한을 요구했다. 이런 협박에 국민들의 격렬한 반대가 있었지만 정부는 히틀러의 요구를 수용했다. 그러나 스웨덴은 1940년대 국방예산을 평시보다 10배로 늘렸고, 상비군을 10만 명에서 60만 명으로 대폭 확충했다. 아울러 100만 예비군의 전력보강과 80만 여성을 준군사부대로 편성했다.

당시의 스웨덴 외무장관 크리스찬 귄터는 "독일이 우리를 집어 삼키기 힘들도록 '고슴도치 전략'을 구사했다. 우리와 싸운다면 얻는 이익보다는 훨씬 더 큰 손해가 있었을 것이다."라고 언급했다. 드디어 1943년 독일의 패색이 짙어지자, 스웨덴은 영토 내의 독일군 활동을 차단시켰다. 연간 200만 병력이동이 있었던 노르웨이-스웨덴 간 보급로 봉쇄로 히틀러 전쟁계획은 와해될 수밖에 없었다.

스톡홀름을 지켜온 발트 해의 철옹성 요새

깊숙한 내해에 위치한 스톡홀름에서 배를 타고 발트 해의 먼 바다로 나갔다. 좁은 수로 옆 해안에는 폐기된 군사시설들이 가끔씩 보였다. 1시간 정도의 항해 끝에 나타난 웅장한 박스홀름(Baxholm)성! 1549년에 건설된 이 성채는 주변 항로통제가 가능한 자라목 지형에 버티고 있다. 30m 높이의 철옹성이 섬 주변을 감싸고 있었고, 성벽 밖에는 철갑으로 보호된 포탑들이 길게 포신을 내밀고 있다.

오늘날 이름난 휴양지로 변한 박스홀름성채는 해안포병 군사박물관과 유스호스텔로 활용되고 있다. 성곽 전시실에는 요새건립과정, 1·2차 세계전쟁, 스웨덴군 소개사진들이 있었다. 박물관 관리인 로제 에드룬더(Roger Edlund)씨는 해안포병 함정추적병으로 13개월 동안 군 복무를 했다. 그의 말에 의하면 "스웨덴이 오늘날 물질적 풍요를 누리는 것은 노련한 중립외교로 약 100여 년간 전쟁을 피했기 때문이다. 특히 제1·2차 세계전쟁으로 유럽이 초토화 되었을 때, 스웨덴은 끝까지 전화에 휩쓸리

박스홀롬 요새 외곽 1940년 건설된 해안포대

스톡홀름 수로 입구에 위치한 박스홀롬 요새 전경

지 않았다. 자신은 전역 후에도 매년 한 달씩 실전 같은 훈련을 받았다. 최근 빈발하는 국제분쟁의 영향으로 정부는 2010년 폐지된 징병제를 2018년부터 다시 부활시키는 것으로 검토하고 있다."라고 했다.

다양한 외국인들과 함께 사는 스웨덴 국민

스웨덴 사회복지수준은 이곳 시골주민들의 생활을 보면서 알 수 있었다. 쾌적하고 편리한 체육시설, 넓은 잔디정원을 가진 개인주택 등을 해안근처 곳곳에서 볼 수 있다. 마을인접 축구장에서 아프리카에서 온 흑인청소년들을 만났다.

슈퍼마켓 종업원으로 일하는 세네갈 청년 알리(Alliy)의 이야기다. "이곳 주민들은 수시로 휴가를 떠나 빈 집들이 많다. 잔디운동장은 항상 비어 있지만 팀 구성이 안 되어 축구시합을 할 수 없다. 어느 정도 돈을 모으면 세네갈로 돌아가 사진관을 차릴 것이다. 그 때 친구들과 신나게 축구를 실컷 하고 싶다."라고 말했다. 한국인임을 밝히니 바로 스마트폰으로 자신이 좋아하는 한국 축구선수들의 사진을 보여준다. 또한 북한 김정은의 폭정과 핵실험에 대해서도 잘 알고 있었다. 정말 지구촌을 하나로 묶는 인터넷과 SNS의 위력을 실감할 수 있었다.

섬 안 축구장의 아프리카에서 온 청소년들

오늘날의 스웨덴은?

스웨덴은 인구 980만 명, 국토넓이 45만 Km²(한반도 2배), 개인국민소득 58,000 달러 수준의 부국(富國)이다. 현재 상비군은 15,000명이며 준군사부대를 23,000 명 유지한다. 특히 스웨덴은 6·25전쟁 당시 170명의 의료지원부대를 한국에 파병 하였으며, 연 참전인원은 1,124명에 달했다.

서민들의 생활수준을 알 수 있는 스웨덴 단독주택

방위산업 홍보하는
스톡홀름 군사박물관

스톡홀름 중심부의 스웨덴 육군군사박물관! 첫 전시물은 인간본성의 야만성을 동물세계를 통해 인상 깊게 보여준다. 침팬지들의 원초적인 투쟁과정과 인류전쟁역사를 비교해 가며 '부국강병'의 중요성을 강조하고 있었다.

동물세계와 비교한 인류의 전쟁역사

육군군사박물관은 수백 년 전의 대포공장을 개조한 고색창연한 건물이었다. 야외에는 중세시대 화포부터 최신 장갑차까지 다양한 군사장비들이 진열되어 있다. 박물관은 스웨덴 전쟁역사와 "왜 인류역사는 전쟁으로 점철되었는가?"를 동물세계의 투쟁과정을 제시하며 잘 설명하고 있었다. 즉 한 무리의 침팬지들이 동료를 잔인하게 살해하는 사진과 발굴된 원시인 집단유골사진이 전시관 입구에서 관람객을 맞이한다.

침팬지 투쟁과정에서 전쟁교훈을 알려주는 군사박물관

이 사진들은 인류전쟁역사를 이렇게 증언했다.

"침팬지는 인간과 가장 가까운 종(種)이다. 이들을 자세히 관찰하면 자신들의 영역확장을 위해 절친했던 동료도 무자비하게 살해한다. 인류역사도 침팬지 투쟁과정과 너무도 유사하다. 웅덩이 안의 인간유골들은 약 13,000년 전 북아프리카에서 발견된 것이다. 주로 돌도끼나 화살에 맞아 목숨을 잃었다. 농경사회 정착으로 의식주가 해결된 이후에도 오히려 인간사회의 전쟁횟수는 크게 늘어났다. 지구상에서 집단적인 살육, 강간, 약탈이 그칠 날이 없었다. 그러나 다행히도 인간은 침팬지와는 달리 국가 간 전쟁예방을 위한 협상 능력을 가지고 있었다."

영토수호를 위한 단호한 안보정책

박물관 3층에는 열강의 틈바구니에서 아슬아슬하게 추진했던 스웨덴 중립정책 자료들이 많았다. 제2차 세계대전이 발발하자 스웨덴은 즉각 중립을 선언했고 '거국내각'을 구성했다. 1939년 말, 핀란드소련의 전쟁으로 이 정책은 곧 시험에 빠져들었다. 수많은 스웨덴 지원자들이 핀란드군에 합류했고 시민들은 많은 물자를 원조했다. 그러나 영국을 포함한 연합국의 스웨덴 영토를 통한 핀란드 병력지원을 정부는 거절하였다. 열강들의 분쟁에 휘말리고 싶지 않았던 것이다.

주변국들이 전쟁에 휩싸이자 전 국민은 자위력 강화에 자발적으로 나섰다. 시민들은 개인차량을 비행장활주로나 도로 가운데 주차하여 적 공수부대 착륙을 거부했고, 트럭공장은 탱크를, 성냥공장은 탄약을 생산했다. 스웨덴은 이 무기를 자주국방에만 쓸 것이라고 대내외에 공포했고 실제 확고한 의지도 있었다. 한 예로 1940년 4월, 독일 폭격기들이 영공을 통과하자 대공포부대는 가차 없이 발포했다. 혼쭐이 난 독일 공군기들은 두 번 다시 스웨덴 영공을 넘보지 못하였다

이웃 국가 피난민에게 내민 구호의 손길

1939-1940년 사이 핀란드 · 노르웨이 · 덴마크는 강대국 소련, 독

스웨덴은 중립선포 후 차량공장을 장갑차공장으로 개조함

일과의 힘겨운 전쟁을 치루고 있었다. 당시 스웨덴은 소련과 전쟁 중인 핀란드의 어린이들을 국내 가정으로 받아들였다. 또한 독일의 공격을 받은 노르웨이 피난민들이 스웨덴으로 흘러오자 무제한으로 수용했다. 그 후 덴마크 유대인의 나치학살이 시작되자 약 7,500여 명의 도피자들을 국내 수용소에서 보호하였다. 심지어 국왕 구스타프 5세(Gustav Ⅴ)는 독일과의 협상을 통하여 발트 해 주변국가 피난민과 헝가리 유태인들까지 국내로 수송해 오기도 하였다.

따뜻한 인간애를 가진 스웨덴 국민들은 또다시 한국전쟁이 나자 즉각 의료부대를 보내어 구호의 손길을 내밀었다. 특히 전쟁이 끝난 후인 1958년, 스웨덴·노르웨이·덴마크의 협력으로 서울에 '국립중앙의료원'을 건립했다. 이 병원은 선진의료기술로 전쟁폐허 속에서 신음하던 수많은 우리나라 환자들을 돌보다가, 1968년 한국정부가 인수하여 현재 운영하고 있다.

독자 무기생산으로 자주국방 실현
마지막 전시관에서는 무기생산 역사코너가 있었다. 1800년대부터

제2차 세계대전 시 스웨덴국민들의 전시대비 자세

군수산업을 발전시켜온 스웨덴은 1940년대 폭격기를 자체 생산할 정도로 무기개발에 국가역량을 집중해 왔다. 오늘날 세계 주요 방산품 수출국인 스웨덴은 각종 첨단기술이 적용된 그리펜(Gripen)전투기, 잠수함, 항공정찰장비 등을 해외수출하고 있다. 최근 한국군이 도입하는 500Km 밖의 목표를 정밀 타격할 수 있는 공대지미사일 '타우루스'도 스웨덴-독일 합작회사 제품이다. 널찍한 전시관에는 스웨덴산 소총·대포로부터 장갑차 · 전차 · 무인항공기들이 꽉 차 있다. 독자적인 무기개발을 통한 스웨덴의 강렬한 자주국방 의지를 보면서 "자유는 결코 공짜가 아니다!"는 것을 다시 한 번 뼈저리게 느꼈다.

아는 만큼 보인다!

스웨덴의 사회보장제도는?

스웨덴의 대표적인 사회보장제도는 무상의료, 국가에 의한 완전고용, 노후연금, 대학원까지의 교육비 지원 등이다. 평등 · 인권 · 행복추구를 목표로 하는 이 정책은 엄청난 재원이 필요했다. 따라서 개인소득의 51%에 달하는 높은 조세부담과 각종 보조금제도로 이 예산을 확보하고 있다.

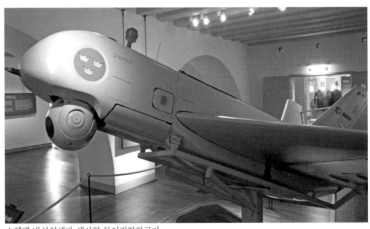

스웨덴 방산업체가 생산한 무인정찰항공기

곳곳에 남아있는
해양 강국의 군사유적

스톡홀름 해변 공원속의 웅장한 해군군사박물관! 1910년대 스웨덴 해군전함에는 이미 수상항공기가 탑재되어 있었다. 강력한 해군력건설을 위해 스웨덴 정부가 얼마나 오랫동안 국가역량을 집중해 왔는지 저절로 느껴졌다.

곳곳에 남아 있는 해양 강국의 군사유적

스톡홀름 선착장에서 유람선을 타면 시내주변의 섬들을 돌아볼 수 있다. 특히 항구 근처의 세프스홀멘 섬은 17세기 해군 총사령부가 있어 일명 '해군의 섬'으로 불린다. 지금은 군사시설이 개조되어 예술아카데미, 동양미술관으로 변했다. 또한 건너편 유고르덴 섬에는 세계에서 유일하게 보존된 17세기 전함인 바사호 박물관까지 있다. 이 선박은 스웨덴의 최전성기였던 구스타프 2세 시대에 발트 해 장악을 위해 건조되었다. 유럽에서 가장 관광객들이 많이 몰리는 명소 중의 하나

바사호 박물관에 전시된 축소된 모형
(실제 원형이 복원된 바사함의 일부도 전시되어 있음)

바사호 박물관은 그 사연을 이렇게 소개했다.

1628년 8월 10일, 국왕 구스타파 바사가 지켜보는 가운데 성대한 진수식이 열렸다. 3년간 심혈을 기우려 건조된 바사호는 길이 69m, 높이 50m에 64문의 대포를 탑재했다. 건조비용으로 스웨덴 국민 총생산액의 5%를 투자했다. 그러나 이 배는 1Km 정도 항해 후 작은 돌풍에 기우뚱 기울며 바다 속으로 침몰하고 말았다. 국왕의 무리한 요구에 조선공들은 자신들도 잘 알지 못하는 설계방식을 적용한 것으로 알려졌다. 그 후 333년이 지난 1961년, 해저 펄에서 건저 올린 14,000개의 파선 조각을 퍼즐처럼 맞추어 진수 당시 모습으로 복원했다. 특히 바사호 외부의 예술품 같은 웅장한 장식은 관람객들의 감탄을 자아낸다.

퇴역 고속정 민간 운용으로 안보관심 유도

바사호 박물관 밖에는 민간협회에 양도된 해군 퇴역함정 2척이 부두에 정박하고 있다. 해상박물관으로 활용되는 이 함정들은 민간회원들의 자발적인 기금으로 관리되며 먼 바다로 항해를 떠나기도 한다. 특히 시속 40노트 이상의 쾌속으로 바다 위를 나는 듯이 달리는 미사일 고속정은 수시로 일반 시민들이 탑승하기도 한다. 폐기된 군용장비의 적극적 활용으로 안보에 대한 관심을 유도하려는 스웨덴 정부의 의도도 있는 듯하였다.

 스톡홀름 부두에서 해군군사박물관으로 가는 교통편을 젊은 청년에게 물었다. 버스정류소를 찾기 어려워 망설이니 "10분 정도만 해변을 따라 걸어가면 쉽게 찾을 수 있다"라고 했다. 복잡한 시내를 벗어나니

유고르덴섬 부두에 계류된 미사일 고속정

널찍한 공원이 나타났다. 거의 20여분을 걸어도 오솔길이 많은 숲속만 보인다. "길을 잘못 선택했나?"하며 쏟아지는 땀을 닦으며 지도를 펼쳤다. 분명 틀린 방향은 아니다. 공원 숲을 벗어나니 드디어 넓은 초원 위의 웅장한 군사박물관이 나타났다. 순간 타조같이 길쭉한 다리를 가진 스웨덴청년 보폭으로 '10분 거리였구나.'하는 생각이 그때서야 났다.

"바다로 세계로!"를 실천한 스웨덴 해군역사

박물관 안에는 중세부터 오늘날까지의 스웨덴 해군역사가 전시되어 있다. 특히 18세기 경 발트 해의 패권을 두고 스웨덴 · 영국 · 러시아 간 크고 작은 충돌이 있었다. '시 파워(Sea Power)'의 중요성을 깨달은 스웨덴은 1910년대 이미 10여대의 수상항공기를 탑재한 대형전함과 잠수함까지 확보했다. 특히 1940년대 까지는 대구경 함포를 가진 전

시내에서 다소 떨어진 곳에 있는 해군군사박물관

함들을 많이 보유하였다. 그러나 오늘날 스웨덴 해군은 최첨단미사일이 탑재된 소형 스텔스함정 위주로 개편되고 있었다.

또한 스웨덴은 우수한 해군인력의 안정적 확보를 위해 전통적으로 국가차원의 관심을 가졌다고 전시관은 소개했다. 즉 해군간부는 선발된 어린 소년들을 체계적인 함상훈련을 통해 양성하였다. 군기확립을 위해 예비사관들을 채찍으로 체벌하는 옛날 그림도 있었다. 아울러 스웨덴정부는 국익창출의 기여도, 열악한 함상생활여건 등을 고려해서 이들에게 다양한 혜택을 주었다고 한다.

스웨덴 해사생도의 군인에 대한 자부심

박물관을 거의 다 돌아본 시점에 견학을 온 스웨덴 해사생도를 만났다. 당당한 체격에 말쑥한 제복의 청년은 다니엘 사레톡(Daniel Saretok)이라고 했다. 짧은 시간의 대화였지만 그의 태도는 사관생도로써의 긍지가 넘쳐 흘렀다.

1910년대 항공기를 탑재한 스웨덴 해군전함

"자유롭게 생활하는 사회친구들이 때로는 부럽지만 생도생활도 재미있다. 생도대 생활은 엄격하지만 일과 후에는 필요시 외출도 허용된다. 교관들도 교육 중에는 무섭게 대하지만 개인면담 시에는 정말 부드럽다. 스웨덴의 대재벌 '발렌베리'가(家) 후손들은 전통적으로 해군사관학교에 입학하고 있다. 모험·담력·책임감을 키우는 데는 사관학교만큼 좋은 곳은 없다. 더구나 졸업 후 조국을 위해 일한다는 것이 너무나 자랑스럽다."라고 했다. 자유 분망하고 자신의 일에만 관심이 많은 유럽 청소년들 중에도 이런 애국적인 청년도 있구나 하는 생각이 들었다.

고된 훈련을 감내한 100년 전 수병들의 훈련장면

핀란드
Finland

핀란드 수오맨린나 섬 군사박물관

북유럽에서의 핀란드

국가경쟁력·청렴도·환경지수 세계 1위의 나라 핀란드! 오늘날의 세계 강소국(强小國) 핀란드도 지난 20세기에는 국가존망이 달린 전쟁을 수차례 경험했다. 헬싱키 전쟁역사박물관, 핀란드·러시아국경 격전지 현장에서 참혹했던 당시의 전장실상과 강인한 핀란드인 정신을 생생하게 느낄 수 있었다.

Trip Tips

한국 여행객들로 넘치는 헬싱키 마켓광장

헬싱키는 걸어 다녀도 하루 만에 관광명소를 다 볼 수 있는 인구 62만 명의 작은 도시이다. 시내관광 출발점인 카우파토리항의 마켓광장에서는 즉석에서 만든 길거리 음식을 많이 판다. 주로 멸치 볶음, 오징어 튀김, 연어구이 등 우리 입맛에 맞는 메뉴를 쉽게 고를 수 있다.

노천시장에는 단체관광이나 개인여행을 온 한국인들로 넘쳐난다. 회사 동우회 모임, 아버지·아들의 추억 쌓기, 복학을 앞둔 대학생 등 여행사연도 가지각색이다. 세계 각국에서 다양한 체험을 즐기려는 역동적인 한국인들의 특성이 그대로 드러난다. 특히 서로 교환하는 여행정보는 항상 미지의 세계에 불안함을 느끼는 배낭여행객들에게는 큰 위안이 된다.

뼈아픈 핀란드 역사가 스린 수오멘리나섬

마켓광장 항구에서 배편으로 20여 분 나가면 5개의 섬과 6Km 성벽으로 이어진 수오멘린나요새에 도착한다. 이 요새는 1748년, 스웨덴이 핀란드를 속국으로 지배할 때 러시아 침공에 대비하여 죄수들을 동원하여 처음 건설했다. 그 후 1809년, 다시 러시아가 핀란드를 점령

헬싱키항 입구의 '수오맨린나' 요새 전경

하면서 이 섬에는 발트 해를 사정권에 두는 장거리 해안포와 군수공장까지 들어섰다.

1917년, 러시아 공산혁명이 일어나자 핀란드는 독립을 선언했지만, 곧바로 정부우파와 공산주의자들 간의 참혹한 내전에 휩싸였다. 한동안 이 요새에 적군(赤軍) 포로 만여 명을 수감하기도 했다. 스웨덴·러시아·핀란드 역사가 뒤엉킨 이 유적지는 1991년 세계문화유산으로 지정되었다. 시뻘겋게 녹슨 러시아 대포들, 성벽 밑 곳곳에 숨어있는 탄약고, 전시된 잠수함 등 숱한 군사유적들은 험난했던 핀란드 독립과정의 산 증인이었다.

전쟁역사박물관이 말하는 국난 극복사

수오멘린나 섬에는 다양한 볼거리들이 있지만, 전쟁역사박물관은 핀란드 국난극복사를 한 눈에 보여 준다. 1917년 12월 7일, 핀란드는 100여 년간의 러시아 압제를 벗어나 신생 독립국가로 탄생했다. 그러나 뒤이은 이념갈등 와중에서 당시 인구 100만의 핀란드에서 3만 명이 목숨을 잃었다. 국민들은 분열되었고, 강대국 소련과 독일 사이에 끼인 핀란드는 생존까지 위협받았다. 수백 년 식민지 생활로 국가정체성도 모호했다. 이때 국민단합에 결정적 역할을 한 핀란드 병역제도를 박물관은 이렇게 소개했다.

"내전 이후 1920년대 핀란드 사회는 갈가리 찢어졌다. 이웃은 서로 불신했고 경제는 파탄 상태였다. 그러나 정부는 사회적 신분에 관계없이 철저한 국민징병제를 시행했다. 일부 언론은 이 제도는 경제적 빈곤층에게 큰 고통이라고 선동했다. 하지만 징병제는 내전으로 분열된 청년들을 자유민주주의 이념으로 묶는 큰 역할을 하였다. 그리고 1939년, 소련과의 겨울전쟁에서 군경

'수오맨린나'섬 안의 핀란드 전쟁역사박물관

섬 외곽에 설치된 1800년대 러시아군 해안포

험이 있는 전 국민들이 끝까지 저항할 수 있는 큰 원동력이 되었다."라고 하였다.

2017년 독립 100주년 기념행사를 기획하고 있는 박물관 내부에는 핀란드군 발전사, 1939-1944년 전쟁역사, PKO 활동성과 등이 군사장비 전시와 함께 잘 정리되어 있었다.

자긍심 넘치는 핀란드 병사들의 군복무

1939년 겨울전쟁의 격전지 수오무살미는 헬싱키에서 북쪽으로 약 700Km 떨어져 있다. 핀란드 · 러시아 국경마을인 그곳에는 전쟁기념관과 많은 군부대가 주둔한다. 헬싱키 중앙역의 북부행 열차에는 의외로 핀란드군 휴가 장병들이 많았다.

기차역에서 만난 토마스(Tomas) 이병은 한 달 전에 입대했다. 미국에서 대학에 다니던 그는 핀란드 · 미국 이중국적자로 병역면제 대상이었지만 군복무를 위해 귀국했다. 자신의 할아버지가 2차 세계대전 시 소련군과 싸웠고, 아버지도 자진 귀국하여 현역근무를 했단다. 의외로 자기부대에는 해외거주 자원 입대자들이 많다고 한다. 핀란드군 복무기간은 기본적으로 6개월이

헬싱키 중앙역에서 만난 토마스 이병(좌)

며, 특수병과 병사나 간부는 훨씬 더 길다. 물론 복무연장자들에게는
많은 급여와 다양한 인센티브가 주어진다고 했다.

아는 만큼 보인다!

오늘날의 핀란드는?

핀란드는 인구 530만 명, 국토넓이 34만 Km²(한반도 1.5배), 연 국민개인소득은 50,000불이다. 군사력은 현역 22,000명, 예비역 354,000명에 달하며 다양한 군 복무형태의 징병제를 유지하고 있다(출처: Military Balance 2015).

소련군의 무덤
수오무살미 격전지 현장

1945년 핀란드와의 전쟁 후, 스탈린은 고집 센 이웃나라 국민들을 이렇게 평가했다. "형편없는 군대를 가진 나라는 푸대접을 받지만, 훌륭한 군대를 보유한 국가는 영원한 존경을 받는다. 나는 용감한 핀란드인들에게 무한한 찬사를 보낸다."라고. 2차 세계대전 시 소국(小國)이 강대국과 투쟁하여 끝까지 독립을 유지한 나라는 세계에서 핀란드가 유일하다.

국경마을 격전지를 찾아가며 만난 사람들

Trip Tips

국경마을 수오무살미(Suomussalmi)에 가려면 기차로 7시간 걸리는 카자니(Kajaani)에 도착 후, 다시 버스로 갈아타야 한다.

열차에서 핀란드 교사와 이스라엘군 전역병사를 만났다. 시골 전적

열차안에서 만난 이스라엘 전역군인 사우드

지를 찾아간다는 말에 금방 호기심을 나타낸다. 특히 역사교사인 오스카(Oscar)는 핀란드인들의 영원한 자부심 '겨울전쟁'에 대해 학생들에게 철저하게 교육한다고 했다. 헬싱키에 거주하는 유대인 청년 '사우드(Saud)'는 이스라엘에서 3년 군복무를 마쳤다. 이스라엘 육군에 대한 자부심이 하늘을 찌른다.

"자신은 사막보병으로 근무하며 물 한 모금 마시지 않고 뜨거운 모래밭에서 하루 버티기도 했다. 또한 4달 동안의 혹독한 교육과정을 거치는 분대장으로 선발되었다. 결국 5대 장성(將星)에 속하는 병장으로 진급했고, 전역비로 받은 4,000유로(약 500만원)를 지금 여행경비로 쓰고 있다."라고 했다.

수십만 소련군 무덤이 된 겨울전쟁 격전지
오후 늦게 카자니역에 도착하니 지방도로로 운행하는 미니버스가

수오무살미 시공호텔로비에 전시된 겨울전쟁 유물

기다리고 있다. 2시간 정도 달리니 시골마을 '수오무살미'가 나타났다. 1939년 12월, 바로 이곳에서 소련군 제44·163사단 병력 3만여 명이 혹한과 핀란드군 포위망 속에서 일시에 전멸 당했다. 그 후 계속된 전투에서 침공군은 수십만 의 사상자를 감수해야만 했다. 빈약한 장비와 열세한 병력을 가진 핀란드군 피해는 적군의 1/6에 불과했다.

┌─ **Trip Tips** ──────────────────────────────

작은 촌락 호텔로비에는 전쟁유물들과 전투상황도가 있었다. 종업원에게 물어보니 전쟁기념관은 약 50Km 정도 떨어져 있고 버스도 없다고 한다. "산 넘어 산이라더니…", 택시예약을 하려니 교통비가 은근히 부담된다.

└──

그 때 옆에 있던 핀란드인 파시(Pasi)부부가 내일 아침 자기 차에 동승하여 국경전적지로 가자고 한다. 휴가 중인 그들도 마지막으로 전쟁기념관을 보고 돌아갈 예정이라고 했다. 고민하던 교통편이 뜻밖에 해결된 후, 편안하게 잠자리에 들 수 있었다.

겨울전쟁시 핀란드군 땅굴 막사(사진 중앙 동반자 '파시')

참전용사 후손의 겨울전쟁 이야기

파시 부부는 핀란드산 여우 털을 가공하여 수출하는 회사를 운영하며 서울에도 두 차례 방문한 경험도 있었다. 그의 큰아버지는 1939년 스키부대 저격병으로 겨울전쟁에 참전했다. 승용차로 30여분을 달리니 비포장 시골길이 나타났다. 울창한 산림과 호수가 어우러진 국경지역은 겨울에는 평균 1m 이상의 눈이 쌓인다고 한다. 가혹한 자연환경은 핀란드인들을 자립정신과 지구력을 갖추도록 했다. 이들은 스키의 명수였고 일상적인 사냥으로 사격에도 능했다. 더구나 수백 년 만에 얻은 독립을 지키겠다는 애국심은 무서운 전력이 되었다. 참전용사 삼촌의 겨울전쟁 경험을 파시는 이렇게 전해 주었다.

"1939년 겨울, 기온은 영하 40도까지 떨어졌다. 45만 명의 소련군은 방한복도 갖추지 못한 채 핀란드를 침공했다. 폭설까지 쏟아지고 혹한이 계속되자 동사자가 속출했다. 백색 위장복에 스키로 신출귀몰하는 핀란드군은 '유령의 군대'였다. 저격병의 사격솜씨 또한 탁월했

격전지 내 핀란드군 무명용사 추모동상

겨울전쟁 전몰장병 추모공원(전사자 만명을 의미하는 바위돌)

다. 소련군 기관총 방탄판 1cm 틈 사이로 총탄을 날려 적군을 명중시켰다. 전투가 끝나면 핀란드군은 통나무 사우나까지 갖춘 야전땅굴에서 순록모피를 덮고 깊게 잠들었다."라고 했다. 결국 소련군은 엄청난 인명피해를 견디지 못하고 공격을 멈추고야 말았다.

국경 격전지에 교통호 · 야전숙소 그대로 보존

Trip Tips

드디어 핀란드 · 러시아 국경검문소에 도착했다. 높은 망루와 초소막사에는 군인들이 보이지 않았다. 심지어 국경 차단기에 서서 자유롭게 사진촬영을 하기도 했다. 주변 격전지에는 1930년대의 교통호, 야전숙소 등이 보존되어 있었고 곳곳에 무명용사 추모동상도 보였다.

국경에서 다소 떨어진 겨울전쟁기념관에는 1939-45년까지의 각종 역사자료와 장비들이 빼곡히 차 있다. 또한 야외전시장에는 노획한 소련군 전차와 대포 포신들이 고개를 푹 숙인 채 늘어서 있다. 특히 기념관 옆 수오무살미 전투 추모공원에는 핀란드군 전사자 숫자를 의미하는 1만 개의 바위 돌들이 끝없이 깔려 있었다.

아는 만큼 보인다!

핀란드의 겨울·여름전쟁은?
- 1939. 11. 30. 소련군 침공, 겨울전쟁 시작
- 1940. 3. 12. 강화조약, 핀란드 영토일부 할양
- 1941. 6. 25. 독일군 지원 하 핀란드 소련에 선전포고, 여름전쟁 시작
- 1944. 9. 2. 핀란드 독일과 단교, 소련과 강화조약(9. 19)
- 1945. 1월. '라플란드전쟁(핀란드 · 독일 충돌)' 종료

작지만 강한 군대 핀란드 해·공군

1939년 10월, 소련의 스탈린은 "핀란드 국경이 레닌그라드에 가까우니 완충지대를 위해 당신들의 영토를 내놓아라!"라고 했다. 외교적 협상은 실패로 돌아갔고, 강대국 협박을 핀란드는 단호하게 거부했다. 그리고 1939년 '겨울전쟁', 1941년 '여름전쟁'을 통해 끝까지 자신들의 주권을 지켜냈다.

핀란드 전통 마을 포르보를 찾아서

Trip Tips

헬싱키 항에서 '포르보(Porvoo)'행 소형선박을 탔다. 시내 투어버스 티켓은 인근 관광명소까지의 교통편도 무료였다. 헬싱키 동쪽 50Km 정도 떨어진 이곳은 1346년에 건립된 작은 도시이다.

포르보는 '강의 요새'라는 의미를 가졌지만, 반복되는 전쟁으로 도시는 수차례 불탔다.

민속마을 포르보 거리에는 전통의상을 입은 주민들이 방문객을 맞

포르보 민속마을의 옛 군대 재현행사

이한다. 마을 어르신들은 옛날 군복과 소총으로 과거 군대의 모습을 재현하고 있다. 그들은 핀란드 전쟁역사에 대해 관심이 많았고, 선조들이 이룬 '겨울·여름전쟁'의 빛나는 승리에 대해 큰 자부심을 가지고 있었다. 일부는 어렴풋이 그 전쟁을 기억하는 분도 계셨다.

다시 시작된 핀란드-소련간의 '여름전쟁'

1940년 3월 12일, 핀란드·소련간의 '겨울전쟁'은 끝났다. 소련은 약간의 영토적 이익은 얻었지만, 수십만 명의 사상자를 감수해야만 했다. 소련 점령지의 핀란드인들은 공산주의를 거부하고 대부분 핀란드로 이주했고, 스탈린이 해방시킨 것은 '곰과 순록' 뿐이었다. 형편없는 적군(赤軍)의 실상을 본 히틀러가 바로 다음 해에 소련과의 전쟁을 결심하게 된다.

1941년 6월 22일, 북극해에서 흑해까지 3,000Km의 전선에서 독일군·루마니아·헝가리군 등 300만 대군이 소련으로 밀고 들어갔다.

방어진지공사에 자발적으로 동참한 핀란드 청장년
(겨울·여름전쟁간 핀란드인들은 승리를 위해 최선을 다함)

겨울전쟁 이후 핀란드는 은밀하게 독일로부터 엄청난 군사 장비를 지원받았다. 6월 25일 핀란드는 소련에게 선전포고를 하면서 '여름(계속)전쟁'에 돌입했다. 사기충천한 핀란드군은 소련의 레닌그라드(현 상트 페테르부르크)에서 불과 30Km 떨어진 지점까지 점령했다. 1941년 12월 6일, 드디어 핀란드는 겨울전쟁에서 빼앗긴 실지를 대부분 회복했음을 선언했고 더 이상 진격하지 않았다. 다급해진 소련은 이제 거꾸로 핀란드에게 과거의 점령영토를 다 반환하겠다며 정전회담을 제의하기도 하였다.

알려지지 않은 핀란드 해·공군의 혈투

1930년대 핀란드 인구는 370만 명에 불과했다. 하지만 정부는 국가적 관심을 가지고 해·공군력 강화에 예산을 집중투자했다. 핀란드 해군역사는 헬싱키 수오멘린나요새 해변의 잠수함박물관에 사진과 책자로 잘 전시되어 있다. 1939년 핀란드해군은 4,000여 명의 병력과 구축함 2척, 포함 2척, 잠수함 5척, 어뢰정 7척을 보유했다. 이에 비해 소련 발트함대는 34만의 해군병력과 전함 2척을 포함한 대형 함정 23척, 잠수함 52척을 가졌다. '다윗과 골리앗'과 같은 전력차이였다. 1939년 12월, 소련은 핀란드연안 봉쇄를 선언하고 26,000톤급 '10월 혁명'함을 출격시켰지만 필사적인 핀란드군 해안포병의 저항으로 물러섰다. 더구나 '발트 해의 물귀신' 핀란드잠수함 활동으로 소련해군은 핀란드의 눈치를 보면서 대서양으로 나갈 수밖에 없었다. 병력 숫자로 소련군 대비 1%에 불과한 핀란드해군은 악착스럽게 발트함대를 물고 늘어져 수도 헬싱키를 지켜냈던 것이다.

또한, 헬싱키 근교 란드보(Landbo)시에는 87년 전통을 자랑하는 공군군사박물관이 있다. 1929년 5월 4일, 핀란드 육군항공대는 공군으

제2차 세계대전 참전 핀란드해군 잠수함

핀란드 공군군사박물관에 전시된 항공기
(동체의 갈구리 마크는 핀란드군 전통문양임)

로 독립했다. 1930년대 전운이 감돌자 핀란드는 네덜란드산 요격전투기(Foker D21) 42대를 구입하면서 전쟁 중에는 최대 300대의 항공기를 확보했다. 이런 전력으로 2,000대가 넘는 소련공군기를 대적하여 무려 1,800여 대를 격추시켰다. 박물관내부에는 전쟁 당시 핀란드공군 항공기들과 지상요원 활동사진들이 꽉 차 있었다.

핀란드 구국의 영웅 만네르하임 기념관
어느 국가나 전쟁에서 빛나는 승리를 거두는 데는 반드시 훌륭한 전쟁지도자가 있다. 헬싱키의 남북 종단대로는 만네르하임 원수 거리로 불린다. 그는 제2차 세계대전 시 탁월한 외교력과 군사전략으로 핀란드를 소련 침공으로부터 구했다.

러시아군 기병장교 근무시의 만네르하임

Trip Tips

헬싱키 시내 나지막한 언덕위의 '만네르하임' 생가! 오늘날 기념관으로 개조된 그의 생가에는 매일같이 많은 관광객들이 몰려든다.

1867년, 만네르하임 이 출생할 때 핀란드는 러시아 공국이었다. 어려서 부터 조국독립을 꿈꾸었던 그는 자연스럽게 핀란드 육군사관학교로 진학했다. 육사 졸업 후, 러시아 기병학교를 거쳐 훗날 장군으로 진급한다. 1917년 러시아 혁명 시 그는 귀국하여 독립한 핀란드군 건설에 참여했다. 결국 이런 군사적 경력과 뜨거운 애국심이 그를 바람 앞의 촛불과 같았던 조국을 구하는 영웅으로 만들었던 것이다.

노르웨이

Norway

노르웨이 침공군에게 끝까지 저항하다

노르웨이는 빼어난 자연경관으로 해마다 수많은 관광객들이 몰려든다. 특히 이 나라는 제2차 세계대전 중 독일군 지배에 항거하여 전 국민이 활발한 레지스탕스 활동을 전개했다. 지금도 노르웨이 곳곳에 군사박물관, 전쟁기념비 등 그날의 역사를 증언하고 있다.

세계 최고의 복지국가를 만든 바이킹 후예들

노르웨이는 1397년부터 약 400여 년 간 덴마크 영토의 일부로 있었고, 1814년에는 다시 스웨덴에 합병되었다. 이런 고난의 역사를 거친 노르웨이는 드디어 1905년 입헌군주제 형태의 독립국가로 탄생했다. 1939년 제2차 세계대전의 기운이 감돌자 중립을 선언했지만, 힘없는 이 약소국은 또다시 1940년 4월 독일군 침공으로 적국에 짓밟히게 된다.

오슬로 근교의 노르웨이 역사가 담긴 바이킹 박물관! 그곳에는 1500여 년 전 북해 · 지중해 · 흑해까지 누볐던 바이킹 유물들이 잘 전시되어 있다. 이런 바이킹의 피가 흐르는 노르웨이인들은 탐험, 모험, 도전에서 세계에서 둘째가라면 서러워할 사람들이다. 결국 노르웨이는 전쟁 참화를 극복해 가면서 조선, 철강, 기계, 관광산업으로 경제 부국이 되었고, 세계인들이 부러워하는 최고의 복지국가를 건설했던 것이다.

오슬로 항을 지켜온 성곽과 항만 요새포대

오슬로 항으로 들어오는 모든 배들을 지켜보고 있는 아케르스후스 성채! 바로 성곽 아래 부두에는 수만 톤 급 크루즈선이 편안한 휴식을 취하고 있다. 13세기 경 스웨덴 침공에 대비하기 위해 만들었다는 이

1200년 전 바이킹이 사용했던 선박

오슬로항 입구 섬의 중세시대 방호포대

성은 1800년의 세월이 지났지만 견고한 외형을 그대로 유지하고 있었
다. 숱한 전란 속에서도 이 성채는 굳건하게 자리를 지키면서 때때로
감옥, 방공호, 박물관 등 다양한 용도로 활용되었다. 또한 성내 군사
박물관에는 노르웨이의 6·25전쟁 참전 기념비와 의료지원요원들과
한복차림의 한국인들이 함께 춤추는 사진까지 전시되어 있었다.

　성곽을 내려와 배를 타고 20분 정도 나가면 오슬로항 뱃길을 한눈
에 내려다볼 수 있는 호베도야(Hovedoya)섬 항만방호요새와 화포들
을 만날 수 있다. 과거 부대막사는 해양스포츠 장비창고로, 요새주변
은 공원으로 조성되어 시민들의 아늑한 휴식처로 변해 있었다.

히틀러 군대에 가장 먼저 짓밟힌 노르웨이

　1940년 4월 9일 아침 7시, 오슬로 역에서 특별열차 1대가 노르웨
이 북쪽으로 황급하게 출발했다. 이 열차에는 노르웨이 국왕 하콘 7
세, 정부 각료, 국회의원 그리고 중앙은행에서 반출한 엄청난 금괴가
실려 있었다. 바로 이 시간 오슬로 공항에는 독일 공수부대 병력들이

제2차 세계대전시 독일군에 맞선 노르웨이 레지스탕스

속속 착륙하고 있었다. 10만 대군으로 노르웨이를 기습 침공한 독일
군은 군악대를 앞세우며 보무도 당당하게 오슬로 시내로 무혈 입성했
다. 뒤이어 독일군 특수부대는 노르웨이 국왕 체포를 위해 추격에 나
섰지만 필사적으로 저지하는 현지 주민 무장부대로 인해 작전은 실패
했다.

　개전 초 빈약한 장비와 열세한 병력을 가진 노르웨이군은 처음부터
독일군의 적수가 되지 못했다. 그러나 시간이 지날수록 퇴역장교, 민
간인 지원자들이 운집하여 무장집단을 형성했다. 바로 이들이 4년간
처절한 저항활동으로 독일군에게 말할 수 없는 고통을 안겨주었다.
제2차 세계대전 중 노르웨이인 저항역사는 오슬로성 레지스탕스 기념
관에 생생하게 재현되어 있다.

크루즈선 취업을 꿈꾸는 진취적인 한국청년

　덴마크 코펜하겐 항과 노르웨이 오슬로 항을 오가는 대형 크루즈선
은 '발틱해의 해상호텔'이라고 불린다. 수천 명의 관광객들이 승선한

이 배에는 다양한 국적의 사람들이 뒤섞여 있다. 그 속에서도 가장 활발하고 왁작시끌하게 시간을 즐기는 승객들은 단연코 한국인들이다. 승무원 중에는 인턴사원으로 근무하는 한국 학생들까지 있었다.

 벌써 2번째 이 선박회사에서 실습 중인 K군의 이야기. "여름이 지나 인턴 기간이 끝나면 정사원으로 취업되기를 기대한다. 이 회사에 입사하면 월 15일 근무와 코펜하겐에 숙소가 제공된다. 적성에도 맞으며 급여도 한국 기업에 비해 높은 편이다."라고 말했다. 세계를 무대로 삼는 진취적인 한국청년의 기상을 보는 것 같아 나 자신이 가슴 뿌듯해짐을 느꼈다.

오슬로항에 정박한 발트해의 대형 크르즈선

오늘날의 노르웨이(Norway)는?

노르웨이 수도는 오슬로이며 인구는 520만 명, 국토넓이는 32만Km²(한반도 1.5배), 국민개인소득은 70,000불 수준이다. 병력은 2.6만 명이며 남녀 모두 국방의 의무를 부과하는 징병제를 유지하고 있다(출처: 위키 백과사전).

베르겐 육군박물관과
특수공작원 이야기

12세기부터 약 200년간 노르웨이 수도였던 베르겐(Bergen)! 이곳은 중세 유럽 한자동맹의 중심지로 북해·발트 해를 주름잡는 해상무역의 거점도시였다. 지금은 세계문화유산 브루겐 거리와 주변 피요드르로 유명한 관광지가 되었다. 그러나 베르겐도 제2차 세계대전의 참화는 피해가지 못했다.

베르겐 어시장에서 땀 흘리는 한국인 2세

베르겐을 가장 베르겐답게 만들어 주는 곳이 300년 전통의 어시장이다. 연어를 중심으로 노르웨이 근해에서 많이 잡히는 신선한 즉석

베르겐 어시장의 한국계 여학생(좌측 보라색 옷 착용)

생선요리를 맛볼 수 있는 곳이다. 특히 피요드르 관광을 온 한국관광객들은 빠짐없이 들린다. 가게 상품에는 한글이 쓰여 있고 간단한 한국말을 하는 종업원도 있다.

　재래시장 같은 분위기에 반해 야외식당 한편에 자리를 잡았다. 복잡한 메뉴판을 이리저리 살피는데 "한국분 입니까?"라는 식당 아가씨의 말에 깜짝 놀랐다. 그녀는 한국인 아버지와 폴란드 여성 사이 태어난 한인교포였다. 바르샤바 대학에 다니고 있으며, 여행 중 잠시 아르바이트를 하고 있단다. 자신은 어렸을 때 경기도 파주에서 초등학교를 수년간 다녔고, 한국에 계시는 할머니와의 잦은 전화통화로 한국말을 익혔다고 했다. 손님들에 대해 깍듯한 예의를 지키면서 식당에서 땀 흘리며 일하는 J양을 한동안 흐뭇하게 지켜보았다.

수차례 화재와 그때마다 부활한 베르겐
　유럽 상업의 중심도시였던 베르겐은 옛날에는 좁은 공간에 목조건

물들이 빽빽하게 있었다. 이런 도시 특성으로 100년을 주기로 대화재
가 일어났다. 특히 1702년 베르겐의 대화재는 도시 전체를 태워 버렸
다. 그러나 억센 노르웨이인들은 다시 도시를 건설했고, 한동안 불은
주택 밖에서만 취급토록 하는 극약처방을 하기도 했다.

그 후 1916년 또 다시 화재로 도시 대부분이 폐허가 되었으며, 1944
년에는 다량의 다이너마이트를 실은 탄약선박 폭발로 항구 일부가 날
아가는 참사를 겪었다. 오죽하면 베르겐 박물관에는 화재사건 역사를
소개하는 별도의 전시공간이 있을 정도였다. 그러나 이보다도 훨씬
참담했던 베르겐 암흑기는 45,000명의 노르웨이 국민이 투옥되고 일
부는 처형당한 1940년대 독일군 점령시기였다.

유네스코 세계문화유산으로 지정된 브뤼겐 거리

베르겐 육군박물관의 레지스탕스 전설

베르겐 항구 끝자락에 붙어있는 바닷가의 요새 베르겐후스 (Bergenhus)성! 이곳에는 노르웨이 왕궁, 연회장, 채플, 대주교관 등이 그대로 남아 있다. 최근 개설한 성내 육군박물관 전시물은 제2차 세계대전 시 노르웨이인들의 처절한 저항역사가 대부분 이었다. 예를 들면 1942년 레지스탕스들이 독일군 원자폭탄 제조 원료인 '산화중수소(酸化重水素)'를 생산하는 수력발전소 폭파작전을 이렇게 소개하고 있었다.

1942년 10월 18일, 영국에서 출발한 노르웨이인 공작팀 4명은 하얗게 눈이 덮인 하르단게르(Hardanger) 산지로 수송기에서 낙하했다. 이들은 이곳에

공중투하된 보급품을 운반하는 레지스탕스 대원들

있는 수력발전소 폭파임무를 위해 선발대로 투입된 것이다. 한 달 후인 11월 19일, 본대를 태운 글라이드가 착륙에 실패하여 영국군 32명 모두가 전사하거나 독일군 포로로 잡혔다. 뒤이어 찾아온 산악지역의 강추위와 보급두절로 4명의 대원은 사경을 헤매게 된다. 그러나 포울손(Poulson) 팀장의 필사적인 순록사냥으로 얻은 식량에 의존하여 겨우 연명하다가, 1943년 2월에 추가 투입된 6명의 대원과 합류에 성공했다. 다시 전열을 가다듬은 10명의 레지스탕스들은 180m 높이의 깎아지른 절벽을 기어올라 노르스크(Norsk) 수력발전소를 성공적으로 폭파했다. 그리고 대원들은 스키를 타고 400Km나 떨어진 중립국 스웨덴까지 탈출했다." 이 전설 같은 작전성공으로 독일은 원자폭탄 개발에 필수적인 중수소 생산을 반년이나 중단해야만 했다.

도시주변 곳곳에 남아 있는 전쟁 상흔

세계적인 관광명소로 알려진 베르겐 시내와 주변에는 아직도 전쟁 상흔이 일부 남아 있다. 베르겐항 입구의 독일군 U-boat 기지와 요새 포병진지, 산중턱에 걸쳐 있는 성곽 포대, 민간상선의 전쟁역사를 담은 해양박물관 등에서 이 도시 수난사를 쉽게 찾아볼 수 있었다. 그러

군사박물관내의 레지스탕스 상징물(개인화기 다발)

나 많은 관광객들은 독특한 주택양식을 가진 아름다운 도시 전경에만 찬탄을 자아낸다.

특히 분단국가 한국에서 온 여행객들은 육군박물관이나 제2차 세계대전 유적지를 한 번 쯤 돌아보는 여유가 있었으면 좋겠다는 생각이 들었다.

아는 만큼 보인다!

세계적 관광지 노르웨이의 피요르드(Fjord)

스칸디나비아반도의 피요르드는 약 6천 년 전인 빙하기에 형성되었다. 이 시기 육지 침식으로 U자형의 복잡한 해안선과 협곡이 생겼다. 특히 베르겐 부근의 송네·하르당에르 피요르드는 수심이 1,400m에 달하기도 한다. 제2차 세계대전 당시 독일군은 이런 협곡 입구에 많은 해안포병진지와 잠수함기지를 건설하여 전쟁물자 수송로를 확보하였다.

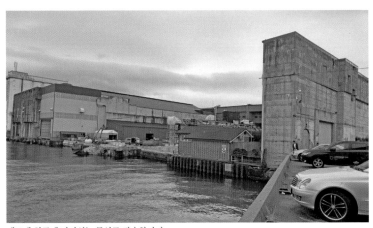

베르겐 항구에 남아있는 독일군 잠수함기지

트론헤임 항구의 U-boat 철벽요새

노르웨이 제3의 도시이자, 학생들의 젊은 에너지가 항상 넘치는 최대의 대학도시 트론헤임(Trondheim)! 북극해로부터 깊숙이 들어온 협곡속의 항구도시인 이곳은 제2차 세계대전시 유보트(U-boat)기지와 포병 요새진지가 그대로 남아있다.

관광명소로 변한 트론헤임 전쟁유적

Trip Tips

바다와 연결된 트론헤임 시내의 작은 하천에는 소형보트와 요트들이 빼곡히 들어서 있다. 하천 옆 식당과 카페에서 석양을 바라보며 가족이나 연인들끼리 오순도순 식사하는 광경들이 인상적이다. 깨끗한 거리와 여유로움에서 노르웨이인들의 높은 생활수준이 저절로 느껴졌다.

이런 평화로운 도시에도 과거의 아픈 전쟁유적이 남아 있을까? 그러나 여행안내소 지도에는 'U-boat bunker(잠수함기지)', 'Trondheim fortress(트론헤임 요새)' 등의 이름이 군데군데 표시되어 있다. 의외로

트론헤임 시내 하천에 계류된 요트와 카페 전경

이 작은 항구도시에도 제2차 세계대전 유적지, 군사박물관, 중세시대
성곽 등이 있었다. 특히 대부분의 군사유적지들은 공원화되어 시민들
과 여행객들이 편안한 휴식을 즐길 수 있는 관광명소로 변해 있었다.

거대한 콘크리트 구조물 유보트 발진기지

트론헤임 항구에 남아있는 독특한 전쟁유적 독일군 잠수함기지! 멀
리서 보아도 일반 공장이 아닌 군사시설물임이 확연하게 들어난다.
1943년 완공된 3층 높이의 견고한 콘크리트 구조물은 길이 153m, 넓
이 105m, 두께가 3.7m에 달한다. 이 벙커 안에는 잠수함 7척이 정박

거대한 콘크리트 구조물인 U-boat 발진기지

구조물 하단부가 잠수함 수중 출입구

가능하고, 인접 수리시설에는 3척을 동시에 수용할 수 있다. 내부출입은 제한되었지만 안으로 들어가는 트럭 옆에 몸을 숨기고 과감하게 침투(?)했다. 기다란 복도에 늘어선 격실 문틈 사이로 잠수함 계류장을 확인해 보려고 애를 썼다. 웬걸, 내부는 소형제품 생산 공장과 원자재 창고만 보였다. 또한 외부시설은 일부 개축되어 국립문서보존소와 초콜릿 공장이 들어섰다.

벙커주변에는 유보트 관련 사진들이 곳곳에 붙어 있다. 망망대해에서 연합군 수송선단·대잠초계기·군함들과 쫓고 쫓기는 숨 막히는 유보트 작전 전경, 귀환하는 잠수함 갑판 위 턱수염이 길게 난 승조원들의 모습은 고단했던 해저생활이 그대로 나타나는 듯했다.

원시인 같은 유보트 승조원 수중생활

제2차 세계대전 시 독일 잠수함들의 활동영역은 대서양·지중해·미국동해안·남미대륙해안 등 실로 전 세계의 바다였다. '바다의 늑대'라 불린 유보트는 엄청난 전과를 올렸지만 수많은 장병들이 목숨을 잃었다. 5년간 전쟁에서 잠수함 승조원 39,000명 중 82%에 해당하는 32,000명이 전사했다. 벙커벽 전시자료는 승조원들의 열악한 해저생활을 이렇게 소개했다.

물속의 깡통 같은 잠수함 내부는 답답하고 악취가 늘 풍겼다. 승조원 일과는 지루함과 불쾌, 공포가 뒤섞인 일상의 연속이었다. 신선한 물은 구경할 수 없었고, 3개월 동안 목욕·세탁은 불가했다. 의류는 항해가 끝나면 위생을 위해 불태웠다. 침대와 어뢰실 주변에는 감자·햄·베이컨·소시지·빵 등 식량 바구니를 주렁주렁 달았다. 3주 지나면 검은 빵도 곰팡이가 슬어 하얗게 변했다. 더욱이 실외 갑판 위의 감시탑 근무자들은 늘 위험에 노출되었다. 갑자기

잠수함 승조원들의 수중생활 모습

밀어닥친 거대한 파도가 그들을 순식간에 바다 속으로 끌고 들어갔기 때문이다. 그러나 전원 지원병으로 6개월 교육을 수료한 유보트 승조원들은 독일군 최고의 엘리트 부대원이라는 자부심으로 온갖 어려움을 극복해 나갔다.

적국에 점령당한 노예들이 만든 요새

트론헤임 선착장에서 배를 타고 15분 정도 나가면 바다가운데 문크홀멘(Munkholmen) 섬이 보인다. 항구를 출입하는 선박 통제가 가능하고 적 함정 진입을 조기에 차단할 수 있는 요충지이다. 섬 외곽에는 튼튼한 성벽이, 내부에는 장갑 보호된 포신들이 바다로 삐죽이 입을 내밀고 있다. 이곳 역시 전쟁 당시 노르웨이와 독일 점령지에서 강제로 끌려온 노동자들의 피땀으로 포병 요새진지를 완성했다.

문크홀멘섬 요새 전경

요새섬으로 소풍을 나온 가족과 독일군 포대

지금 이 섬은 가족단위로 여가를 즐기는 공원으로 변신했다. 부대막사는 미니전시관으로, 해안포 포상은 아이들의 좋은 놀이터가 되었다. 요새 안 잔디밭에서 일광욕을 즐기거나 주변해안에서 낚싯대를 드리운 사람들도 틈틈이 요새내의 전시관에 들리기도 하였다.

아는 만큼 보인다!

유보트(U-boat) 역사와 전쟁 중의 활약

독일 최초의 잠수함 U-1은 1906년에 건조되었다. 그 후 1차 세계대전에서 1934년까지 총 380척, 2차 세계대전 중 1,160척의 잠수함을 생산했다. 전쟁말기에는 30개 공장에서 부분별로 생산·조립하는 방식으로 1척 건조기간을 80일까지 단축하였다. 1943년 기준 U-boat 1척을 상대로 연합군은 평균 수상전투함 25척, 대잠항공기 100대를 투입해야만 했다.

전시된 실물 U-boat(독일 키일항에 위치함)

여성징병제와
노르웨이의 국가수호의지

트론헤임 항구의 높은 언덕 위 크리스티안센(Kristansten) 요새! 300여 년 전에 축조된 이 성에는 2차 세계대전 당시 레지스탕스 대원 처형장이 있다. 노르웨이인들의 성지인 이곳에는 많은 화환과 함께 추모 교회당이 건립되어 있었다.

트론헤임 요새가 증언하는 노르웨이 전쟁역사

트론헤임 중심부에는 11세기 건립된 니다로스(Nidaros) 대성당과 17세기의 아름다운 목조건물들이 남아 있다. 강변공원에는 중세시대 화포가 진열되어 있고 군사박물관까지 있었다.

> **Trip Tips**
>
> 크리스티안센(Kristansten) 요새 언덕길 주택가에서는 넓은 정원과 레저용 보트를 실은 차량들을 쉽게 볼 수 있다. 주말에는 많은 사람들이 이런 자동차로 바다 옆 별장으로 여행을 떠난다. 그러나 어울리지 않게 이 마을 머리위 요새에는 많은 대포들이 전시된 성곽과 전쟁역사관이 있다.

강변공원과 트론헤임 주택가 전경

역사관에 가득한 노르웨이-스웨덴전쟁과 레지스탕스 전시물들은
결코 지금의 평화가 공짜가 아니었음을 말해준다.
특히 1718년 11월 스웨덴과의 전쟁승리를 이렇게 전해 주었다.

10,000여 명의 적군이 이 요새를 포위했다. 노르웨이 병사들과 시민들은
이 성 안에서 2달 동안 끝까지 저항했다. 결국 전투에 지친 스웨덴군은 퇴각
중 예기치 않은 폭설로 3000여 명이 북카메르(Bukkhammer) 산속에서 동사
했다. 이 참혹한 대참사는 이곳 전시관과 스웨덴 군사박물관에서도 자세하게
소개하고 있었다.

요새 안 레지스탕스 처형장과 기념 교회당

독일군이 노르웨이를 짓밟자 수많은 국민들이 저항조직에 가입했
고, 해외로 탈출한 4만 명의 청년들은 주저 없이 연합군에 입대했다.
영국군 특수부대에서 훈련받은 일부 청년들은 앞 다투어 조국으로 들
어가 저항조직을 지원했다. 런던의 노르웨이 망명정부는 방송으로 적
지의 국민들에게 끊임없이 전황을 알려주고, 부역자는 반드시 응징될
것임을 경고했다.

독일은 노르웨이 영토는 강탈했지만 결코 그들의 애국심을 뺏을 수
는 없었다. 저항활동은 전국으로 번졌고 독일군은 이들의 소탕에 갖
은 방법을 다 동원했다. 체포된 레지스탕스 대원들은 크리스티안센
요새로 끌려와 가차 없이 처형되었다. 오늘날 그 처형장에는 추모동
판과 화단, 기념교회당이 있다. 교회강단 벽에는 희생대원들의 이
름 · 생년월일 · 처형일자가 빼곡히 적혀있다. 안내서에는 어느 레지
스탕스 대원의 사연을 이렇게 소개했다.

크라스틴안산 요새전경

전면 성벽이 레지스탕스 처형장(우측 추모기념 교회당)

청년 우덴(Wooden, 1921년생)은 영국에서 특수교육을 받은 후 고향으로 돌아와 은밀하게 활동했다. 동료 대원들이 전해주는 정보를 산속 통나무집에서 수시 영국으로 타전했다. 그러나 적의 감청반에 포착된 아지트는 포위되었고, 안타깝게도 그는 독일군에게 붙잡혔다. 모진 고문과 회유가 반복되었지만 끝까지 비밀을 지켰다. 결국 만신창이가 된 몸으로 그는 이 요새 처형장으로 끌려왔다. 1943년 11월 17일, 우덴은 22세 꽃다운 나이로 자신의 고향 앞바다가 내려다보이는 이곳에서 총살형을 당했다.

영원히 저주받는 노르웨이 반역자 퀴슬링

히틀러가 노르웨이를 손쉬운 정복 대상으로 여기게 된 것은 나치이념에 동조한 노르웨이 정치인 퀴슬링(Quisling)의 영향도 컸다. 그는 독일군이 오슬로를 점령하자마자 1940년 4월 12일, 자신을 새로운 노르웨이 수상으로 선포했다. 그는 국민들이 독일군에게 적극 협조할

종전 후 개선하는 노르웨이 레지스탕스

것을 종용했다. 전 국민은 퀴슬링을 조롱했고, 공무원들도 정부고관 직책을 제의해도 다 거절했다. 결국 전쟁이 끝난 후 그는 체포되어 국가반역죄로 사형에 처해졌다. 지금도 '퀴슬링'이라는 단어는 노르웨이에서 '반역자'라는 의미로 통용되고 있다.

"두 번 다시 짓밟히지 않겠다!"는 단호한 국방 의지

인구 17만 명의 작은 도시 트론헤임 해변에서는 바이킹 동상, 동원 선박 전몰자 추모비, 해안에서 건져 올린 기뢰 등을 쉽게 볼 수 있다. 시내광장에는 1940년대 군용 지프차 운전체험 이벤트도 있었다. 이런 전쟁유적과 행사를 통해 자연스럽게 신세대들이 전쟁역사에 관심을 갖도록 하는 듯 했다.

더구나 전 국민이 자신들의 생존을 위해 남녀 구분 없는 병역의무까

노르웨이 왕궁 앞에서 행진하는 여자근위병

지 흔쾌히 받아 들였다. 이런 국가적 분위기를 볼 때 감히 또다시 노르웨이를 침공하겠다고 야심을 품는 주변 국가는 없을 것 같았다.

아는 만큼 보인다!

노르웨이의 여성 징병제도

노르웨이는 2016년 7월부터 남녀 모두에게 국방의무를 부과하는 여성 징병제를 도입했다. 이 제도의 시행은 국민안보의식 고취, 남녀 동등한 권리와 의무 부여, 첨단무기 도입 등에 따른 조치이다. 현재 입영자원의 25%는 여성이며 향후 30%에 도달할 것으로 예상된다. 8명이 사용하는 병영 공동숙소에 남군 6명, 여군 2명이 통상 함께 생활하고 있다.

아이슬란드

Iceland

군대없는 아이슬란드!
해양 주권만은 스스로 지킨다

아이슬란드(Iceland)는 문자 그대로 '얼음의 땅'이다. 가끔 아일랜드 (Ireland)와 혼돈되지만, 영국·아일랜드로부터 북쪽으로 700 Km나 떨어져 있다. 한반도 1/2의 면적(103,000Km²)에 인구는 진주시와 비슷한 34만 명에 불과하다. 하지만 국민 개인 연소득이 84,700달러에 달하는 부자 나라다. 화산활동과 빙하작용으로 호수와 폭포가 매우 많지만 화산재로 토양은 척박하다. 북극권 아이슬란드는 이름에 걸맞지 않게 멕시코만 난류로 춥지도 않다.

Trip Tips

수도 레이캬비크 평균기온은 1월에 영하 0.4°C, 7월에는 11.2°C 수준. 아이슬란드는 한국으로부터 너무나 먼 나라였지만, 언론에 자주 소개되면서 최근에는 많은 한국인들이 즐겨 찾는 관광지로 변하고 있다.

아이슬란드 역사박물관의 전쟁 이야기

아이슬란드 인구의 60%가 사는 항구도시 레이캬비크는 정치 · 경제 · 문화의 중심지다. 한나절이면 시내를 다 돌아볼 수 있는 이 작은 도시에도 3층으로 깔끔하게 건립된 국립역사박물관이 있다. 이곳에는 바이킹 시대부터 현대에 이르는 아이슬란드 역사를 한눈에 볼 수 있다.

오랫동안 무인도였던 이 섬을 8세기경 아일랜드 신부가 처음 발견했다. 그 후 노르웨이 · 아일랜드 · 스코틀랜드 인들이 이주해 왔고, 930년에는 세계 최초로 의회 기능을 가진 '알싱기'를 설립하여 국가 형태를 갖추었다. 아이슬란드 황금시대는 1262년 노르웨이 침공으로 끝났다. 뒤이어 1380년부터 약 550년 동안 덴마크가 지배했다. 그러나 예상치 않았던 제2차 세계대전을 계기로 아이슬란드는 완전한 독립 국가로 1944년 재탄생하였다. 전쟁이 발발하자 북대서양 전

아이슬란드 수도 레이캬비크 항만 전경. 이 도시에 전 인구의 60%가 거주한다

역사박물관에 전시된 제2차 세계대전 전쟁유물 일부. 아이슬란드 국기문양, 독일군 모자, 주민용 방독면 등이 보인다.

략요충지인 아이슬란드를 강대국들은 결코 방관하지 않았다. 영국군은 이 섬을 독일 공격의 발진기지로 삼았고, 미국 역시 해상보급로 확보를 위한 해·공군 기지를 건설했다. 박물관에는 제2차 세계대전 사진 자료와 일부 전쟁유물이 있다. 특히 도심 내의 연합군 전몰자 묘역은 '이 지구상에서 전쟁의 역사를 피해갈 수 있는 땅은 그 어느 곳도 없다'라는 것을 보여 주고 있었다. 망망대해 속의 이 섬에서 고기 잡고 가축을 키우며 평화만을 추구했던 아이슬란드인! 그러나 그들이 원하든 원치 않았든 싸움터로 끌려 들어갈 수밖에 없었다.

근대 산업국가 계기가 된 제2차 세계대전

1930년대 독일 지정학자 칼 하우쇼퍼는 "아이슬란드는 영국·미국·캐나다에 총구를 겨눈 피스톨과 같다."라고 말했다. 1940년 5월,

1943년 아이슬란드 주둔 영·미군 전사자들을 위한 추모행사 전경.

이 섬 지배자 덴마크가 독일에 항복하자 영국은 24,000명의 병력으로 아이슬란드를 전격 점령한다. 뒤이어 미국은 최초 해병대를 파견하면서 점차 병력을 늘여 나중에는 5만 명 수준을 유지했다. 한산했던 이 섬은 도로·항만·비행장이 건설되고 순식간에 군사기지로 변했다. 1930년대 아이슬란드 인구는 10만 명 내외. 레이캬비크는 대규모 영·미군 주둔으로 사회기반시설이 대폭 확충되었고, 비로소 근대 산업국으로 변하는 계기가 되었다.

그러나 황량한 이 섬의 주둔 군인들은 찬바람을 맞아가며 단조로운 생활과 싸워야만 했다. 틈틈이 화산지대에서 뿜어 나오는 자연온천에서 세탁하고 두들겨 부순 용암으로 진창도로를 메웠다. 전쟁이 길어지자 이곳에서 출동한 연합군 해·공군 전사자도 속출했다. 1945년 전쟁 종료 시까지 450명의 군인이 목숨을 잃었다. 지금도 레이캬비크

레이캬비크 공원묘지 내의 영·미군 전사자 소속부대 추모비

공원묘지 일부 구역에 영·미군 전사자들이 안장되어 있다. 이끼 낀 묘비에는 소속·계급·이름·전사 일자가 새겨져 있고, 부대 단위 추모비도 있다. 하지만 묘비 앞에 꽃다발 하나 놓여 있지 않은 것을 보니 이들을 찾는 발걸음도 이제는 끊어진 것 같았다.

NATO와의 긴밀한 동맹으로 국가생존 유지

아이슬란드는 정식 군대를 보유하고 있지 않다. 제2차 세계대전이 끝나고 연합군이 철수하자 NATO에 국가의 생존문제를 맡겼다. 1951년부터 2006년까지 아이슬란드에 미군·노르웨이·네덜란드군이 주둔했으나 지금은 모든 군사기지가 폐쇄되었다. 하지만 현재까지도 아이슬란드 영공방어를 위해 NATO 공군이 각 국가별 2~3주 주기로 초계비행을 하고 있다.

1939년 7월 21일 독일군 U-boat 2척의 레이캬비크 방문 전경

    그러나 아이슬란드 '해안경비대'는 병력 250명, 함정 4척, 항공기 4
대로 별도 편성되어 해양주권을 스스로 지킨다. 경찰·해안경비대원
일부는 PKO 요원으로 세계분쟁지역에 나가 있다. 국제사회에서 책임
과 의무를 다하려는 아이슬란드 정부의 의지다. 레이캬비크 항만에는
항시 출동준비를 갖춘 대형 해안 경비함이 덩그렇게 버티고 있다. 선
박 크기, 장착 장비들을 보면 한국 해양경찰함정과 별반 다를 바 없
다. 부두를 따라 세워진 돌비석에는 19·20세기 아이슬란드 주요 사
건들을 알 수 있는 사진들이 새겨져 있다. 1906년 최초의 저인망 어
선, 1939년 독일군 U-Boat 2척 방문, 아이슬란드 냉동선의 영국 수병
78명 구조, 영·미군 상륙작전, 1944년 독립선언행사 자료가 인상적
이다.

아이슬란드 구석구석을 누비는 한국 여행객

Trip Tips

이 화산섬의 단순한 도로망은 관광지도 1장만으로도 손쉽게 목적지를 찾아갈 수 있다. 여행객들이 많이 몰리는 곳은 레이캬비크 부근의 골든 서클(싱벨리르 국립공원-게이시르 간헐천-굴포스 황금폭포)과 동쪽 끝부분 '요쿨살론의 바다 빙하'이다.

화산재 평원 위의 단조로운 2차선 도로를 7~8시간 운전했다. 쏟아지는 졸음을 극복하면서 겨우 요쿨살론에 도착하니 주변에는 컨테이너 두서너 동 외는 아무것도 없다. 수천 년에 걸쳐 만들어졌다는 바다 빙하를 가까이서 보기 위해 수륙양용차량에 탑승하니 한국 여행객들이 많았다. 특히 4명의 직장동료들 끼리 배낭여행을 온 여성들이 인상적이다. 그들은 렌터카를 빌려 일주도로(1번 Ring Road)를 따라 돌면서 섬 구석구석을 탐방했단다. 알뜰 여행 차원에서 숙식은 야외텐트에서 해결하고, 운전·취사·지형판독·안전 등 임무 분담으로 장기

요쿨살론 바다빙하를 보기 위해 수륙양용차량에 탑승하는 여행객들. 앞부분 배낭을 매고 있는 한국인들이 보인다

간 여행에도 전혀 문제없다고 한다. 오히려 필자에게 도와줄 일이 없느냐고 묻는다. 이런 당찬 대한의 아들 · 딸들이 세계를 누비는 것을 가끔 보면 동족의 한 사람으로서 가슴 뿌듯함을 느끼곤 한다.

영국과의 대구전쟁!
날 죽여라! 자세로 극복하다.

2018년 월드컵 축구경기에서 인구 34만 명, 축구 동호인 3만 3천 명에 불과한 아이슬란드가 아르헨티나를 누르고 본선에 진출했다. 국가

아이슬란드인들의 높은 문화생활을 위한 레이캬비크 항만 문화 · 쇼핑 복합건물 전경. 유리 외벽이 햇빛과 조명위치에 따라 아름다운 빛을 발휘하는 독특한 설계의 건물이다.

대표선수들의 본업은 치과의사 · 법학도 · 영화감독 · 목수 등 다양하다. 이처럼 '일당백(一當百)'의 정신을 가진 아이슬란드인들은 지난 수십 년 동안 영국과 전쟁을 불사하는 어업자원 분쟁을 겪었다. 2008년 경제위기 시에는 국제통화기금(IMF)에 구제금융을 신청하기도 했다. 수차례의 국가파산 직전 상황에서도 이들은 결코 좌절하지 않았다. 오히려 아이슬란드 국민들은 불타는 애국심, 끈끈한 단결력으로 이런 위기를 지혜롭게 극복하고 오늘날 세계 최고의 복지국가를 완성했다.

해외 유학 비용까지 지원하는 완벽한 복지 국가

아이슬란드는 최근 국제기구가 조사하는 '세계에서 가장 살기 좋은 나라'에서 줄곧 최상위로 평가된다. 넉넉한 개인소득, 깨끗한 환경, 낮은 범죄율, 완벽한 사회보장제도 등 다른 나라에서는 힘겹게 얻는 것들이 이 나라에서는 기본적인 일상이다. 아이슬란드도 예전에는 살기 힘든 곳이었다. 혹독한 추위의 겨울철이면 얼어 죽는 사람들이 속출했다. 지금은 천혜의 자연환경을 가진 관광지로 변했지만, 이곳은 척박한 얼음 땅이었다. 용암이 흘러 굳은 검은 지평선, 빙하로 뒤덮인 평야에서는 아무것도 자랄 수 없었다.

그러나 1990년대 중반 화산 200개, 온천 600개를 친환경 에너지 자원으로 바꾸면서 아이슬란드는 경제적 숨통을 트기 시작했다. 뒤이어 적극적인 해외투자 유치로 국내총생산(GDP)의 10배가 넘는 돈이 이 섬으로 쏟아져 들어왔다. 현재 국가 제1의 수입원은 어업(40%)이며, 다음이 관광업(30%)으로 연 150만 명 이상의 여행객들이 이 나라를 찾는다. 교육 · 의료는 무료이며 국가가 해외 유학비용까지 지원한다. 하지만 조부모 · 부모세대는 피눈물을 흘리며 만든 이 나라 역사에 대해 신세대들이 무관심하다고 아쉬워했다. 주위에 고통 받는 사람들이

화산폭발·홍수·빙하 등으로 형성된 아이슬란드 지형 일부 전경. 이 나라는 자연 발생적으로 생긴
협곡·폭포·호수·절벽 등을 관광명소로 잘 활용하고 있다.

거의 없어 과거 역사를 잘 모른다고 한다. 풍요의 시대를 살아가는 한국 신세대들이 세계 최빈국이었던 대한민국이 어떻게 '한강의 기적'을 이루었는지를 잘 모르는 것과 같았다.

Trip Tips

화산폭발·홍수·빙하 등으로 형성된 아이슬란드 지형 일부 전경. 이 나라는 자연 발생적으로 생긴 협곡·폭포·호수·절벽 등을 관광명소로 잘 활용하고 있다

'생존'을 위한 영국과의 처절한 어업분쟁

아이슬란드는 국토의 70%가 불모지이며 천연자원조차 거의 없다. 오로지 바다만이 이 나라의 '생명줄'이었다. 주변 바다에는 어족자원이 풍부했고 수출품의 80%가 수산물이다.

특히 대구·청어·빙어가 많이 잡혔고 지금도 레이캬비크 항만에는 대구 메뉴로 유명한 음식점이 즐비하다. 또한, 고소하고 쫄깃쫄깃한 말린 대구포는 간식용으로도 별미다.

레이캬비크 항만부두에 줄지어 서있는 대구요리 전문식당 전경. 사진 중앙에 일부 관광객들이 음식 메뉴를 확인하고 있다.

영국 · 아이슬란드는 1950년대부터 어업권을 두고 마찰을 빚었다. 현대식 장비를 갖춘 영국 저인망 어선들이 닥치는 대로 고기를 잡자 대구 씨가 말라갔다. 이에 아이슬란드가 12해리 어업구역권을 선포하자 영국은 즉각 군함과 함께 대규모 어선단을 보냈다. '국가생존' 문제가 달린 이 나라는 죽기 살기로 달려들었다. 다행히 미국 중재로 이 분쟁은 끝났다. 뒤이어 1972년 아이슬란드가 어업구역권을 50해리로 늘리자, 영국은 노발대발했다. 아이슬란드는 영국과의 단교 및 NATO 탈퇴카드를 내밀었다. 결국, 아이슬란드 주장은 관철되었고 이 사건이 "배 째라!"외교의 시발점이 되었다.

1973년 UN에서 200해리 배타적 경제수역(EEZ)이 거론되자 아이슬란드는 200해리 어업구역권을 또다시 선포했다. 양국 갈등은 마침내 폭발하여 함정충돌, 기관포 사격으로 번졌다. 아이슬란드 소형경비정은 침몰 직전까지 다 달았고, 부상자가 속출했다. NATO 탈퇴 언급, 소련 구축함 구입 시도 등 가능한 외교카드는 다 동원했다. 영국은 '대

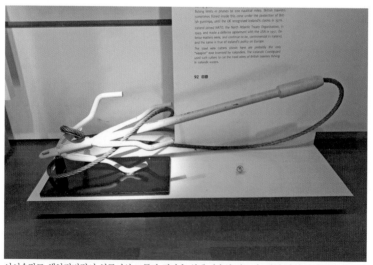

아이슬란드 해안경비정이 영국어선 그물망 절단을 위해 사용한 갈고리. 사진 상의 안내문은 이 도구는 강대국 영국에 대항하기 위해 아이슬란드인들이 고안한 유일한 무기였다고 설명하고 있다.

학생이 치졸하게 유치원생을 때리려 한다!'라는 국제 여론과 미국 압력에 또 양보할 수밖에 없었다. 이를 계기로 '배타적 경제수역'이 전 세계에 통용되었다. 역사박물관에는 어업분쟁 당시 영국 어선군에 파고들어 사정없이 그물망을 찢었던 해안 경비정의 절단용 갈고리가 '아이슬란드 투쟁의 상징물'로 전시되어 있다.

빙하의 섬 그린란드 수면 위로 떠 오르다

Trip Tips

아이슬란드 물가는 유럽대륙에 비해 높은 편이다. 경비 절감을 위해 침실을 공동 사용하는 여행자 숙소에 투숙했다. 저렴한 숙박비에 개인 취사도 가능하다. 관리인 스테판손 씨는 세계역사·지리에 상식이 풍부했고, 아이슬란드 북쪽 지구상 가장 큰 섬인 그린란드 답사경험도 있었다. '그린란드는 사람이 살 수 없는 빙하의 땅'으로만 우리에게 각인되어 있다. 하지만 최근 기후변화에 따라 북극항로가 개설될 정도로 빙하가 녹아내리고 있단다.

덴마크령 그린란드는 6만 명의 주민이 거주하며, 면적은 217만 6천 Km²로 한반도 21배. 일찍부터 미국은 소련 견제 및 탐색구조작전을

레이캬비크 항만에 출동 대기 중인 아이슬란드 해안경비대 함정. 사진 우측에는 소형 보조함정이 계류되어 있다.

위해 이 섬에 미 공군기지를 설치했다. 북극 항로가 활성화된다면 한국도 기존 유럽 항로를 30% 정도 단축할 수 있다. 아이슬란드 · 그린란드까지도 미래에는 우리 국익을 위해 관심을 가져야 할 날이 올 것으로 예측된다.

유황온천에서 만난 한인교포 Y 씨의 성공담

Trip Tips

레이캬비크 국제공항 부근의 블루라군! 검은 화산암, 푸른 이끼가 뒤덮인 이 온천은 '내셔널 지오그래픽'이 선정한 세계에서 가장 경이로운 자연 25곳 중의 한 곳이다.

넓은 야외온천탕에서 외국인 · 한국인이 어우러져 있는 한 무리 가운데 낯익은 한국말이 들려왔다. 인사를 나누니 외국인 사위, 손자들과 여행을 온 재미교포 Y 씨 가족이었다.

70대 후반의 건장한 Y 씨는 서울 H대를 졸업한 학군장교 출신이었다. 60년대 말 찢어지게 가난했던 환경을 벗어나고자 미국이민을 갔다. 유도 5단이었던 그는 무도관을 운영하며 일과 후 다른 직업까지 가졌다. 자신은 몸이 부서지도록 일했지만 부인은 오로지 자녀교육에 전념토록 했다. 그 결실로 두 딸은 하버드·브라운 대학을, 아들은 미 육사를 졸업하였다. 뉴욕 근교에 대저택을 가질 정도의 재력도 쌓아 재미 한인교포 100대 명문가에 선정되기도 했단다. 이처럼 빈손으로 미지의 세계로 진출하여 온갖 고난을 극복하고 자수성가한 많은 한인들의 인생사 역시 처절한 한국현대사의 일부였다.

후기

해외 전사적지 답사 중 가장 어려웠던 것은 역시 교통편이었다. 군사박물관에서 그 국가의 전사적지 위치를 세부적으로 파악하고 주로 기차나 버스를 이용하여 목표 지역에 가장 근접한 도시에 도착하곤 했다. 그러나 문제는 주로 오지에 있는 현장에 가기 위해서는 택시, 자전거, 도보 등의 방법을 택할 수밖에 없었다.

때로는 같은 목적지의 여행자를 만나기도 하였으나 동행하기 쉽지가 않았다. 또한 유럽의 전사적지 기념관은 1주에 2-3회 개방하는 경우가 허다했다. 어렵게 현장을 찾았으나 기념관이 문을 닫거나 일시적으로 폐쇄되어 있는 경우도 있었다. 만약 관리자가 있을 경우에는 동양의 '코리아'라는 나라에서 이 곳 답사를 위해 어렵게 왔으니 부분적으로나마 개방해 줄 수 없느냐고 사정하면 가끔씩은 호의적으로 받아주기도 하였다.

아울러 숙소와 식사문제 해결도 쉽지 않았다. 물론 매번 이동할 때 콜택시를 부르고 근처에서 가장 쾌적한 호텔에 투숙하면 모든 문제는 깨끗하게 해결된다. 그러나 이런 여행은 1달 간의 답사를 1주일로 줄여 일반 관광단

체팀에 합류하는 것과 동일하다. 필요한 정보는 인터넷을 통해 정리하면 될 것이고…. 최소의 비용으로 최대로 많은 전적지와 생생한 현장감을 느껴보고자 원했기 때문에 다소 고생스럽더라도 배낭여행을 할 수 밖에 없었다.

특히 군사박물관이나 전사적지 현장에서 만난 참전자나 그 후손들과의 대화는 여행의 진미를 더하게 했다. 미국을 포함한 선진 군사강국의 여행객들이 압도적으로 많았지만 그들의 전쟁 인식을 부분적으로나마 파악할 수 있었다. 중동지역에서 쉽게 만날 수 있는 이스라엘, 이집트, 팔레스타인, 요르단 등의 젊은 군인들을 통해 그 나라의 병역제도, 신세대의 국가관 등을 알 수 있었던 것도 큰 성과였다. 제한된 시간과 언어 소통의 미숙함을 극복하기 위해 대화 내용을 수첩에 기록하여 상대에게 그림, 숫자 등을 보여주며 확인하기도 했다.

프랑스 스당 지역의 전사적지를 답사하면서 1930년대 축조된 주변 산턱에 있는 견고한 중대본부용 벙커에 들어 가 보았다. 마지노 방어선의 북단으로 흡사 한국의 휴전선 방어진지 벙커와 너무도 흡사했다. 단지 스당의 벙커는 약 80여 년 전 독일군 침공에 대비하여 만들어졌고 한국의 전방 벙커는 40여 년 전 북한의 공격에 대비하여 만든 것이 다를 뿐 이었다.

1980년대 초 영하 20도를 오르내리는 추운 겨울, 강원도 양구 북방의 최전방 산꼭대기에 구축된 중대본부용 벙커에서 수시로 숙영하며 훈련을 한 적이 있다. 찬바람이 사정없이 총안구 안으로 몰려오면 모포와 판쵸우의로 병사들과 몸을 감싸고 추위와 싸우기도 하였다. 그런데 이 곳 프랑스와 독일의 국경 지대에도 너무나도 똑같은 형태의 벙커가 수도 없이 널려 있었고 당시의 프랑스 장병들이 자기의 조국을 지키기 위해 피눈물 나는 고생을 했을 것이라 생각하니 만감이 교차했다.

　프랑스 알사스 로렌지역의 독일군 게트랑제 요새도 마찬가지였다. 지금으로부터 약100여년 전, 독일은 프랑스의 침공에 대비하여 10년 간의 대역사 끝에 거대한 방어진지를 만들었다. 요새 벽의 콘크리트 두께는 4m였고 약 2,000여 명의 장병들이 프랑스 국경 지역을 내려다보며 항상 전투준비를 하고 있었다. 요새를 중심으로 넓게 퍼져있는 교통호와 개인호는 현재 한국의 전방진지보다 더 완벽한 방호시설을 갖추고 있었다. 즉 교통호속의 소총병을 공중폭발 포탄으로부터 보호하기 위해 뚜꺼운 철판으로 상부를 덮은 개인호를 군데군데 설치하였다.
　이런 거대한 요새 구축을 위한 공사 과정도 현지 기념관에 사진으로 잘 전시하고 있었다. 대형 화포를 기중기와 인력으로 산으로 옮기는 장면, 국경지대와 요새 간의 전술 도로 개설을 위해 개미떼처럼 달라붙은 수만 명의 공사장 인부, 요새 외곽 방어를 위한 거대한 해자 건설 등 당시 독일의 전 역량을 자신들의 생존을 위해 쏟아 붓고 있는 느낌이 절로 들었다.

　그러나 우리나라의 경우 조선시대의 성곽축성 이외 근현대 역사 중 모든 국가역량을 결집하여 만든 군사유산은 찾아보기 힘들다. 얼마 전 과거 한국전쟁 당시 북한군 공격으로 구멍이 뻥뻥 뚫린 38선 부근의 벙커가 도로확장으로 철거 위기에 놓인 적이 있었다. 6 · 25전쟁 시의 벙커 존폐 여부를 두고 논란이 생기는 것을 보고 우리의 전쟁유산 인식이 어느 수준인가를 느낄 수 있었다. 다행히도 이 6 · 25 벙커는 아직도 남아 있는 것으로 알고 있다.

가족들과 함께하는 이스라엘군 부사관 임관행사장

수년 전 필자는 중동지역 전적지 답사 간 우연한 기회에 이스라엘군 분대장 임관식을 참관하게 되었다. 이스라엘의 병역제도는 남성은 36개월, 여성은 24개월 의무적으로 군복무를 한다. 군복무간 병사들 중 가장 우수한 남녀 군인들을 선발 4개월 간의 분대장 교육 과정을 거친 후 초급 부사관으로 임관시킨다. 넓은 광장에 모인 천여 명의 임관자들과 그 이상의 가족들로 행사장은 인산인해를 이루었다.

　자신의 딸이 어려운 훈련 과정을 끝내고 마침내 부사관이 되었다고 자랑하는 어머니와 자매들, 그리고 1973년 10월 전쟁 참전용사인 아버지가 아들의 계급장을 어루만지며 감격해 하는 모습 등에서 많은 것을 느꼈다.

　내친 김에 참전용사에게 팔레스타인, 아랍국가, 이스라엘 관계에 대해 물었다. 답변인즉 "우리는 아랍국가, 팔레스타인과의 전쟁에서 밀리면 지중해, 갈릴리 호수에 빠져 죽습니다. 우리 선조 600만 명이 가스실에서 죽

부사관으로 임관하는 딸을 현수막으로 격려하는 어머니

어 갈 때 당신네 나라에서 어떤 도움을 주었습니까? 인류애, 세계평화, 국제관계 등도 우리가 생존하고 난 다음의 이야기요" 그들은 "힘이 없는 평화 구호는 한낱 공염불에 지나지 않는다!" 진리를 뼛속 깊이 깨닫고 있는 듯하였다.

적어도 이스라엘인들의 상무정신과 애국심은 세계 어느 민족보다도 투철하며 주변 어느 국가든 이스라엘을 무력으로 굴복시킨다는 것이 불가능하다는 것이 분명했다. 군의 초급 간부 임관을 전 국민들이 축하해 주는 분위기니 장교 임관은 아마 '가문의 영광'으로 생각하고 있을 것이다.

왜 안보적 상황은 한국과 이스라엘이 너무도 비슷한데 국민들의 군에 대한 인식은 왜 이렇게 다를까? 역사적으로 우리 국가의 지도층은 '전쟁과 생존'의 문제는 자신들과는 아무 관계가 없는 것으로 생각했다. 우리는 조선시대 이후 단 한 번도 스스로 나라를 지켜본 경험이 없었다. 조선은 '문존무

골란고원 국경을 순찰 중인 이스라엘 여군 분대장

비(文尊武卑)' 사상의 팽배로 정치지도자들과 양반계급의 상무정신은 사라지고 국방력 강화는 먼 나라의 이야기로만 생각하고 있었다.

아래에 제시하는 조선시대의 역사적 사례가 그 당시 국가안보에 대한 지도층의 사고를 나타내는 것 같아 씁쓸한 기분을 숨길 수 없다.

조선시대 과거제도는 문과(文科: 행정고시), 잡과(雜科: 기술고등고시), 무과(武科:군 간부 선발고시)가 있었다. 문과와 잡과에는 조선의 청년들이 구름같이 몰려들었다. 그러나 사대부 집안의 자제가 무과에 응시하는 것은 가문의 수치로 여겼다. 오죽 하면 이순신 장군도 수시로 '내 자손들만큼은 절대 무과에 응시하지 말라'라고 이야기했다. 덕수 이가(李家) 집안에서 오늘날까지 전해 내려오는 이야기이다(출처: 조선의 부정부패와 멸망의 길)

결국 조선은 국가 지도층의 국가안보에 대한 무관심으로 결국은 썩은 고목나무 쓰러지듯이 허망하게 무너지고 말았다. 어쩌면 오늘날 군에 대한 사회적 인식이 과거 조선시대와 비슷하지 않을까? 하는 생각이 들기도 한다. 부디 필자의 기우이기를 바란다.

이처럼 세계 전쟁유적지를 답사하다 보면 자연스럽게 여행자는 한반도의 지정학적 운명에 대해서 깊게 고민하는 순간을 갖게 된다. 결국 우리 민족의 미래 생존을 위해 지혜로운 외교정책과 강한 국방력의 필요성을 스스로 절실하게 깨닫게 되는 것이다. 특히 국가안보문제에 대해 점점 더 관심이 소홀해져 가는 신세대들이 세계여행 중 이같은 전사적지 답사를 통해 애국심과 호국정신이 고양되기를 기대하는 마음도 간절했다. •445

앞으로 미처 답사하지 못한 아프리카 · 북미 · 중남미의 전쟁유적을 직접 확인하고서 '세계의 전사적지를 찾아서' 시리즈를 완결할 계획이다. 또한 답사를 마친 아시아 및 기타 국가들의 자료는 집필 작업을 계속 중에 있다. 아무튼 세계 전사적지 시리즈 발간을 통해 국민들이 우리의 생존을 위해 전쟁 역사에 대해 좀 더 관심을 갖는 계기가 되기를 바란다. 또한 전쟁사에 관심을 가진 독자들이 해외여행 시 본 내용을 참고하여 전쟁유적을 직접 방문하는데 조금이라도 도움이 된다면 이 책의 출간 목적은 100% 달성되었다고 필자는 만족할 것이다.

찾아보기

신종태 교수의 테마기행 시리즈

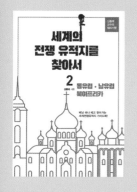

제2권 동유럽·남유럽·북아프리카

독소전쟁 4년 참상의 기록 **모스크바 전쟁박물관** | 냉전시대 무기 총망라 **러시아 군사박물관** | 인류 최악의 전투현장 **스탈린그라드 전쟁유적** | 러시아 함대 발진기지 **상트페테르부르크 군항** | 패전국의 서러움 가득한 **헝가리 군사박물관** | 천년제국의 영광과 비애 **다뉴브 강** | 체코의 비극, 영화 '새벽의 7인'의 처절한 전투의 흔적 | 유고연방 **세르비아 군사박물관**서 본 게릴라 투쟁의 역사 | 한 눈에 들어오는 불가리아 전쟁사 **소피아 군사박물관** | 루마니아 독재자 **차우셰스쿠 인민궁전** | 한 평 공동묘지에 묻힌 **처형된 독재자 부부** | 패전국 폴란드의 비극 **카틴숲 학살기념관** | 유대인 학살현장 고스란히 간직하다 **아우슈비츠 수용소** | '유럽의 빵 바구니' **우크라이나** 몰락의 역사 | 크림반도 전쟁사료 **키예프 군사박물관** | 스페인 **마드리드 해군박물관과 무적함대** | 로마, 이슬람, 가톨릭으로 이어진 **스페인 전쟁사** | 무적함대가 숨 쉬고 있는 **바로셀로나 요새** | 조선과 일본이 탐냈던 해양대국 **포르투갈 조총** | **이탈리아 군사박물관**에서 로마제국의 후예를 보다 | 전쟁 포화 속에서 오롯이 보존된 **로마문화 유적들** | 폴란드군의 용맹과 **몬테카시노 수도원** | 그리스의 자부심 **데살로니키 군사박물관** | 300년 역사 **지브롤터 요새** | 카이로의 **시타텔 군사박물관** | 사막의 혈투 **알라메인 전장 유적** | 알렉산드리아의 **카이트베이 요새** | 이집트의 공군 100년 역사 군사박물관 | 이집트-이스라엘 복수의 혈전, **이스마일리아** | 마하트르의 롬멜군단 벙커와 클레오파트라 해변 | 한반도 닮은 **모로코 역사** | 피 땀으로 쌓아올린 **스페인 세우타 요새** | 스페인 제54 보병연대의 110년 역사

제3권 중동·태평양·대양주·아시아

골란고원에서 만난 여군 분대장 | 애국심의 상징 스파이 **엘리 코헨** | 사상 최대의 전차결전장 **눈물의 계곡** | 팔레스타인 청년의 분노와 이스라엘 여경 | 팔레스타인 소년의 맑은 눈동자 | 요르단의 **아라비아 로렌스 군사박물관** | 세계 최대 전차박물관 **라트룬 요새** | 터키의 국부, 케말 동상 가득한 앙카라 거리 | 산길을 뱃길로 만든 영웅, **술탄과 1453 박물관** | '형제의 나라' 되새기는 **한국전쟁기념전시관** | 100년 항공 역사 터키공군사박물관 | 고래싸움에 새우등 터진 **레바논내전 역사** | 처절했던 **레바논내전 비극의 현장** | 클레오파트라의 최후 독사가 정말 그녀를 물었을까? | 28년 투항거부한 **패잔병 요코이** | 전쟁터에서 만난 미국 청년들 | **사이판 한국인 추모비**와 망국의 서러움 | **일본군 벙커**, 방공호, 전차 잔해 곳곳에 | 미군 승전비와 천 길 **자살절벽** | '아이고!'를 기억하는 티니언 원주민 | 365일 단 하루도 빠지지 않는 **호주의 참전용사 추모행사** | 일본군에 침공 당한 호주 북부 **다윈** 전쟁의 흔적 | 신이 숨겨 둔 축복의 땅 **뉴질랜드**, 거기도 전쟁유적 산재 | 100년 **오클랜드 땅굴 요새**, 국립 역사유적지로 보존 | 분쟁의 땅 카슈미르 테러, 전 인도인 분노의 불길에 | 세계 최빈국 **방글라데시**, 300만 양민 희생의 독립전쟁 | **미·북 최초의 격돌지** '태극기 휘날리며' 미국판 현장 | **마틴 대령** 육탄으로 적 전차 앞에 서다 | 국민들의 미 **킬패트릭 일병 구하기** 전설 같은 감동 | 적 전차에 맞선 **섬진강 학도병** | 전국 최초 의병 발상지 충절의 고장 **의령** | 낙동강 최후전선-**함안** | 휴전, 그러나 **지리산의 또 다른 전쟁** | 해병대 발상지와 대양 해군의 본향 **진해** | 발길 닿는 곳곳에 전쟁 상흔 남아있다 **부산** | 보도 듣도 못한 한국 위해 싸운 UN군 전적지 **용인시 터키군 스토리** | 북녘 땅이 손에 잡히는 신비의 섬과 전쟁 **백령도**

저자 신종태

학력
- 육군사관학교 졸업(이학사)
- 연세대학교 대학원 행정학과 졸업(행정학 석사)
- 영국 런던 King's College 전쟁학과 정책연수
- 국방대학원 안보과정 졸업
- 충남대학교 대학원 군사학과 졸업(군사학 박사)

경력
- 현 통일안보전략연구소 책임연구원
- 현 융합안보연구원 전쟁사 센타장
- 현 육군군사연구소 자문위원장
- 조선대 군사학과 초빙교수
- 육군교육사 지상전연구소 연구위원

- 국가보훈처 "6 · 25전쟁 영웅" 심의위원
- 합동군사대학교 군전임교수
- 충남대/국군간호사관학교 외래교수
- 합참 전략본부 군구조발전과장
- 육본 작전참모부 합동작전기획장교

저서 및 주요논문
- 세계의 전사적지를 찾아서 1·2권
- 대화도의 영웅들
- 논문 : 『6 · 25전쟁과 대북유격전 연구』, 『북한 급변사태시 대비 방향』, 『미래 한반도전쟁시 특수작전 발전방안』 등 다수

신종태 교수의 테마기행
세계의 전쟁 유적지를 찾아서 ①
서유럽 · 북유럽

2020년 11월 5일 초판인쇄
2020년 11월 10일 초판발행

지은이 : 신종태
펴낸이 : 신동설
펴낸곳 : 도서출판 청미디어

신고번호 : 제2020-000017호
신고연월일 : 2001년 8월 1일

주소 : 경기 하남시 조정대로 150, 508호 (덕풍동, 아이테코)
전화 : (031)792-6404, 6605
팩스 : (031)790-0775
E-mail : sds1557@hanmail.net

Editor 고명석, 신재은
Designer 박정미, 정인숙, 여혜영

※ 잘못된 책은 교환해 드리겠습니다.
※ 본 도서를 이용한 드라마, 영화, E-Book 등 상업에 관련된 행위는 출판사의
   허락을 받으시기 바랍니다.

ISBN : 979-11-87861-41-6 (04980)
        979-11-87861-40-9 (04980) 세트
정가 : 18,000원